AF749706

Un ingeniero imagina

Peter Rice

Traducción
Álvaro García Meseguer

CINTER Divulgación Técnica

Un ingeniero imagina

Peter Rice

Traducción
Álvaro García Meseguer

CINTER Divulgación Técnica

Título original
An Engineer Imagines

Traducción
Álvaro García Meseguer

NOTA DE LA EDITORIAL EN LA EDICIÓN ORIGINAL
Este libro se preparó para su edición después de la muerte de Peter Rice prestando especial atención a que se siguieran los deseos del autor. Las imágenes y leyendas que figuran a lo largo del libro fueron seleccionadas y completadas por muchos de los ingenieros y arquitectos que trabajaron con Peter Rice.

Copyright © Ellipsis, 1994
Text Copyright © Silvia Rice, 1994
Primera edición en Gran Bretaña en 1994 por Ellipsis London Ltd
Anova Books Company Limited, 10 Southcombe St., London, W14 ORA
© de la edición en español: CINTER Divulgación Técnica, S.L.L.

Primera edición en español: noviembre de 2009
Segunda edición en español: noviembre de 2016

CINTER
DIVULGACIÓN TÉCNICA

Editado por
CINTER Divulgación Técnica
C/ Campomanes, 6. Madrid
www.cinter.es

Con el patrocinio de:

ARUP

CALTER
ingeniería

Maquetación: Belén Solana Hurtado
Tratamiento de imágenes: Paco Gómez/ NOPHOTO

Cualquier forma de reproducción, distribución, comunicación pública o transformación de esta obra sólo puede ser realizada con la autorización de sus titulares, salvo excepción prevista por la ley. Diríjase a CEDRO (Centro Español de Derechos Reprográficos, www.cedro.org), si necesita fotocopiar o escanear algún fragmento de esta obra.

ISBN: 978-84-932270-5-0
Depósito legal: M-48237-2009
Impreso en España

Nota de la editorial

An Engineer imagines de Peter Rice es uno de esos libros que, a pesar de ser reconocido como un gran texto sobre ingeniería y arquitectura, se mantiene vivo sólo en la memoria de los que lo leyeron y en las estanterías de los afortunados que conservan uno de los ejemplares en inglés, considerados ya de coleccionista.

Al editar la versión en español, CINTER ha querido que este libro vuelva a estar de actualidad ampliando además el universo de lectores de esta referencia imprescindible en el mundo de la ingeniería y la arquitectura.

Esta edición (ya fue traducido al francés y al japonés) trata de ser muy respetuosa con la original, y por ello ha mantenido tanto el formato como el diseño. Se han incluido las mismas imágenes y no se ha añadido nada más a excepción del prólogo a la edición en español y algunas notas de la edición francesa. Siempre creímos que el diseño del libro original era un valor añadido que merecía ser respetado.

En el largo proceso de edición, CINTER quiere agradecer la inestimable ayuda recibida.

Desde Carlos Nogueira, que nos recomendó su lectura, hasta Ignacio Fernández Solla, sin el que esta aventura hubiese sido imposible, hemos contado con la participación desinteresada de Patricio García Hernández, Ignacio Payá, Jorge Chenevey, Robert Owen, Henry Bardsley, Anna-Inés Hennet, Yoann Rouillac, Balerie Thouard, Lil Wills, Kaoru Aoyama, Darío Valle, Juan Carlos Arroyo, Paco Gómez, David Mackay y Kieran Rice.

La participación de ARUP y CALTER ingeniería como patrocinadores ha sido fundamental para la viabilidad de esta edición.

Por último, nos gustaría brindar esta edición a la memoria de Álvaro García Meseguer, cuyo fallecimiento días después de terminar la traducción, deja un hueco insustituible en las letras de la ingeniería.

Prólogo a la edición en español

Tiempo para pensar

Si un ingeniero imagina, es porque él mismo se ha permitido encontrar tiempo para pensar.

Cuando uno abre este libro, capítulo a capítulo, no solo entra en el mundo de la ingeniería creativa y la investigación sino también en la esencia del movimiento moderno de la arquitectura de la construcción, sea esta un puente, un edificio completo, una ventana, o incluso un coche o el placer del teatro de la luna llena. Sybil Moholy-Nagy, quien tuvo tiempo para enseñar historia de la arquitectura después de salir de Bauhaus, dijo que cualquier loco podría diseñar la mitad de un edificio pero que solo un reflexivo arquitecto sabría cómo doblar una esquina y fundir la tierra con el cielo. Fueron Louis Kahn y Peter Rice quienes dijeron que las buenas arquitecturas e ingenierías dependían del tiempo empleado en estudiar la unión, en primer lugar entre materiales, y en segundo lugar entre funciones estructurales.

La edición en español de este libro aparece en un momento crítico con una creciente opinión de que la arquitectura ha perdido no solo su disciplina sino también su propósito. La expresión formal por encima de la funcionalidad (el también llamado factor "wow") y la pérdida de la responsabilidad social que caracterizó el movimiento moderno en la arquitectura, así como la facilidad con que la tecnología de la información ha permitido creer que cualquier cosa irracional pueda ser construida, y no se caiga, ha minado la integridad y la herencia de las disciplinas de la arquitectura y la ingeniería.

Peter Rice, como algunos de los mejores directores de cine, explica con la pasión del que ama su trabajo, y con exactitud matemática, cómo las formas geométricas emergen desde la propia naturaleza de los materiales elegidos, sean estos acero, hormigón, textiles, vidrio o piedra.

En una visita a Osaka para ver las estructuras que aún se mantenían en pie de la Exposición Internacional Peter Rice se fijó en los nudos de acero fundido diseñados por el Profesor Tsukoi y Kenzo Tange. "Había nacido la idea" escribe Peter "Desde hacía ya algún tiempo yo me preguntaba qué era lo que daba a las grandes estructuras del siglo XIX su particular atractivo... Muchas de las grandes realizaciones estructurales de hoy día... no poseen ni el aspecto cálido ni la personalidad de sus homólogas del siglo pasado... Al igual que las catedrales góticas, estas estructuras expresan a la vez oficio y arte de elegir subjetivos... recordándonos que fueron concebidas y erigidas gracias al trabajo de unos hombres cuya marca portan." Richard Sennett, músico y sociólogo urbanista, lamenta la pérdida de la artesanía y la pérdida de la comunicación entre la mente y las manos. Cito a Renzo Piano diciendo que la arquitectura solo emergerá cuando se produzca un diálogo entre el lápiz y el ordenador. El software instalado en el ordenador nos ofrece el medio para crear, a través de las matemáticas digitales, programas especiales, pero es a través de las manos cómo la imaginación, basada en la observación, genera el nacimiento de las ideas. Esta es la gran reflexión que trasciende al libro de Peter Rice. Yo mismo me he dado cuenta que la diferencia esencial entre la imaginación de los arquitectos y la de los ingenieros es que los primeros, yo incluido, imaginamos el producto final mientras que los ingenieros imaginan el proceso. Esto es el porqué, tal y como Peter menciona ("I don't sketch well"), los ingenieros usan un bolígrafo para dibujar croquis mientras sienten su camino a lo largo del proceso de proyecto y construcción del objetivo final. Recuerdo horrorizarme al observar cómo Peter "dibujaba" rápidamente en una y otra página de lo que parecía un cuaderno infantil. Era fascinante, los croquis totalmente fuera de escala e inacabados mientras él explicaba con su suave acento irlandés a dónde quería llegar. Esto ocurrió el primer día que nos encontramos en Barcelona para comenzar a trabajar juntos en la comisión para el diseño del Pabellón del Futuro de la Expo de Sevilla.

Previamente, yo había telefoneado al arquitecto John Miller para pedirle consejo sobre quién sería el mejor ingeniero dispuesto a trabajar con nosotros en esta comisión. Él me dio dos nombres con sus números de teléfono. Dudé entre a quién llamar primero. Había oído hablar de los dos pero él me advirtió que podría ser difícil persuadir a Peter Rice, así que le telefoneé directamente. Le expliqué el reto y le dije que no queríamos arrancar sin él, que comenzaríamos juntos delante de una hoja de papel en blanco. El cebo parece que enganchó en su imaginación y pronto estábamos sentados en la misma mesa. Josep Martorell, Oriol Bohigas y yo mismo le explicamos un aspecto del reto: el clima veraniego en Sevilla. El sol del mediodía y de la tarde era nuestro enemigo si queríamos evitar un excesivo consumo energético para mantener el interior a una temperatura agradable. Así, lo que propusimos, pensando solo en la sección Este-Oeste fue eliminar la fachada occidental y quedarnos con una única fachada Este y, más allá del parque propuesto y el río, mirar hacia la ciudad desde la isla del monasterio de la Cartuja, otrora el hogar de Cristóbal Colón, quien descubrió América 500 años antes. El tema de la Expo de Sevilla era el descubrimiento y eso fue lo que se quiso enfatizar con el nombre de Pabellón del Futuro. Ahora, después de haber trabajado con Peter, me doy cuenta de que el gancho fue mayor que un simple comienzo con una hoja de papel en blanco.

Como arquitectos nosotros no éramos tan conscientes de las capacidades de Peter como descubridor. Yo esbocé lo que podría ser un gran pilar, representando la única fachada y una cubierta textil ondulada que cortaba la sección y casi tocaba el suelo dirigiéndose hacia el Oeste, mirando al resto de la Expo más allá del canal propuesto. Naturalmente, esas pocas líneas sugirieron los tirantes que soportarían la cubierta textil. Peter dijo que él estaba cansado de ese tipo de cubiertas y que necesitábamos investigar más acerca de la naturaleza de la única fachada. Oriol Bohigas entonces comenzó a dibujar una serie de muros con huecos que no parecían ser más que una locura Victoriana. Pero esos bocetos parecían mostrar compresión y provocaron una reacción en los garabatos que Peter dibujaba sobre los cuadritos de su cuaderno infantil. Después de un almuerzo ligero, él hizo una pregunta sorprendente: "¿hay algún lugar donde pueda estar solo para pensar un rato?" Estábamos en una habitación en L bajo una cubierta a dos aguas con un ventanal y una terraza que usábamos para ocasiones informales. Le guié arriba y se sentó en un sofá a pensar. Le dejé solo. Alrededor de una hora después mis socios se estaban poniendo nerviosos –¿quizás se ha dormido? Después de todo él volvía a Londres esa misma tarde y no habíamos progresado mucho. Así que subí de nuevo y no sólo encontré a Peter despierto sino que estaba feliz. Me confirmó que había descubierto el camino a seguir.

Él había recordado un muro exento en un edifico histórico de Lisboa, construido hace unos cuantos siglos, que demostraba que era posible. También se había inspirado en los contrafuertes de las catedrales góticas. La piedra era el material más fuerte para resistir esfuerzos de compresión. Podríamos colgar la estructura de la cubierta de los arcos de piedra, haciéndoles trabajar como los radios de la rueda de una bicicleta. El problema fue crear un programa que fuera capaz de calcular la estructura y asegurar su estabilidad. El largo y complicado viaje había comenzado. Entre otros miembros de los brillantes equipos de Londres y París recuerdo a Alistair

Lenczner durante el proyecto y a Bruce Danziger durante la obra. Peter nunca vio el edificio terminado; su tumor cerebral se estaba preparando para su lucha final. A pesar de que no había evidencias médicas, él estaba convencido que había trabajado en exceso y me recomendó que no hiciese lo mismo.

Este prólogo no estaría completo sin una última referencia (¿un epílogo quizás?) a los comentarios de Peter sobre la industria de la construcción. Comentarios que deberían incentivar a los gobiernos a encontrar tiempo para pensar, como Peter Rice hizo, para así prever nuestras profundas crisis financieras e industriales que tanto daño están provocando a gente inocente en todo el mundo.

Cito a Peter: "Hablar del poder de la industria a finales del siglo XX es evocar la vida misma... En los países occidentales la construcción es una de las ramas más potentes de la industria. Es evidente que la construcción moderna es mucho más el resultado del desarrollo de técnicas industriales que el producto del trabajo de proyectistas, arquitectos, inventores o ingenieros". Continúa haciendo una analogía entre la industria de la construcción y la agricultura: "Las flores silvestres son los artesanos cuya producción, rica y variada, es aplastada por efecto de la apisonadora de las decisiones corporativas, cuya contribución a la producción del ambiente construido está desapareciendo a ojos vistas... La construcción, como la agricultura, son sectores enormes, poderosos, muy políticos, que trabajan continuamente en modificar las reglas a su conveniencia. De hecho, lo primero que hay que comprender respecto a la industria de la construcción es su naturaleza eminentemente política. La autorización para construir es siempre una decisión política y, en casi todos los países, los grandes grupos tienen una enorme influencia sobre la forma en que se toman esas decisiones."

Peter Rice entendió perfectamente incluso la calidad y variedad del tiempo que todos necesitamos. Una vez me dejó caer el comentario de que él prefería trabajar en París porque así estaba más cerca de las carreras de caballos. "El tiempo de la carrera tiene su paralelo con el tiempo de la construcción. Después de todo, la duración no es más que un punto o un segmento del total del tiempo, en sí misma sin límite y sin fin". El tiempo para pensar no debe olvidarse.

David Mackay
Arquitecto. MBM Arquitectes

Sumario

Isagoge

En numerosas ocasiones a lo largo de su carrera se pidió a Peter que escribiese un libro sobre sus trabajos. Desgraciadamente, no encontró el tiempo necesario hasta que cayó enfermo. Tenía una idea muy precisa sobre el libro que quería escribir: no un libro sobre la resolución de problemas técnicos sino, más bien, un relato muy personal que diese testimonio de la alegría y el entusiasmo que le procuraba el ejercicio de su profesión. Por encima de todo, lo que él deseaba que se comprendiese era la capacidad teóricamente ilimitada que tiene el ingeniero para rechazar las fronteras que impone el entorno construido. Por ello, era muy importante para él que *Un ingeniero imagina* fuese accesible a todo el mundo y no solamente a la élite de la arquitectura y la ingeniería.

Para conseguirlo, Peter fue muy ayudado por Barbara-Anne Campbell, cuyas críticas en materia editorial y ayuda durante toda la redacción de esta obra fueron maravillosas. A la hora de la preparación del libro para su publicación, Barbara-Anne recibió ayuda de Gilly Graham, John McMinn y Hugh Duton para las decisiones editoriales, las discusiones con el editor, la maqueta inicial, la preparación del manuscrito y la selección de las ilustraciones. También debemos agradecer a Carolina Wayne, secretaria personal de Peter, su ayuda y colaboración durante tantos años.

Además de los ya nombrados, a la familia le gustaría también agradecer, desde el fondo del corazón, a todos aquellos cuyo apoyo, muestras de ánimo y amistad han permitido que Peter terminase *Un ingeniero imagina* a pesar de las tensiones físicas y emocionales debidas a su enfermedad. Se trata de:

Rudolph Archer, Katie Brown, Joy Clarke, Kitty Gibney y su familia, Lex Hall, Robin Jarossi, Paul Jenkins, Frank Moore, Peggy Muncer, Maurice Rice y su familia, Paul Rudin, Deborah Sutherland, Chrissie Watson; Jonathan Watson y familia; Paul Andreu; Jack Zunz, Tom Barker, Bob Emmerson, Stuart Irons, John Martin, Duncan Michael, John Thornton, David Glover, Sophie Le Bourva, Alistair Lenczner, Andy Sedgwick, Jane Wernick y todo el equipo de Ove Arup & Partners; Humbert y Viviane Camerlo; Michael Dowd; Paul Winkler y los miembros de la fundación Menil; Renzo y Milly Piano, Shunji Ishida así como todo el equipo de Renzo Piano Building Workshop; Martin Francis, Henry Bardsley, Hugette Boutin y todos los del RFR; Ian Ritchie y Jocelyn Van den Bossche; Richard y Ruthie Rogers; Frank Stella; M. Vilnet; John

Young; Michael Rose; el Dr. Michael Weir y todo el personal del centro anticancerosos de Bristol; el Dr. Dasgupta; Jan Souridis; Dreas Reyneke; Henry Marsh, el Dr. Brada y todo el personal del Hospital Royal Mariden de Londres.

Aunque Peter no pudo dirigir sus agradecimientos por sí mismo, en 1992 había escrito un poema que nos parece reflejar lo que representaba para él el apoyo de sus amigos, en particular en los últimos años de su vida. Nos gustaría dedicar "Esta noche sé que voy a partir..." a todos los amigos cercanos que ya hemos mencionado, así como a todos aquellos que lamentablemente podamos haber olvidado.

Esta noche sé que voy a partir
La lucha ha terminado
Y lentamente mientras digo adiós
Necesito hablar
Y expresar mi amor a los amigos cercanos
Apoyo, apoyo es lo que me han dado
Me han dado vida.

Morir joven, bañado de amor
Transportado en el tiempo
A alguna otra parte
Un regalo que no tenemos derecho a pedir
Es el mío.

Las ondas de mi cerebro cabalgan por el frío aire de la noche
Y transmiten mi adiós a los amigos que no veo
Ojalá y continúen a través del tiempo
En el después de mi vida.

Me gustaría saberlo.

Gracias a todos.

Sylvia, Julia, Heidi, Kieran, Nemone y Nicki
Enero 1993

Introducción

Sucede que los artistas de campanillas no son muy diferentes de los verdaderos artistas. Como ellos, pueden presentar múltiples caras. Algunos hacen bien su trabajo, otros son incompetentes y aún hay otros, como el que me presentó a Peter Rice, que actúan de un modo tan enigmático que sus razones resultan oscuras e insondables.

En respuesta a lo que hoy día me parece una propuesta totalmente extravagante yo había construido una maqueta de tres metros de longitud para un puente: una maraña de aluminio pintado que, convenientemente agrandada, habría de atravesar el Sena. Como el conjunto satisfacía su gusto por los colores violentos, mi agente parisino estaba completamente seducido. Quería presentarlo al Ministro francés de Obras Públicas, no sin antes haber recabado la opinión de un ingeniero. De manera que pidió a Peter Rice que echase un vistazo a mi maqueta. Y, para mi sorpresa, Peter vino a verme.

"Bueno ¿qué quiere usted saber?" preguntó, tras haber dado dos o tres vueltas a la maqueta. Yo me dije: "en menudo aprieto estoy metido..." y, esforzándome en preguntar del modo más natural del mundo, contesté: "¿Cree usted que esto es construible?". Él miró otra vez la maqueta y dijo: "Sí." Yo no le creí ni por un solo instante y luego empecé a darme cuenta de lo que significaba ese "sí". Por supuesto que era construible, pero por él y no por mí. Al mismo tiempo y por fortuna, eso significaba algo más. Aún cuando él había dado a su aprobación un tono condicional e interrogativo, lo hizo de tal manera que el recuerdo de ese momento todavía me hace feliz. Me pareció que ese "sí" significaba que merecía la pena estudiar el asunto si es que ambos estábamos dispuestos a ello y, sobre todo, si yo aclaraba mis ideas con respecto al puente.

Si bien nunca fuimos muy lejos en nuestras investigaciones sobre este proyecto, más tarde nos tomamos la revancha llevando muy lejos nuestro trabajo sobre una propuesta para la ciudad holandesa de Groningue. En este proyecto tuve suerte. Me vino a la cabeza una idea sencilla y fácilmente aceptable, a partir de un libro sobre los enrejados chinos. Al hojearlo, en una de sus páginas encontré lo que podía ser un tejado maravilloso para la maqueta del edificio. Cuando Peter me preguntó que qué idea se ocultaba tras aquel tejado lleno de ondas, le pude responder todo orgulloso: "Es como una hoja". En cuanto se le daba un indicio, una vez que había comprendido la imagen, Peter partía como un peso pesado, aplastando a su paso cualquier obstáculo práctico o de índole financiera, haciendo que fuese posible construir todo lo que uno quisiera.

Para mí es evidente que Peter es un tesoro nacional. Pero, la verdad, más bien creo que es un tesoro universal. El simple hecho de estar a su lado daba ganas de pensar del modo más intenso posible. Peter ha sabido hacerme comprender, incluso cuando los resultados no valían la pena y los esfuerzos habían sido vanos, lo que es, sencillamente, el privilegio de pensar.

Frank Stella, California, 1992

Vista aérea del
Centro Georges Pompidou en París.

1

Beaubourg

Beaubourg, o Centro Georges Pompidou como se le llama ahora, representa para mí el verdadero inicio de mi carrera. Al comienzo de 1971 yo trabajaba en el grupo Estructuras 3 en Ove Arup y Asociados, en Londres, ciudad en la que me había instalado al regresar de Sydney y de los Estados Unidos en la primavera de 1968. En Estructuras 3 el trabajo combinaba el estudio de estructuras muy particulares de cables y material textil –principalmente en Alemania con Frei Otto– y la construcción, en el sentido convencional del término, en Inglaterra. El concurso de Beaubourg nos parecía ofrecer la ocasión de hacer un experimento: había sido organizado por el gobierno francés y el proyecto nos parecía hermoso y claramente destinado a ser construido. La claridad plenamente cartesiana del planteamiento de la administración francesa nos persuadió de que se trataba de un concurso en el que cabía esperar que todo se desarrollase correctamente. Hoy, con la experiencia adquirida, no cabe duda de que no seríamos tan cándidos, pero en aquel momento creímos en el proyecto; y retrospectivamente tuvimos razón.

Estructuras 3, nuestro equipo en Ove Arup y Asociados, era un grupo dirigido por Ted Happold, siendo yo uno de sus asociados. Ted había sido presentado al arquitecto Richard Rogers por Frei Otto y él, a su vez, había sido contactado por Richard en ocasión de un concurso para el nuevo estadio de fútbol de Chelsea. Frei dijo a Richard que él tenía la costumbre de trabajar con nosotros, por lo que, para el concurso del estadio de Chelsea, enviamos un dossier común que finalmente no fue seleccionado.

Al reflexionar más a fondo nos dimos cuenta de que la verdadera razón para participar en un concurso no es el hecho de ganarlo sino el poder explorar relaciones y conceptos nuevos. No hay duda de que siempre se tiene la esperanza de ganar; pero cuando se trata de un concurso abierto –el de Beaubourg recibió 687 proyectos– meterse de golpe en la cabeza que se va a ganar es, en un cierto sentido, colocarse en situación de fracaso, porque ello genera un planteamiento tímido y conservador cuya primera regla es "que no choque". Con este estado de ánimo contactamos con Richard Rogers y Renzo Piano, que justamente acababan de asociarse, para pedirles si estarían dispuestos a participar en este concurso con nosotros. Tras algunas dudas, se decidieron.

El concurso en sí mismo era una cosa rara. Piano y Rogers tenían un concepto bastante claro del edificio, o al menos de la idea que

"Interchange" por Archigram, grupo de vanguardia vagamente basado en la Asociación Arquitectónica en los años sesenta.

Alzado del Centro Pompidou.

querían explorar, la cual venía de Archigram, de Cedric Price, de Joan Littlewood y del optimismo de los años sesenta. Era la idea de una estructura muy flexible, apta para acoger a todo lo que pudiera presentarse. Una máquina de informar. El principio central, tal como se formuló en el dossier del concurso, era que, lejos de todo elitismo y al igual que cualquiera otra fuente de información, la cultura debía abrirse a todos en un ambiente acogedor, dejando a un lado toda consideración de clase social. Una vez fijada la parte arquitectónica –la de una gran estructura metálica abierta- tan solo faltaba proyectarla.

Comenzamos por buscar soluciones tradicionales: vigas de gran luz que permitieran ubicar grandes espacios exentos de pilares. El resultado era vulgar y para nada se ajustaba a lo que queríamos. Decidimos entonces presentar más bien una forma de abordar el problema, un enfoque que fuese capaz, en el fondo, de traducir nuestras intenciones incluso si la solución concreta podía parecer poco realista. Desde un punto de vista estructural, la idea de un armazón metálico con grandes superficies de forjados exentos era una solución simple. Era muy fácil de concebir su puesta en obra. Por tal razón, el hecho de presentar la cosa de otro modo no nos pareció que pudiese perjudicar al proyecto. Al primer vistazo los ingenieros dijeron "todo esto no es muy realista: mirad lo que hay que hacer" y proyectaron enseguida la solución razonable.

Lo que buscábamos, poniendo por delante una serie de ideas poco habituales pero adaptadas a la filosofía y a las intenciones de la arquitectura, era inflamar la imaginación. Una vez más no contábamos con ganar. Piano & Rogers participaban al mismo tiempo en el concurso Burell que era el que querían ganar. Por nuestra parte, trabajábamos con el arquitecto Robin Spence en el proyecto de ampliación del Parlamento de Londres. Eso era lo serio. Beaubourg servía más bien para explorar ideas y para ver si la colaboración entre Estructuras 3 y Piano & Rogers merecía continuarse. Por ello, no teníamos necesidad de firmar ningún acuerdo, hacíamos lo que nos gustaba.

Peter Rice, Renzo Piano y Richard Rogers celebrando la Medalla de Oro RIBA a Renzo Piano en 1989.

Nuestra solución se apoyaba en la idea de forjados móviles, lo que planteaba un problema de detalles en la medida en que el ensamblaje que habría de soportar el forjado resultaba ser el elemento central del proyecto. Habíamos concebido una primera aproximación teórica que ponía en obra una estructura llena de agua de forma

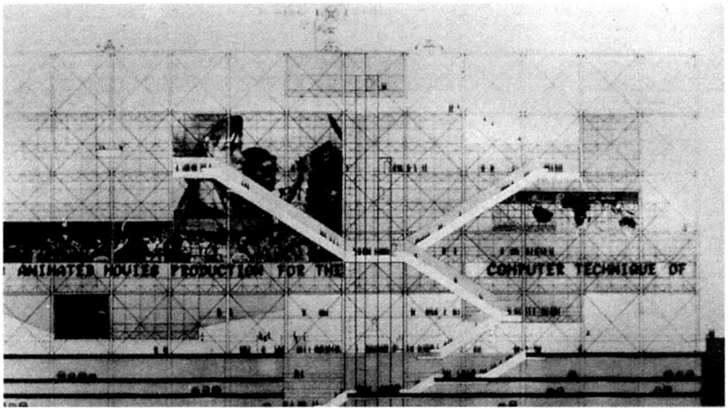

Proyecto para el concurso Beaubourg. Alzado.

Proyecto para el concurso Beaubourg. Maqueta.

que se asegurase su resistencia al fuego. La idea de que el ensamblaje constituyese el principio mismo de nuestra solución resume claramente el espíritu que nos guiaba. En París se encuentra una gran cantidad de estructuras de acero, desde las entradas de estaciones de metro Art Nouveau hasta las grandes estructuras como la estación de Lyon, la torre Eiffel o el Grand Palais y muy a menudo es la expresividad del ensamblaje lo que humaniza a estas obras y las hace tan acogedoras. Por consiguiente, nos inscribíamos en una noble tradición y nos ufanábamos de ello.

Hubo un momento en el que el concurso fue muy estimulante. Todo sucedió muy deprisa, de manera que el aburrimiento no tuvo tiempo para instalarse entre nosotros. Este es un punto importante para los concursos, especialmente para los abiertos. El proyecto no debe estar ni muy medido ni muy detallado, no debe tratar de ajustarse demasiado estrechamente al dossier del concurso, ya que el jurado, que no puede dedicar mucho tiempo a cada propuesta, tan solo va a retener la idea directriz y el espíritu de los dibujos.

Ahora ya es una vieja historia, pero ganamos. Recuerdo la fecha, el 13 de julio de 1971, porque mi mujer estaba en el hospital y acababa de traer al mundo de buena mañana a nuestro cuarto hijo, Nemone. A partir de ese momento todo cambió, primero suavemente y muy pronto todo patas arriba.

No sé por qué hay tanta resistencia al cambio y a todas las posibilidades que abre. En los días siguientes a la proclamación de resultados la confusión fue total. Los verdaderos protagonistas no éramos nosotros los ingenieros - es decir, Ted Happold y yo – sino más bien los arquitectos. No obstante, teníamos nuestro papel que jugar, éramos miembros del equipo, aceptados como tales, necesarios para su funcionamiento y, quién sabe, puede que un día nosotros también llegásemos a ser protagonistas. Todo esto era muy estimulante. Me imagino que es como ganar a la lotería y, en cierto sentido, era un poco eso. Cada cual quería su parte de éxito. En Arup todo el mundo quería dar un golpe de mano y algunos de ellos desembarcaron en París simplemente porque creían que Ted o yo les habíamos guiñado el ojo al cruzarnos por la calle un martes.

Nos hizo falta tiempo para bajar a la tierra y entonces fue abrumador. Durante los tres primeros meses, en efecto, se nos consideró como los verdaderos ingenieros del proyecto. Después de todo, habíamos construido la Ópera de Sydney y yo era la prueba viva de

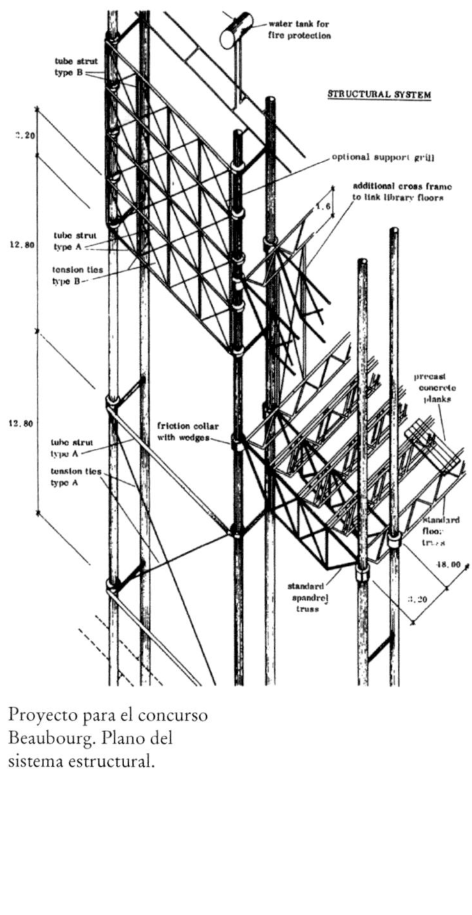

Proyecto para el concurso Beaubourg. Plano del sistema estructural.

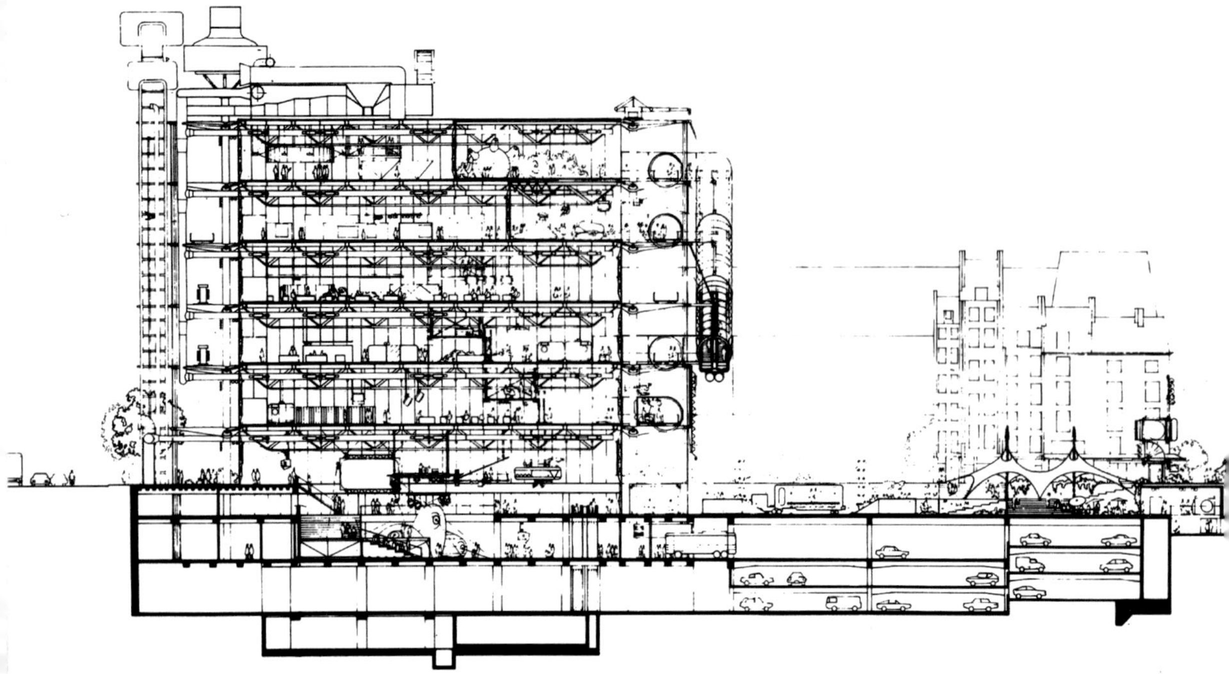

Sección transversal del Centro Pompidou.

ello. Tan solo nos faltaba, por tanto, ponernos al trabajo, pero el gobierno francés no lo entendió de esa manera. Habían previsto que la ejecución se confiase a ingenieros y arquitectos franceses y que los premiados en el concurso se limitasen a garantizar la fidelidad de lo que hicieran al espíritu del proyecto.

Nosotros hicimos valer que en un proyecto como el nuestro todo residía en el detalle y no se podía separar la ejecución de la intención. Robert Bordaz, presidente del organismo que actuaba como cliente, lo comprendió enseguida, demostrando por primera vez (y última) su sabiduría y su firmeza de cara a las presiones.

Las negociaciones con el cliente y las autoridades, en las que Ted Happold representaba a Arup, fueron duras y complicadas. Yo tomé poca parte en ellas. Poco a poco me fui dando cuenta de la enormidad de la tarea que tan alegremente nos proponíamos llevar a cabo.

Yo no hablaba francés entonces. Irlandés como soy, mi educación – por otra parte bien incompleta – comprendía el estudio del gaélico, del latín y del griego antiguo, todos de gran ayuda en el París de 1971. A cambio, aprendimos a sonreír. En el fondo, nuestra ignorancia de la lengua pudo ser una buena cosa. Desde entonces me ha sucedido más veces que lo he encontrado como una ventaja, en la medida en que me permite escaparme de todos los sermones y de tantas explicaciones como prodigan los que creen saberlo todo. Por eso, nos contentábamos con sonreír a lo que nos decían las gentes y volvíamos a nuestros asuntos. De vez en cuando, uno de los miembros de nuestro equipo que entendía el francés venía a interrumpir nuestros sueños para recordarnos que los oficiales franceses eran escépticos y estaban muy descontentos, y que les parecía increíble nuestra presunción, en particular la de los in-

Estructura del pórtico espacial para la Feria Mundial de Osaka 1970 mostrando los nudos de acero fundido.

genieros británicos: "Saben ustedes, tenemos excelentes ingenieros en Francia..." Pero nosotros nos limitábamos a sonreír, convencidos de que teníamos alguna cosa diferente a la suya.

Una de las condiciones previstas por el concurso era que todos, ingenieros y arquitectos, tenían que instalarse en París. El equipo era pequeño, aislado, pero se adaptaba perfectamente a la situación. Con excepción de algunas personas de Piano & Rogers apenas nos conocíamos antes del comienzo de esta aventura. Por ello al principio hubo algunos enganchones, cada cual buscaba posicionarse dentro del equipo, hasta que terminó por establecerse una relación de trabajo. Ello se añadía a la atmósfera de irrealidad que lo impregnaba todo.

Por mi parte, mi papel en el proyecto y mi relación con los otros venían determinados por la experiencia de la Ópera de Sydney. Estuve trabajando en ese proyecto durante más de siete años y en un cierto sentido fue como un anticipo de la experiencia de Beaubourg: un arquitecto casi desconocido gana un gran concurso internacional contra todo pronóstico. Y, como en Beaubourg, se trataba de un monumento cultural destinado a ser símbolo de la ciudad. Allí fue donde aprendí todo lo que sabía de arquitectura. Yo no conocía muy bien al arquitecto Jorn Urzon, pero le seguía cuando él recorría la obra y explicaba por qué había tomado tal y tal decisión. Lo más importante de todo lo que yo retuve fue la importancia que tienen los detalles para determinar la escala y la forma en que percibimos la arquitectura. La Ópera de Sydney era un edificio muy grande, concebido para acoger al público. Se cuidaba cada uno de los detalles, hasta las juntas entre cuarterones sobre los paneles de cubierta. Así, de esta manera, Urzon había conseguido un edificio agradable y cálido. En Beaubourg, que también era muy grande por no decir inmenso, quisimos proceder del mismo modo teniendo en cuenta esa experiencia desde nuestras primeras decisiones.

El problema técnico esencial comenzó a mostrarse con claridad: una gran luz de cuarenta y cuatro metros ochenta debía soportar una pesada biblioteca que habría de ubicarse en cualquier lugar del edificio. Una de las grandes líneas de la filosofía del proyecto era la flexibilidad. Un cierto límite fijaba en veintiocho metros la altura del forjado superior (veintiocho metros es la máxima altura de una escalera de incendios). Eso nos permitía evitar que el edificio fuese clasificado como "inmueble de gran altura" lo que habría requerido numerosos equipos suplementarios para la evacuación y la protección contra incendios, cosa que nos habría obligado a revisar toda la idea del proyecto.

La otra exigencia importante era que la estructura debía extenderse de una fachada a la otra, incluyendo las dos zonas de circulación de adelante y de atrás. Del lado de la plaza, en la fachada anterior, se trataba de la circulación de personas y del lado de la calle Renard de la circulación de servicios: conductos de ventilación, cableado eléctrico, fontanería, montacargas, y todo el aparato que requiere, en nuestros días, el funcionamiento de un edificio.

Vigas de fundición soportando bóvedas de ladrillo. Sótano de un almacén en Albert Dock, Liverpool (ahora Museo Marítimo), 1848-51. Ingeniero Jesse Hartley.

Acueducto de fundición sobre un ferrocarril en desuso cerca de Linlithgow, Escocia (finales de la década de 1830). Proyectado y construido por ingenieros de Ferrocarriles Slammannan.

Poco tiempo después de haber ganado el concurso partí hacia el Japón para intervenir en un coloquio sobre estructuras tesas. El programa preveía un viaje a Osaka para visitar los edificios de la Exposición Internacional de 1970 que aún estaban en pie, entre ellos la estructura tridimensional gigante concebida por Kenzo Tange y el profesor Tsuboi, el gran ingeniero japonés. Allí fue donde yo vi ensambles de fundición de grandes dimensiones.

Había nacido la idea. Desde hacía ya algún tiempo yo me preguntaba qué era lo que daba a las grandes estructuras del siglo XIX su particular atractivo, ya que su audacia no lo explica todo. Muchas de las grandes realizaciones estructurales de hoy día son audaces, pero no poseen ni el aspecto cálido ni la personalidad de sus homólogas del siglo pasado. Una de las cosas que me habían chocado era hasta qué punto estas últimas manifestaban el compromiso y el cuidado que sus ingenieros les habían dispensado. Al igual que las catedrales góticas, estas estructuras expresan a la vez oficio y arte de elegir subjetivos. A través de sus decoraciones de fundición y de sus ensambladuras de hierro, cada una de ellas expresa la visión singular de quien las concibió y de quien las realizó, recordándonos que fueron concebidas y erigidas gracias al trabajo de unos hombres cuya marca portan.

La fundición podía manifestar las mismas cualidades porque también ofrecía la posibilidad de expresar ese contacto personal. Pero pasado aquel tiempo, es decir, después de la época victoriana, había sido abandonada como material de construcción. En efecto, la necesidad de un material fiable cuyas reacciones puedan preverse había llevado a eliminar todos aquellos materiales cuya producción no se llevase a cabo industrialmente, según procedimientos estándar y cuya ausencia de defectos no derivase claramente del procedimiento mismo.

Pero aquí se trataba de una realización excepcional y por ello decidí concebir Beaubourg con fundición como material de base.

Llegados a este punto hay que explicar más claramente la lógica que conducía a esta elección para la estructura principal. En el edificio, las estructuras de acero se realizan en general a partir de elementos estándar, IPN, UPN, tubos y angulares. Esos elementos se laminan y extrusionan de forma lineal y continua, lo que garantiza su calidad así como su uniformidad visual y geométrica; a cambio, deja muy poco sitio a la expresión personal. Además, todo el muno tiene la idea de que las estructuras de acero se hacen a partir de elementos estándar producidos en fábrica. Para el gran público desaparece toda sorpresa, toda personalidad y con ellas el sentimiento de un enlace entre el espectador y el autor de la obra, sea éste quien la concibió o quien la construyó. La introducción de acero fundido nos parecía una manera de evitar este callejón sin salida, una manera de hacer de la estructura de Beaubourg, gracias a la sorpresa ocasionada por el conjunto nada habitual de piezas fundidas y piezas de acero más comunes, un conjunto cálido y acogedor. La escala de Beaubourg habría de ser por tanto la escala de las diferentes piezas de la estructura más que la del edificio entero.

El edificio y toda su arquitectura presentan con toda naturalidad otros aspectos interesantes. El movimiento de los visitantes al recorrer la fachada que da a la plaza, la propia plaza, los inmensos forjados desprovistos de obstáculos, todo ello contribuye a que el Centro sea un lugar popular en el que cada cual se siente vivir al unísono con ese monumento inmenso. Uno de los primeros objetivos del concurso, como de la solución propuesta por Piano & Rogers, era crear un palacio de cultura que fuese popular, en el que el hombre ordinario no se sintiese intimidado.

Que la cultura pudiera ser considerada como intimidatoria era algo que yo conocía muy bien. Como nativo de la Irlanda rural en la que la cultura se resumía a una dudosa libertad de tono en el lenguaje, aprendiz de clases técnicas en una austera universidad protestante, lugares como el Louvre o la National Gallery de Londres me impresionaban. El lenguaje de la cultura, distante, altanero y rígido, constituía ya en sí mismo una barrera y yo deseaba hacer del Centro Beaubourg un lugar accesible como lo era la torre Eiffel o la Ópera de Sydney, un lugar donde uno pueda sentirse cómodo y no asustado o humillado.

Lennart Grut,Ted Happold y Peter Rice, parte del equipo de Beaubourg.

La solución fue la fundición. Esa fue mi contribución personal, mi misión. Yo me consideraba como un miembro ordinario del equipo, resuelto a contribuir con su parte de trabajo. La burocracia no sabía nada de todo esto ni por supuesto la industria que, más tarde, considerando que esta fijación en el acero fundido era idiota y arcaica para 1970, terminó sintiendo que tenía que plegarse al capricho de un ingeniero obsesionado. Porque, contrariamente a los arquitectos y demás artistas, los ingenieros tienen fama de ser gentes sensibles cuyas decisiones vienen dictadas por argumentos racionales, gentes prácticas e iluminadas.

Habíamos decidido emplear fundición aún antes de saber si seríamos capaces de manejarla sin tener ninguna noción sobre la manera en la que se concibe un proyecto con este material e incluso antes de haber concebido la estructura. Teníamos que explorar a la vez en tres direcciones de trabajo.

En este punto es importante hablar del trabajo en equipo. Es esta una expresión que se utiliza muy mal, a menudo para enmascarar el vacío, un poco como el saludo hipócrita a sus colaboradores de alguien que reivindica la paternidad de una obra importante. Los buenos equipos están constituidos por personas diferentes cuyas singularidades son complementarias, gentes que, empezando por su propio jefe, tienen ganas de trabajar en común y están dispuestos a aceptar la presencia y la contribución de los otros; se crea así, al menos durante un tiempo, una verdadera dinámica de grupo. Aparte de Renzo Piano y de Richard Rogers, el equipo que se ocupaba de la estructura al principio comprendía a otros arquitectos, en particular Laurie Abbort (un tipo singular como yo, concienzudo y un poco loco, un dibujante notable capaz de dar forma a ideas que yo no sabía describir con palabras) y tres ingenieros: Lennart Grut, que controlaba el trabajo; Johnny Stanton, un joven de apenas veinte años, talentoso y distendido; y Andrew Dekany, hombre de la vieja escuela, un ingeniero como uno se imagina que deberían ser todos los ingenieros. Detrás de todo eso, en Londres, estaban Ted Happold, Pobl. Ahm y toda la jerarquía de la casa Arup, que negociaban para que el equipo pudiera tener las manos libres.

El apoyo logístico de Arup jugaba un papel fundamental. Nosotros en París podíamos tener muchas ideas y tratar de demostrar que funcionarían a la perfección. Pero en ingeniería de estructuras no existe el derecho a equivocarse. Cuando se innova, como

Puente Gerber sobre el Maine en Hassfurt (1866-1867), el puente metálico más antiguo construido por voladizos. Está formado por tres luces de 26, 42 y 26 metros.

lo estábamos haciendo al emplear acero fundido, es esencial poder apoyarse en análisis precisos de gentes altamente cualificadas y, además, sentimentalmente indiferentes en cuanto al éxito del proyecto: una mirada clara, lógica y objetiva sobre la estructura y los materiales, para asegurar que casan bien con las leyes y exigencias requeridas. La experiencia de Sydney me había enseñado ya a explotar el potencial de Arup y el talento de sus ingenieros y Beaubourg proporcionó la prueba de que el método era bueno.

Este método, por otra parte, ha estado siempre presente en el corazón de mi trabajo que, sin eso, hubiese sido mucho más pobre y menos aventurero. De todas las personalidades excepcionales con las que he podido contar durante ese largo periodo destacan especialmente dos: John Blanchard, el analista más dotado que yo haya conocido, y Turlogh O'Brien cuyo conocimiento de materiales no tiene parangón.

Muy pronto nos dimos cuenta de que la obra no iba a ser tan sencilla y que no bastaría con llamar a los japoneses para preguntarles lo que debíamos de hacer. La tarea más urgente y también la más difícil era encontrar una estructura adecuada. La arquitectura del proyecto preveía una luz de cuarenta y cuatro metros ochenta centímetros, más dos zonas de circulación delante y detrás, con lo que se alcanzaban los cincuenta y seis metros ochenta. Estas tres zonas deberían estar íntegramente dentro de la estructura. Además, para complicar el problema, el espacio interior propiamente dicho coincidía con la luz principal al encontrarse las dos zonas de circulación en el exterior de la fachada. Nos era por ello necesario crear un plano sobre el cual viniera a colocarse la fachada de forma natural. La solución espectacular – franquear de un solo salto el espacio principal y añadir dos voladizos para integrar la circulación de personas y servicios – no valía gran cosa. Por supuesto que la habíamos sugerido pero no tuvo ningún éxito entre los arquitectos. Pensamos también en columnas dobles en cada uno de los dos lados, empotrando las vigas principales entre ellas a medio camino. Esta solución tampoco tuvo éxito y posiblemente dio una imagen negativa de nosotros.

Por fin un día, un miembro del equipo (no sé quién, probablemente Lennart Grut; en todo caso no fui yo) sugirió una viga colgada de una ménsula corta de apoyo, la así llamada *gerbereta* según el nombre de Heinrich Gerber, un ingeniero del siglo XIX que había

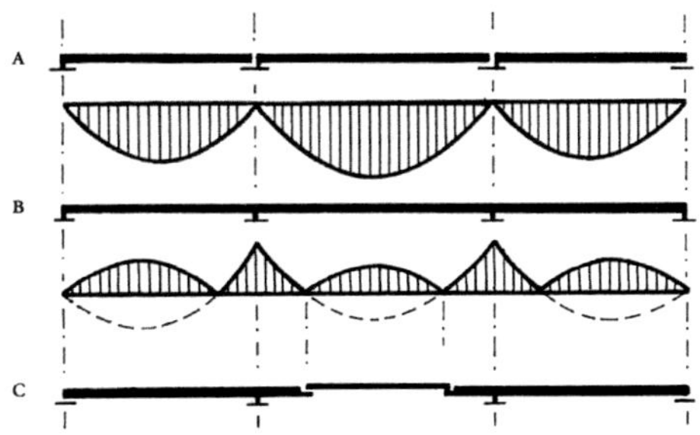

Principio estructural de un puente Gerber.
A Puente de luces simples, fácil de construir pero de gran magnitud estructural
B Puente de viga continua, difícil de construir pero de magnitud estructural económica
C La solución de Gerber, fácil de construir y de pequeña magnitud estructural.

inventado ese principio estructural para la construcción de puentes. Esta solución parecía resolver con elegancia y sencillez uno de los problemas, por lo que se adoptó enseguida. Hecho eso, la etapa siguiente consistía en concebir los diferentes elementos, el soporte, el tirante, la gerbereta y la viga. El alma del conjunto era la gerbereta. En el fondo, un soporte es un soporte, un tubo redondo destinado a recibir las cargas. Por su parte, el tirante era fácil de concebir y optamos por una barra de sección circular llena. Pero el punto delicado era decididamente la gerbereta, con la viga en segundo lugar. Así que nos fuimos derechos en busca de la buena idea. La pieza tenía que ser fundida pero ¿qué forma había que darle? Fue Johnny Stanton quien encontró la solución ganadora, con la ayuda, si mal no recuerdo, de Laurie Abbot: una pieza de un solo cuerpo, que iba del tirante a la columna, contorneándola por sus dos lados y prolongándose más allá para buscar el extremo de la viga.

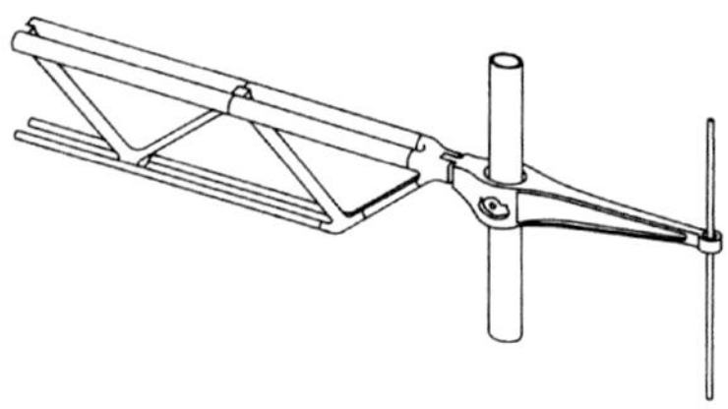

La viga de doble cordón se une a la gerbereta y ésta se enclava al soporte.

Entonces comenzó verdaderamente el trabajo de ideación de la gerbereta, el cual duró meses. Necesitábamos algo que fuese posible moldear y para comprender lo que eso implicaba hicimos visitas a fundiciones y mantuvimos entrevistas con expertos. Las fuerzas y las cargas que se ejercían sobre la pieza – me gusta emplear la palabra "pieza" porque me da la impresión de que soy un artista[1] – eran los datos principales que debían determinar su forma: afilada por el lado del tirante, en el cual la carga se soporta en tracción, llena y maciza en el lado del soporte donde el momento era mayor, y de nuevo afilada en el sitio en que venía a colgar a la viga.

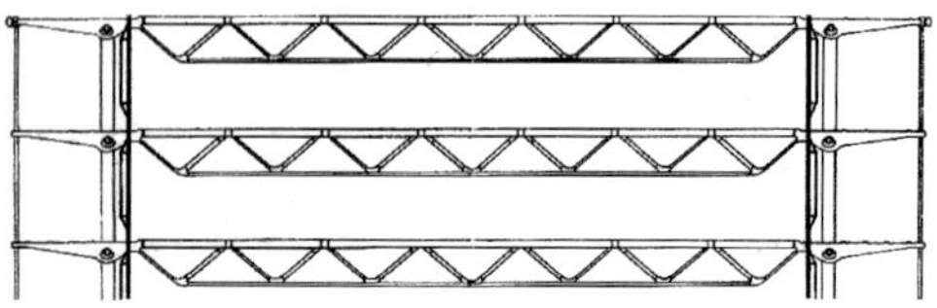

Sección transversal que muestra las relaciones entre la viga, la gerbereta y el soporte.

En ese estadio, la definición de la forma y la organización de las ideas se convirtieron en procesos interactivos complejos. Algunas decisiones tan solo podían ser tomadas por los ingenieros. Las características físicas de la gerbereta y la naturaleza de los esfuerzos que se ejercían sobre ella no debían exceder la carga que puede soportar la fundición. En una situación así la responsabilidad del ingeniero es muy clara: la estructura debe funcionar cualesquiera que sean las condiciones de carga. Que sea elegante, que refleje las propiedades específicas de la fundición o de cualquier otro material del que pueda estar hecha, todo ello es muy satisfactorio cuando se puede y, si ese no es el caso, siempre se puede llegar a un compromiso. Pero las cargas hay que soportarlas.

El acero fundido era un material mal comprendido. En lo esencial, se producía todavía en fundiciones que datan de mediados del

[1] *Pieza*, en inglés, designa a la vez la obra de arte y, en este caso, un elemento de la estructura de acero, es decir, la gerbereta (NdE francés).

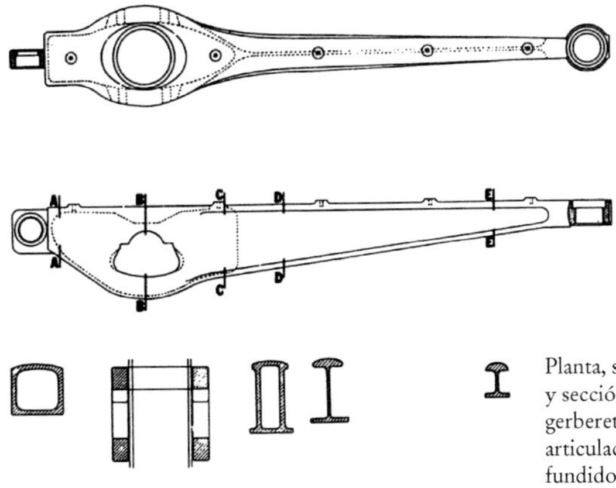

Planta, sección longitudinal y sección transversal de la gerbereta mostrando la articulación de acero fundido.

siglo XIX, situadas en el corazón de la vieja infraestructura industrial europea. Sus métodos eran artesanales y apenas habían cambiado desde finales de siglo. Había que modernizar esta tradición adaptándola a las exigencias actuales de fiabilidad y de "predictibilidad"[2]. En aquel momento estaba a punto de emerger toda una nueva tecnología, suscitada por la necesidad de producir planchas de acero fiables para los reactores nucleares y las plataformas petrolíferas del mar del Norte, frío y profundo. A eso se le llamó la "mecánica de fractura", ciencia que permitía prever el comportamiento de los metales bajo carga, así como su reacción en caso de que contuviesen pequeñas fisuras y otros pequeños defectos. Eso parecía darnos la respuesta y nos pusimos a trabajar con los institutos de soldadura, tanto en Francia como en el Reino Unido, para poner a punto un modo de adaptar esa tecnología a la previsión de comportamiento de la gerbereta y definir las exigencias relativas al material. La forma final de la gerbereta, cuidadosamente dibujada, puesta en volumen y luego redibujada numerosas veces por los arquitectos, fue el reflejo de todas esas necesidades.

Poco a poco, a medida que íbamos trabajando, surgía de nuestro trabajo una cierta filosofía. La pieza comenzaba a expresar claramente lo que estaba sucediendo. Su forma era casi el diagrama estructural de las fuerzas que actuaban sobre ella. Las exigencias de moldeo se expresaban en el espesor de las partes superiores e inferiores. La forma de la abertura superior y de las aberturas laterales reflejaba las etapas de la secuencia de montaje. En el punto de unión con la viga, así como en el punto en que la gerbereta se apoya sobre el eje que atraviesa el soporte, se colocaron unas gruesas rótulas esféricas para que el soporte pudiera asegurar correctamente su función. El conjunto era visible, el sistema era la encarnación de su propio funcionamiento. Todos los puntos de contacto entre la gerbereta y los restantes elementos estaban mecanizados, lo cual presentaba la ventaja considerable, aunque no intencional, de poder controlar la forma en que cualquier utilizador futuro pudiera unir otros elementos a las partes moldeadas y regular así la flexibilidad del conjunto. Cuanto más se sabe sobre esta estructura más se ve y más se comprende, porque allí está toda la información: el principio de la gerbereta está perfectamente adecuado con la naturaleza del acero moldeado, al igual que su forma es el resultado directo de las fuerzas que actúan sobre ella. Y sin embargo, es también una

[2] "Predictibilidad" remite a la idea de *predicción*, muy querida de Peter Rice, que él definió en su obra *Le Verre structurel* (Éditions du Moniteur, 1990). En esa filosofía los proyectistas pueden prever exactamente cómo van a trabajar los diversos componentes del proyecto; todas las uniones se conciben de forma que se garantice que se aplicarán únicamente las cargas específicas para las cuales se han estudiado y ninguna otra (NdE francés).

Obreros instalando una rótula esférica.

Detalle de un ensamblaje.

creación personal; de quién precisamente, no sé decirlo; en todo caso, es la obra personal de un grupo que ha trabajado en su puesta a punto, es decir, nuestro equipo. Y también, aunque fabricada gracias a medios industriales, no es un producto impersonal sino un testimonio evidente de la intervención humana.

El espíritu del proyecto, dictado por el hecho de haber escogido el acero moldeado, era hacer que cada pieza fuese autónoma, con el resultado de un conjunto articulado cuyos componentes no se tocaban más que en algunos puntos. Así como el silencio entre notas define la calidad de una música, el espacio entre las piezas definía la escala del proyecto.

Una vez determinado el concepto comenzó el trabajo de definición y dibujo del conjunto de la estructura para posibilitar el lanzamiento de concursos, tarea que se efectuó en un clima de negro escepticismo. Era el resultado de los diversos componentes franceses del equipo: el cliente, el conjunto de consultores - esencialmente expertos y representantes de la industria francesa - todos, en suma, a excepción del personal del instituto de la soldadura. En el fondo, los escépticos no comprendían ni nuestras motivaciones ni la lógica de nuestra posición. "¿Qué queréis exactamente?" nos preguntaban. "¿Queréis que el resultado se parezca a esto? ¿Que esto se mantenga en pie? Podemos conseguirlo con los métodos tradicionales. Dejadnos hacer y nos ocuparemos de ello". Lo que sobreentendíamos era "Sois demasiado jóvenes y las cosas no son tan simples. Dejadnos obrar a las gentes que sabemos". Por nuestra parte ya habíamos decidido ignorar ese discurso y, aunque lo comprendíamos, nos contentábamos con sonreír y volvíamos a nuestro trabajo.

Los otros elementos del proyecto, la viga, los soportes moldeados por centrifugación y los tirantes, aunque audaces en su concepción parecían tímidos en comparación con la gerbereta. Como símbolo de nuestra osadía, ésta era el objeto de nuestros cuidados.

Se reunió a las empresas destinadas a participar en los concursos y el proyecto continuó normalmente o casi. El cliente, es decir, el organismo encargado del control del proyecto, en la persona de su presidente Robert Bordaz, demostró tener una notable sangre fría frente a todas las dudas y escepticismos. Nos protegió sin descanso contra las críticas y nunca pidió que nos detuviéramos. Era una actitud extraordinaria habida cuenta del estatus respectivo de los protagonistas: por un lado, los grandes magnates de la industria francesa, a quienes les tocaría construir el edificio asumiendo la responsabilidad posterior; por el otro, nosotros, un grupo de jóvenes extranjeros casi desprovistos de referencias. Es verdad que habíamos ganado el concurso que nos declaraba proyectistas de la obra, pero incluso en ese aspecto las cosas no se desarrollaron exactamente como el cliente había previsto. El escenario inicial preveía que este último controlase la consulta y designase un ganador, el cual, si fuese extranjero, debía asociarse con un equipo de profesionales franceses competente sobre el cual recaería la ejecución propiamente dicha. Eso es lo que ocurrió durante los concursos posteriores, en los que el gobierno francés, escaldado por la experiencia de Beaubourg, se preocupó de que aquello funcionase así. Además del escepticismo de la industria francesa había una oposición considerable de parte de los profesionales franceses ante la ofensa que constituía para ellos el hecho de haber quedado excluidos de la mayor obra construida en Francia después de la guerra. Pero el cliente supo resistir todas las presiones y nos proporcionó el espacio y el tiempo necesarios para que madurase nuestro propio proyecto.

Es interesante analizar lo que significa ser extranjero en este tipo de situaciones. No solamente no sufríamos las inquietudes de quienes teníamos enfrente sino que tampoco éramos conscientes de las dudas y rumores que agitaban a la sociedad, tanto en lo relativo al proyecto como en lo relativo a nosotros mismos. Por el contrario, en nuestro país todo eso habría estado presente de forma constante, enfriando nuestro entusiasmo, minando nuestra confianza y forzándonos, tarde o temprano, a modificar nuestro proyecto.

Durante la fase de concurso habíamos presentado el proyecto a la Socotec, una organización de control a la que no impresionamos lo más mínimo: todo andaba torcido. Sonados como el boxeador que se levanta cuando el árbitro va contando por ocho, tratamos de corregirnos intentando comprender los comentarios y considerándolos uno a uno. Había tantos que la tarea era casi imposible. Gran parte de ellos eran muy complejos y muy negativos, por lo que llegamos a la conclusión de que Socotec no creía en absoluto en el buen fin del proyecto. Al contrario que nosotros, sus miembros comprendían bien las críticas que se nos hacían. Pese a todo, nos pusimos a examinar todos los puntos uno por uno y con la ayuda de Robert Bordaz comenzamos a ver una salida. Finalmente el juicio de Socotec fue muy positivo y el Sr. Daussy, su ingeniero en jefe, sugirió que ensayásemos la resistencia a las cargas de todos los elementos principales para comprobar su calidad. Una idea notablemente inteligente que resultó decisiva cuando empezó la fabricación.

El concurso de empresas se desarrolló sin incidentes hasta que nos llegaron las ofertas: todas las empresas extranjeras se habían retirado y las dos empresas francesas principales se habían puesto de acuerdo para dar un precio idéntico que sobrepasaba el presupuesto en un cincuenta por ciento, proponiendo en paralelo una solución estructural alternativa que, misteriosamente, se correspondía exactamente con nuestro presupuesto. Se armó un jaleo monstruoso. El cliente declaró desierto el concurso y nos recomendó negociar con otros, animándonos a buscar a través del mundo entero otras compañías capaces de construir nuestro proyecto. Era escéptico y yo creo que pensaba que el resultado final sería llegar a un compromiso. Grands Travaux de Marseille, la empresa principal, sugirió una estructura de hormigón, como para hacer comprender a la industria del acero que ellos no podían actuar a su aire. Durante ese periodo y como consecuencia de nuestros contactos, recibimos dos respuestas positivas, una de la Nippon Steel de Japón y otra de Krupp en Alemania, ambas humilladas por haber sido eliminadas en la primera vuelta.

La atmósfera pareció iluminarse de repente el día en que nos llegó el telex de la Nippon Steel. Sí, decía, todo esto es factible y se puede entregar franco porto en el Havre a cinco francos el kilo, es decir, exactamente la mitad de nuestro presupuesto. Lentamente, recuperamos la confianza. Incluso comenzamos a notar progresos reales en nuestras relaciones con empresas francesas. Krupp también nos hizo llegar una oferta aceptable. Estábamos en la buena vía.

Debo precisar aquí que esta difícil situación no se debía únicamente a la industria francesa. He vuelto a encontrar los mismos problemas en muchos otros países y siempre los he resuelto de la misma manera. Una réplica reciente e irónica de la misma historia sucedió en Japón a finales de los años ochenta, en ocasión del proyecto para el aeropuerto de Kansai. Fueron las mismas empresas japonesas, tan serviciales en la época de Beaubourg, las que, esta vez, impugnaron las soluciones que habíamos propuesto para la estructura de cubierta de la terminal y los muros piñones vitrificados, calificándolos de "imposibles de realizar, no hay bastantes japoneses", "no entendemos", mientras que las mismas empresas francesas, tan reticentes y obstinadas en 1973, vinieron al rescate en 1991 y lograron construir exactamente lo que les habíamos pedido respetando presupuesto y plazos.

Es difícil encontrar coherencia en la doctrina de las industrias, en particular en las bien instaladas como es el caso de la construcción en acero. De Tokio a París, de Nueva York a Seúl, parece que la norma es ser cabezones y dogmáticos en casa, abiertos y serviciales en el extranjero. Jamás hay que creer a la industria cuando dice que algo es posible o imposible, siempre tiene algún otro motivo en la cabeza.

Comenzamos a negociar seriamente con Krupp para estar bien seguros de que asimilarían el principio del proyecto y para obtener una estimación financiera más precisa. Durante ese tiempo los industriales franceses comprendieron que podía serles interesante ponerse a estudiar el problema en serio y descubrieron de pronto que nada era tan imposible como parecía. Quién sabe, en el fondo, puede que lleguemos; incluso puede que el presupuesto sea suficiente. Pero nosotros preferimos continuar con Krupp y el cliente igual.

Allí, como en todas partes, la actitud del cliente fue notable. Era un organismo especial llamado *établissement public* cuya característica era no depender de ningún ministerio en particular, creado especialmente para definir, construir y elaborar Beaubourg en todos sus aspectos. Robert Bordaz, presidente de este organismo, era un alto funcionario en estrecho contacto con el verdadero cliente – el presidente Pompidou – y tenía por ello una gran libertad para decidir lo que creía bueno para el proyecto, cosa que iba desde la adquisición de obras de arte para el Museo de Arte Moderno hasta el control del presupuesto, pasando por el sueldo de los directores y personal del centro. Era él quien definía las prioridades del proyecto, ayudado en tal tarea por la opinión de diversos asesores, entre los cuales estaban los principales miembros del jurado del concurso, en particular Jean Prouvé, el famoso ingeniero e inventor francés, y Philip Johnson, arquitecto americano bien conocido.

Este apoyo nos permitió realizar la estructura de acero tal y como se había pensado inicialmente. En 1973 se firmó un contrato con

Gerberetas moldeadas en la fundición.

Krupp, el Krupp de la Gran Berta, un nombre capaz de llenar de pánico y de poner enfermo el corazón de los parisinos de una cierta edad, pero que manifestaba a la vez el avance hacia una Europa unida: una prueba, por si hacía falta, de que al menos Francia creía en un porvenir europeo. Y eso fue para nosotros el comienzo de una nueva epopeya.

Krupp y Polig Heckel & Bleihart PHB, la fundición del Sarre, se pusieron a la obra inmediatamente, produciendo unos planos que respetaban integralmente el principio inicial. Cuatro meses más tarde moldeaban los primeros nudos de ensamble con las vigas y en seis meses estaban listos para fundir las primeras gerberetas. Todo

Operario siderúrgico tratando la gerbereta en la fundición.

ello era muy excitante y muy satisfactorio. Nuestra gran obra tomaba forma pero deberíamos haber desconfiado. En tiempo normal las cosas no suceden tan bien; de entrada, yo estoy normalmente muy atento cuando todo va demasiado bien. Pero ¿qué quieres? Un ambiente tan positivo apacigua hasta el espíritu de los más escépticos.

La tormenta estalló a primeros de 1974. La primera gerbereta que ensayamos no resistió ni la mitad de la carga prevista y se partió en dos. Lo mismo pasó con la segunda y después una viga corrió la misma suerte. Era claro que algo no iba. Se habían fabricado ya cuarenta y cinco gerberetas, seis vigas y nudos de ensamble en cantidad

Transporte de una viga por la noche.

suficiente para equipar la mitad de ellas.

El tiempo presionaba. Una de las condiciones del concurso era que el proyecto ganador se realizase y quedara la obra abierta al público en cinco años. En nuestra propuesta habíamos estimado en seis años el tiempo necesario, pero el jurado, considerando que el proyecto era limpio y claro, había decidido que éramos demasiado pesimistas. Creo que en el fondo tenían razón, porque habíamos basado nuestra evaluación de las prácticas constructivas en el Reino Unido mientras que los franceses construían normalmente mucho más aprisa. Por consiguiente, acordamos un plazo de cinco años, cláusula de nuestro contrato que inmediatamente se repercutía a las empresas durante la consulta de la estructura de acero. Pero esta última etapa nos había hecho perder cuatro meses y medio de discusiones y el plazo, ya bastante apretado tal y como se preveía en contrato, se acortaba como una piel de zapa. Krupp había, por supuesto, aceptado estas condiciones al firmar pero ahora ¿qué íbamos a hacer? Nos fuimos a Alemania para enterarnos de lo que había pasado.

Nos encontramos ante un clásico caso de malentendido internacional. A toro pasado todo resultaba tremendamente evidente. Nuestro concurso se había escrito en francés basado como era de rigor en las normas nacionales, únicas en Francia que se benefician de un estatus legal. En un solo punto, no obstante, nos habíamos basado en una norma inglesa especial, todavía en fase de elaboración, que especificaba la calidad de los materiales para el moldeo, así como para las soldaduras especiales con la viga. Era una norma inglesa porque este enfoque de la nueva mecánica de fractura había originado problemas en la realización de plataformas petrolíferas del mar del Norte, lo cual hizo que el British Standard Institute fuese requerido para definir de un modo medible la calidad del acero destinado a ser utilizado en tales condiciones. Ni Francia ni Alemania en aquella época se habían enfrentado a este tipo de problemas y por ello la Socotec y otras autoridades francesas, como el Instituto de la Soldadura, había aceptado este comportamiento nada habitual.

Durante la fase de concurso las normas británicas se habían referido a las francesas para que las empresas, poco acostumbradas a las exigencias esotéricas de las primeras, tuviesen una idea de las normas y del tipo de acero que se exigían y pudiesen, ya desde ese momento, poner números a los materiales. A la vista de esto, las dos principales empresas alemanas habían adaptado todo también ellas a las normas de su país y sabiendo que éstas eran más severas que las francesas correspondientes, habían empezado a fabricar las piezas según sus propias normas, sin leer siquiera ni tratar de comprender la naturaleza particular de los requisitos de las nuevas normas británicas. Pero en el caso de las piezas que teníamos que fabricar – en particular las gerberetas – esas normas eran muy diferentes. Las gerberetas, con su ancha sección, se comportaban de un modo muy diferente al de las secciones delgadas correspondientes a los estándares habituales de la época. Nuestros colegas alemanes hablaban mal el inglés y ninguno de nosotros se desenvolvía bien en francés.

En consecuencia, la comunicación era difícil. Si el gran problema era encontrar la forma de corregir lo más aprisa posible los defectos de las piezas ya realizadas y fabricar las que faltaban, necesitábamos antes encontrar la manera de comunicarnos. Por ello fuimos en busca del Reino Unido, seguros de que al menos allí nos entenderían. Los franceses, cliente y empresa principal, confiaron en expertos franceses, mientras que los fabricantes de acero alemanes, que tenían el problemón encima, desconfiaban de nosotros tanto como los franceses y se fueron a buscar ayuda en Alemania. No llegaban a comprender cómo una oscura norma británica fuese más justa que las famosas normas DIN alemanas, mucho más exigentes y rigurosas. La situación estaba lejos de ser simple.

En la misma época tuvo lugar otro acontecimiento que nos hizo tomar conciencia al instante de la gravedad de nuestra situación. El 3 de marzo de 1974 un avión de la Turkish Airline que venía de París y se dirigía a Londres, lleno de aficionados ingleses que habían ido a París a un partido de rugby Francia-Inglaterra, se estrelló y murieron todos los pasajeros. El asunto hizo mucho ruido y la investigación, que se llevó a cabo con gran diligencia por parte de la prensa inglesa, en particular el equipo del *Sunday Times*, permitió reunir pronto una lista de errores cometidos durante el embarque. Una puerta de la bodega de equipajes en la trasera del avión estaba mal cerrada y bajo la enorme diferencia de presión entre el interior y el exterior debido a la altura, se abrió repentinamente. La descompresión brutal resultante hundió el techo de la cabina del pasaje, dañando las redes de cables de control que iban por debajo, de cabeza a cola del avión. Sin un sistema central hidráulico (dicho de otro modo, sin un medio de socorro capaz de tomar el relevo y dirigir el avión) el accidente era inevitable.

La investigación mostró también que alguien, durante el diseño del aparato, había subrayado el peligro de una situación así, pero que su opinión había sido ignorada por razones políticas. Quedó claro, a partir de entonces, que los proyectistas habían sido negligentes o, al menos, tal era la presunción de los periodistas. Los proyectistas se habían significado al ignorar el aviso. ¿Qué más claro para nosotros que esto?

Traté entonces de evaluar nuestra propia situación. También aquí habían sido muchos los que nos decían que llevásemos cuidado. Nuestros ensayos nos habían mostrado el problema pero había que encontrar una solución sin correr el riesgo de que algún día fuésemos objeto de un proceso periodístico. Ese pensamiento nos espoleaba. Nuestras pesquisas nos llevaron hasta el Instituto de Materiales de la universidad de Stuttgart, donde el profesor Kussmaul empleaba el método de la mecánica de fractura. Su experiencia formaba parte del programa nuclear alemán. De repente, era un ingeniero alemán quien le decía a Krupp y a PHB que nuestro método era bueno. Un colega del profesor Kussmaul nos sugirió pronto una solución. Se podía salvar las piezas ya fabricadas recalentándolas. Hubo que tirar algunas de ellas, las que ya habían sido mecanizadas, porque no se las podía volver a tratar con calor después de la mecanización, pero se pudo reutilizar la mayor parte de las piezas. Las vigas se salvaron del mismo modo. Perdimos tres meses pero evitamos un desastre. El cliente consiguió de la casa Krupp que acortaran los plazos inicialmente previstos. Poco tiempo después llegaron a París las primeras piezas y el proyecto continuó como si no hubiese habido crisis alguna.

Izado de una gerbereta para ponerla en posición.

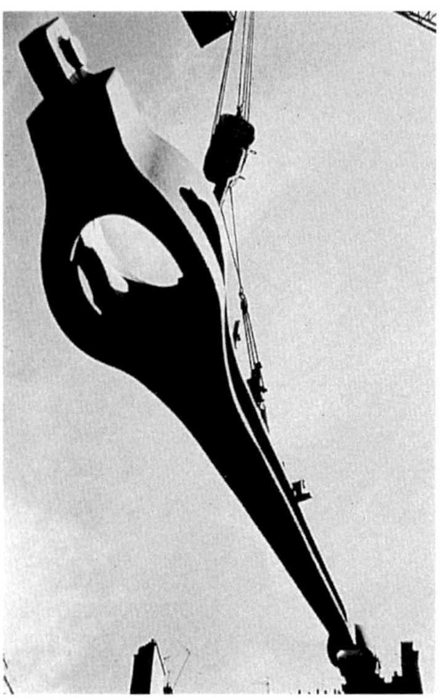

Pero antes de esta última fase, más distendida, nos esperaba otra sorpresa. En mayo de 1974 murió Pompidou y durante el interregno, mientras se preparaba la elección de su sucesor, el Centro fue rebautizado como Georges Pompidou. Robert Bordaz contactó con los tres candidatos principales para asegurarse el mejor apoyo para el porvenir del proyecto pero, cualquiera que fuese el vencedor, ese apoyo no sería ya el mismo. Quien lo consiguió, Valéry Giscard d'Estaing, era sin duda el menos entusiasta de los candidatos de la derecha, consideraba que el gasto era inútil y a él, sin duda, no le gustaba el proyecto. El hecho de que estuviese ya implicado en el mismo en su calidad de Ministro de Finanzas de Georges Pompidou no parecía inquietarle lo más mínimo: pidió que se disminuyera el número de plantas del edificio. Afortunadamente, habíamos llegado ya tan lejos que eso era imposible.

Su decisión cayó en pleno verano. Yo estaba de vacaciones haciendo camping en Normandía. Me había cuidado bien de no decir a nadie adónde iba y ni tan siquiera había planificado mi viaje. Reencontré a mi familia y el coche en Cherburgo y empezamos a buscar un camping conveniente. Fue entonces cuando, extrañadísimo, vi una mañana en la playa a un hombre que me perseguía gritando: "¡Debe llamar inmediatamente a su oficina y regresar a París!". Me imaginé lo peor. Algo grave había sucedido y me precipité al teléfono. Era la hora de comer y no había nadie en la oficina. Incluso en Francia, pensé, una verdadera catástrofe habría perturbado ciertamente la comida pero yo no estaba seguro. Con tal incertidumbre pasé una hora angustiado hasta que conseguí contactar con alguien. "El Presidente quiere eliminar dos plantas del edificio. Tiene Vd. que volver a París". Eso me alivió. Respondí: "¿No es más que eso?" y, para decepción de mi familia, acepté volver. Pero era demasiado tarde para modificar el proyecto, que pudo sobrevivir a esta nueva prueba.

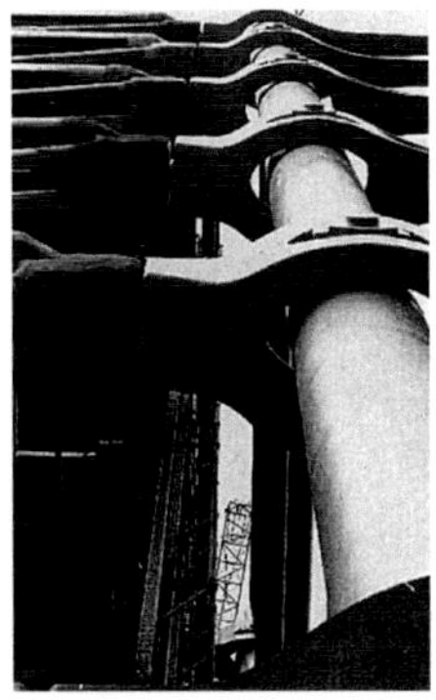

Las gerberetas abrazando los soportes. El espacio entre la gerbereta y el soporte aligera y articula el conjunto.

A partir de ese momento las cosas siguieron su marcha sin más obstáculos que la rutina habitual y el Centro abrió sus puertas el 30 de enero de 1976 como se había previsto inicialmente.

Tras la epopeya de la gerbereta se realizaron otros elementos del proyecto que no plantearon problemas. Al concebir las principales piezas de acero habíamos adoptado un cierto lenguaje: había tubos en compresión, barras en tracción y elementos moldeados para los ensambles. Una vez bien establecidas estas reglas el resto resultaba fácil. Y nadie, ninguna empresa, ningún experto, se permitió dudar de la validez de nuestras decisiones y menos aún de nuestra capacidad para llevarlas a cabo. El diálogo era sencillo, la gente nos escuchaba y hasta empezamos a hablar en francés. Un día, pensábamos, acabarán por aceptarnos.

Bajo la égida del equipo principal de arquitectos y de ingenieros se constituyeron equipos secundarios encargados de definir tal o tal elemento del proyecto. La fachada estaba bajo el control de Eric Holt y otros cuatro arquitectos; Michael Davies con otro equipo diseñó el Ircam; la plaza y los alrededores fueron obra de Cuno Brullmann y de Alan Stanton. Estaban también Gianni Francini y

Vista de la zona de gerberetas. La sombra proyectada revela las cualidades esculturales de las gerberetas, obtenidas gracias a la plasticidad de los procedimientos de moldeo.

John Young, otros dos jefes de equipo que se ocupaban de diversas partes del edificio. Walter Zbinden se hizo cargo de la infraestructura. En otro equipo aún, mi compañero Tom Barrer puso a punto, junto con Laurie Abbort, la estrategia y los detalles del mantenimiento. Las soluciones aceptadas, tomadas separadamente, reflejaban la autoridad y la particular aportación de cada uno de ellos. Si bien todo era aprobado por los arquitectos jefe, las ideas provenían a menudo de más abajo. En fin, hay que subrayar el papel de GTM, en particular el de Jean Thaury, jefe de obra, que pese a su pesada carga estuvo servicial y entusiasta a lo largo de todo el trabajo.

Las lecciones que se deducen de esta experiencia son simples: la comunicación es la clave de todo progreso, pero es algo muy difícil. Tiene que haber dos, uno que habla y otro que escucha. Además, es imposible evaluar el éxito de la operación. La comunicación con el mundo de la industria es particularmente difícil. Las industrias viven en un mundo cerrado que tienen por costumbre controlar. Todo les llega a través de un filtro que retiene cualquier información inconveniente. Se interpreta y se deforma todo aquello que puede amenazar el equilibrio del sistema, de manera que el trabajo pueda finalmente continuar y efectuarse dentro de los límites del entorno tecnológico ya existente. Nuestro intento de casar el nuevo enfoque de la mecánica de fractura con la industria tradicional de la fundición estaba, de hecho, condenado al fracaso. Como los berlineses de la época, no hacíamos más que desgañitarnos a través de un muro infranqueable, sacando cada cual las conclusiones que le afectaban. Por nuestra parte, deseábamos en realidad ser comprendidos por los industriales a quienes acabamos por ignorar, visto que todo indicaba que no captaban nuestro proyecto en toda su amplitud. Y ellos por su parte no se tomaban el trabajo de leer la masa de papeles que tan laboriosamente les habíamos preparado.

Pienso que lo que nos tranquilizaba era la protección legal que todo el sistema parecía capaz de ofrecernos. Después de todo teníamos razón: estaba escrito negro sobre blanco y Krupp y PHB habían firmado un contrato. Todo parecía claro, nada se había dejado al azar y las empresas sabían lo que tenían que hacer. Lo confesaban ellas mismas: nuestros planos eran claros y concisos. ¿Qué hacer si se mostraban incapaces de realizarlos? ¿Qué hacer si no conseguían encontrar una solución? Legalmente nuestra situación era inexpugnable pero en tales condiciones ¿para qué servía eso? Sin una solu-

Renzo Piano, Robert Bordaz y Richard Rogers.

ción concreta nos sentíamos tan vulnerables como la empresa. A medida que nuestra sociedad moderna se va transformando en más legalista somos cada vez menos capaces de percibir las necesidades y los objetivos en toda su sencillez. La jungla de contratos es perfecta, obviamente, para los juristas y para resolver los litigios, pero a cambio puede dañar gravemente el verdadero diálogo y la comunicación. Y esto es verdad en particular cuando hay varios idiomas en juego. Entonces se da uno cuenta de hasta qué punto la lengua es la cultura. Un francés que hubiese leído nuestro contrato no habría cometido los mismos errores que el empresario alemán. Probablemente habría cometido otros pero al menos habría satisfecho alguna de nuestras expectativas. Sin embargo, no se trata solamente de un problema de traducción. Cuando se alteran las relaciones entre la gente la traducción no basta para llenar esa separación. Hasta que encontramos un respetable experto alemán capaz de explicar el problema que habíamos encontrado no llegaron algunos signos de reconocimiento.

A pesar de largas reuniones intentando explicar a la empresa los retos esenciales del proyecto, esos retos no representaban para ellos mucho más que, por ejemplo, la capa de ozono: en definitiva, ese no era su problema. El contratista sabía lo que hacía, ese era su *métier*, el que venía practicando desde siempre. Para él, el problema debía tener una solución sencilla, así estaría más atento y vigilaría mejor el conjunto del proceso. ¿Cómo decir que se equivocaba, él, que poseía todo el dominio de su técnica? Probablemente era insultante para él recibir lecciones que estaban en la misma base de su métier dadas por ingenieros jóvenes extranjeros.

El contratista debía sudar durante nuestras reuniones pero de inquietud y no de concentración. Todo aquello no podía ser verdad. Lo mismo con el pliego de condiciones ¿a qué viene todo esto? Arquitectos e ingenieros se pasaban el tiempo añadiendo requisitos que no hacían más que complicar la vida del contratista hasta dejarlo atado de pies y manos. Que el pliego de condiciones pudiese contener soluciones le parecía no solo inverosímil sino también estúpido y asfixiante.

Así, a cualquier lado que nos volviésemos, el diálogo y la comunicación aparecían bloqueados por los convencionalismos, los prejuicios y el miedo al fracaso. Nosotros tuvimos el mismo problema al principio cuando estábamos en pleno proceso de ideación del proyecto. No conseguíamos convencer ni incluso explicarnos. Hizo falta toda una serie de peripecias agotadoras para que se comprendiese el lenguaje más sencillo. Lo que mejor funcionó finalmente fue la comunicación entre arquitectos e ingenieros, un diálogo que, sin embargo, tiene fama de ser difícil. Rindo aquí homenaje a los arquitectos, no solo por su voluntad de diálogo sino también por su capacidad para dejar las riendas a quienes les rodeaban, a darles confianza para tomar decisiones de las que, a fin de cuentas, ellos también serían responsables. Creo que se trata de una virtud que da confianza en uno mismo. Sea como sea, no es frecuente encontrarla.

Por último, el cliente. ¿Cómo calificarlo? La palabra "raro" sería un eufemismo. Como se dice en Francia, "era un *sage*". Se puede amar o no amar al Centro Georges Pompidou porque hay mucho de aborrecible allí y el mismo equipo, si lo proyectase hoy, atemperaría sin duda su vitalidad bruta y ósea. Pero es posible, al menos así lo espero, ponerse de acuerdo en decir que valía la pena construirlo y, más aún, construirlo correctamente. Representa una etapa necesaria, un reconocimiento de la realidad tecnológica en la que vivimos y del modo en que puede ser domesticada. Es, creo yo, toda la historia de la ingeniería: el intento de personalizar la tecnología, de darle una identidad humana. Sin el cliente y, en particular, sin Robert Bordaz, nada de eso habría sido posible.

¿Mereció la pena? Sin ninguna duda, sí. Para mí la respuesta es sencilla: un día, poco tiempo después de la inauguración, vi a una señora de edad, vestida de negro como las madres irlandesas de mi

La "pieza" con la gente.

niñez, sentada, mirando pasar la gente, con los ojos redondos de asombro. La observé durante un buen rato, tranquilamente sentada, acariciando el borde de la gerbereta en la cuarta planta, ni temerosa ni intimidada. Y pensé que si se llegaba a dar a la gente, con la ayuda de un elemento tal, un sentimiento de comodidad y no de alienación, esa era la prueba de lo que cuenta en el edificio: utilizar los elementos y los materiales de modo que reflejen su verdadera naturaleza. Este sentimiento, sin duda, no se debe por completo a la fundición, pero la fundición ha contribuido ciertamente de forma muy positiva a la creación de ese ambiente. Mereció la pena.

2

Mi juventud

En el camino del Inniskeen. Una tarde de julio

De dos en dos y de tres en tres van las bicicletas.
Esta tarde hay baile en casa de Billy Brennan.
Se habla a media voz un lenguaje misteriosamente codificado
Guiños y codazos, la lengua del placer.
Las ocho y media y en un lugar del camino
ni un punto de luz ni una sombra
que revele al hombre o a la mujer, nadie.
Un nadie que hace resonar los secretos de la piedra.

Yo poseo lo que odian los poetas despechados
de sus doctos discursos sobre la contemplación.
Alexander Selkirk conocía el peso
de ser al mismo tiempo rey, gobierno y nación.
Un camino, un reino de un lugar, yo soy el rey
De taludes, de piedras, de todo lo que florece.

Patrick Kavanagh
(*Colección de poemas*, Londres, 1964)

Dundalk, Gyles Quay e Inniskeen no distan más de quince millas como máximo. Gyles Quay al este de Dundalk e Inniskeen al oeste. En 1946, cuando murió Dada Quinn, mi abuelo, que era maestro de la escuela pública de Inniskeen, lo enterró en el cementerio local, para que reposara por siempre – eso pensábamos – en el seno del pueblo, rodeado de quienes habían manifestado respeto y admiración por sus palabras.

Incluso para un niño de ocho años Innikeen era un lugar que llevaba a la claustrofobia: campos pequeños, hayas grandes, aulagas, y ojos que perseguían cada gesto. Fuera, el paisaje aparecía aún más cerrado que en el interior de la gran casa. Puede que fuese el color, las hayas verdes, altas, sombrías, envolventes, amenazando con tragarse todo lo que se perdía. El visitante no podía vagabundear libremente porque todos los campos pertenecían a alguien. Adonde quiera que fuese marchaba con temor, una pesada sombra cubriendo permanentemente todas las cosas. La casa poseía un gran terreno con un pequeño vergel, un arroyo y su nutria, a la que creo que nunca vi.

Y luego estaba la frontera, muy próxima, a tres o cuatro millas de allí, de la que se hablaba sin cesar. Era así como vivía la gente, con la frontera allá abajo, sus misteriosos protestantes y la Royal Ulster Constabulary[3]. El miedo no es bueno cuando se vive en el campo, se pierde el respeto a uno mismo, el derecho de ser joven y estar lleno de curiosidad. No era el miedo a lo que está presente sino la oscuridad que aparecía bruscamente con la lluvia, el miedo a los relámpagos que, si te atrapaban, bailaban sobre la colina entre los macizos de aulagas para poner a prueba tu velocidad a la carrera. Eran rápidos, amenazadores, temidos por todos.

Dada Quinn era dulce, pero viejo, distante e irreal. Habían cruzado su camino demasiados niños. Yo era su preferido, se decía, y me acuerdo de él que sonreía y me cogía de la mano poniendo a prueba mi talento para el cálculo mental: era un hombre sano, que andaba sin cesar, adoraba los paseos y sonreía cuando se le hablaba. Mi madre estaba orgullosa de que yo fuese su preferido. Yo siempre encontraba las respuestas acertadas a sus preguntas.

Yo era muy consciente de que adoraba los números. Me parecían todos diferentes, cada uno con su propia cualidad; cada número era preciso y significaba algo. Yo no sabía leer, lo cual no parecía interesarme mucho; pero podía jugar mentalmente con los números durante todo un día mientras las palabras, por su parte, me pasaban interminablemente por encima de la cabeza. Era feliz con los números y Dada Quinn, a su modo grave, era el único que parecía comprenderlo.

Números y grosellas. El sabor de las grosellas no me ha abandonado desde entonces: maduras, tiernas, hendidas, aterciopeladas a veces, a veces lisas y, de vez en cuando, eran como un relámpago rojo, no había nada mejor. Había también casis y manzanas tempranas, probablemente de Beauty of Bath. Si íbamos a Inniskeen en julio, era por las grosellas.

Un verano estaba en la puerta de casa el hombre que cavaba los pozos, Patrick Kavanagh. Me dijeron que escribía poesías y que no tenía una perra. En otra ocasión había frecuentado la escuela del pueblo; ahora estaba por encima de todo eso pero era simpático y entendía el miedo. Se marchó muy aprisa. Fue solamente muy tarde, demasiado tarde, cuando descubrí que era un poeta notable a quien me hubiera gustado conocer mucho más.

[3] Fuerza de policía colocada bajo la autoridad británica esencialmente compuesta por irlandeses (NdE francés).

En la comarca el prejuicio era omnipresente. Cada cual tenía su lugar y no era pensable que mirase más alto. Entonces Inniskeen, no como hoy, era un lugar cerrado. Allí se escondían muchas sombras secretas y un joven curioso venido del pueblo no era muy bienvenido. Pero las relaciones familiares facilitaron las cosas y un tío abuelo que era dueño de parte del molino y de dos grandes fincas tenía una casa grande y acogedora.

La siega en un caluroso día de verano era todo lo contrario a las colinas sombrías cubiertas de aulagas. Se podía saltar sobre el trillo o deslizarse a lo largo de las pacas de heno. Los hijos de la casa, primos de mi madre, eran héroes locales. Tres de ellos jugaban al fútbol gaélico en el equipo del condado de Monaghan y dos llegaron a jugar en el equipo del Ulster. Vivían en otro mundo, un mundo de viajes lejanos. El fútbol gaélico no era para los temerosos y, aunque yo estaba bien dotado y era capaz de jugar, nunca supe dominar el arte de saltar y atrapar la pelota con seguridad. En vez de actuar yo pensaba, era demasiado soñador para un juego tan rústico.

A Inniskeen se iba en tren, un tren que unía Dundalk con Bundoran. ¡Bundoran, Bundoran, qué romántico y lejano sonaba en mí ese nombre! Cuando mi padre se permitía tener un momento de ocio solo para sí iba con frecuencia a Bundoran, para jugar al golf y encontrarse entre hombres. Pero nosotros nunca íbamos más allá de Inniskeen, ni siquiera a Carrickmacross, a cinco millas de allí, y aún menos a Castleblayney o Bundoran, cuyos nombres todavía hoy tienen para mí una resonancia romántica nacida a la vista del tren que abandonaba la estación de Inniskeen para dirigirse hacia el oeste. Más adelante tuvimos un coche, un Austin 8 conservado en grasa durante los años de la guerra, con el cual emergimos tímidamente en la luz de la posguerra.

Aunque Inniskeen es uno de los recuerdos clave de mi niñez y Gyles Quay el otro, de hecho vivíamos en Dundalk. Pero Dundalk no era una ciudad alegre. Era una ciudad ruda, una ciudad industrial irlandesa en un país en el que escaseaba el trabajo. Mi padre era rector y estaba a la cabeza del sistema de educación técnica para todo el condado de Louth, el más pequeño de los veintiséis condados pero uno de los más poblados.

Este trabajo le confería una gran influencia porque muchos de los puestos locales se proveían por recomendación suya. Durante las campañas electorales en particular los pequeños granjeros que querían trabajo para sus hijos le cortejaban continuamente, lo cual era una buena cosa porque mi padre era anglófilo en una ciudad republicana y estaba por ello marcado por el recuerdo del *Black and Tan*[4] y de la guerra civil.

Mi padre no era de Dundalk sino de Kilkenny, una ciudad tan lejana que en Dundalk era un forastero sin historia familiar propia que le identificase. Sus contactos locales se limitaban a encuentros ocasionales en el bar con algunos amigos apolíticos. Era un hombre sociable, gran conversador cuando le apetecía; pero la mayor parte del tiempo se contentaba con su propia compañía, dando largos paseos o escuchando la BBC.

Hacia 1920 había estudiado durante dos años en la London School of Economics. Había sido seleccionado para ir a la universidad del Reino Unido junto a otros quince estudiantes, por una administración que estaba presa de un pánico repentino al ver que se perfilaba en el horizonte la autonomía o la independencia, sin que hubiese hombres competentes capaces de gestionar el país.

Era una época en la LSE en la que los grandes nombres del socialismo tenían vara alta sobre la escuela. A partir de este periodo mi padre concibió para toda su vida un socialismo agnóstico, primero casi comunista y luego completamente obsoleto en la Irlanda de los años cuarenta.

Naturalmente, tenía que guardarse de manifestar sus entusiasmos políticos porque, aunque pagado por Dublín, era responsable de un comité local cuya figura dominante era el padre de la parroquia. El mínimo requerido era asistir a la misa de doce todos los domingos, con todos los renegados juntos al fondo de la catedral en lugar bien visible, hombres que tenían poco en común salvo una cierta dificultad con la autoridad sacerdotal. El propio padre Stokes, el párroco, comprendía bien que no todo el mundo está hecho para la piedad y yo creo que él lo prefería siempre que se respetasen las reglas. Como sucede a menudo, el agnosticismo de la edad adulta dio paso a una vejez piadosa en el Canadá, un sitio en el que podía estar a su aire.

En Dundalk yo iba a los Hermanos de la Escuela Cristiana, riguroso centro de educación irlandés en el que todo se enseñaba en gaélico. Y ello de acuerdo con la teoría de mi padre para quien esas doctrinas eran las que darían sentido a mi vida. Valía más que las aprendiese y las comprendiese lo antes posible. Era una escuela

[4] Literalmente *Negros y fieras* según los colores de su uniforme; el gobierno británico, a propuesta de Churchill, creó esta fuerza especial en 1920 para luchar contra el IRA. (NdE francés).

ruda en la cual los castigos corporales estaban a la orden del día y en la que las cosas sucedían de tal modo que al menos una vez por semana, y normalmente dos, uno se atraía las iras de la autoridad, especialmente si, como yo, era fantástico, alguien que parecía capaz de hacerlo mejor siempre y no se pertenecía a una buena familia. Una buena familia era aquella cuya conducta durante las revueltas había sido ejemplar. Que me pegaran me importaba poco, eso estaba bajo control, latigazos de cuero en la palma de la mano. A veces había que llorar para que se detuvieran, pero la mayor parte del tiempo había que aceptar estoicamente lo que constituía una parte inevitable de la vida. Era más conveniente que te pegaran a sentirte marginado o convertirte en el preferido del profesor. Las clases eran numerosas, cuarenta y cinco alumnos y más, con hasta cuatro años de diferencia de edad entre ellos. Como yo era uno de los más jóvenes tenía que llevar cuidado en no presumir para no contrariar a los mayores, duros y poco sentimentales, algunos de los cuales se convirtieron más tarde en miembros fundadores del IRA Provisional.

Esta escolaridad republicana severa, por otra parte no tan mala como parecía, se compensaba con una actitud muy diferente en la casa, en la que mi padre apoyaba a los británicos en la guerra y adoraba oír a Churchill, el arquetipo de dirigente inglés que había dado Irlanda durante tanto tiempo. Esta educación se llevaba a cabo desde el punto de vista irlandés, a cargo de escritores y profesores que buscaban la vía de una identidad irlandesa, tarea difícil en un país pequeño cuya verdadera lengua era el inglés. Y eso producía efectos curiosos.

La historia, la literatura y los valores sociales – a la postre, la religión – se orientaban a contar las cosas a la manera irlandesa, enseñada como una parte de la historia europea. La historia inglesa recibía el mismo tratamiento superficial más o menos objetivo que la de Francia, Alemania o los Estados Pontificios. Se reducía un poco la talla de los grandes héroes del pasado de Inglaterra pero no sus defectos, aún cuando todas las reevaluaciones de los últimos treinta años no han hecho más que retomar lo que se nos había enseñado. En los años sesenta era muy gratificante ver en televisión cómo la reina Isabel se iba transformando en el ogro que siempre había sido a ojos de un irlandés escéptico.

En general yo no he sufrido de esta dicotomía en mi vida (aún cuando mi padre fue aceptado por los pelos y la familia de mi madre había caído del lado malo durante los sucesos), es decir, de estar a favor de Michael Collins en una región que apoyaba ardientemente al Fianza Fail[5]. No obstante, de vez en cuando las cosas se volvían negras. Un día que no olvidaré nunca me pasearon como un trofeo desde la catedral hasta un campo de cerca de casa prometiéndome un paquete de tabaco al acabar. Eso fue tras una novena que se celebraba todos los viernes. En realidad, quienes me raptaron querían a mi padre. Nuestra casa era la última de una fila, tenía un muro piñón grande cuidadosamente enyesado para impermeabilizarlo, ideal para jugar al frontón y continuamente utilizado para tal fin por los chicos mayores. Eso volvía loco a mi padre. El ruido le molestaba y acusaba al frontón de provocar las filtraciones que atravesaban nuestro muro. Era una guerra continua. Aquella semana mi padre había amenazado incluso con llamar a la policía. Intimidados, los chicos decidieron prenderme a mí. Me capturaron el viernes por la tarde y me escoltaron hasta la casa. Me restregaron todos los delitos de mi padre. Yo estaba verdaderamente aterrorizado pero al final no me dieron una paliza y, aparte de una carrera loca hasta la casa, no hubo otras consecuencias.

Crecer en esta Irlanda hace más de cuarenta años no era estimulante para el espíritu. Los grandes acontecimientos del mundo transcurrían lejos, muy lejos, y no parecían afectarnos. Yo no sabía nada de la guerra, que parecía desarrollarse en algún lugar alejado. Una o dos veces pasó un avión soltando bombas, creyendo sin duda que Dundalk se encontraba en otro lado. Las bombas no causaron ningún daño y pronto volvimos a nuestro tren de vida familiar.

La libertad era de naturaleza física – correr, nadar con energía – y no intelectual. O puede que yo no fuera tan curioso. El pensamiento venía limitado por el pecado "librepensador" que tenía la misma connotación peyorativa que tiene hoy "racista". ¿Cómo se podía pensar libremente si los grandes escritores desde San Agustín habían trazado la vía con una claridad duramente ganada? La claridad clásica, eso era lo que buscábamos. La libertad, si existía, estaba en las matemáticas, donde podían explotarse sin límites las grandes ideas. Recuerdo muy bien un periodo de interés muy intenso – y de mucha envidia – por las grandes hazañas de Galois, un joven matemático francés del siglo XIX que había descubierto la teo-

[5] Partido fundado por De Valera que agrupaba a todos los partidarios de la lucha armada contra la unión del Ulster al Reino Unido. Llegó al poder a partir de 1932 y en 1937 hizo votar la constitución republicana que fundó la República de Irlanda (NdE francés).

ría de grupos. Yo me esforzaba por comprenderla sin gran éxito y soñaba con vagabundear en libertad en ese mundo tan elegante y preciso.

La fantasía y la libertad física eran las salidas por donde nos escapábamos de los convencionalismos. Había también, por supuesto, el gran imaginario católico tradicional de santa Teresa o de Oliver Plunkett – un mártir católico irlandés del siglo XVIII –, de san Francisco o de Tomás de Aquino; Abelardo llegó mucho más tarde. Pero era un imaginario difícil de asumir, austero y un poco aburrido, situado lejos en el futuro, una vida ideal que puede que algún día fuese mía.

Los verdaderos fantasmas eran físicos y, a medida en que yo iba creciendo, sexuales. Eran los sueños de éxito, de gloria, de una vida en un mundo lejano. Extrañamente sin embargo, jamás hice gran cosa para concretar mis sueños deportivos. Yo no estaba dotado para los deportes de equipo, estaba inhibido por una falta de convicción – de valor, podría decirse – cuando se imponía el contacto físico. Incluso corriendo, nadando o en cualquier otra actividad solitaria en la que pude entrenarme no tenía el deseo real de llegar a ser bueno. Es verdad que había pocas oportunidades, pero de todas maneras yo no me entrené jamás ni frecuenté ningún club.

En cierto modo yo era un no participante inveterado. Nada de *boy scout*, ningún interés por el golf o el tenis porque para jugar había que ser miembro de un club, nada de FCA (cadetes militares). Que yo supiera, era el único que no se había apuntado ni a una sola organización. Esa actitud extrañamente diletante, que mi padre no desaprobaba pero que mi madre no llegaba a comprender, me dejaba mucho tiempo para soñar libremente en mi universo de fantasía.

En esa época, una situación rara – podría decirse que "gótica" – me dejó un profundo recuerdo. Todos los otoños, poco antes de Navidad, se nos llevaba a Dublín a ver las pantomimas. Allí nos hospedábamos en casa de mis tías, Nell y Moll, dos mujeres viejas que vivían en un barrio moderno llamado Mount Merrion al sur de la ciudad. Estas dos tías, hermanas de mi padre, vivían con su hermano tío Frank, quien había combatido en Egipto y Palestina durante la Primera Guerra mundial y había traído consigo algunos trofeos, cosa que, por supuesto, era completamente ilegal. La joya de la colección era el brazo y la mano momificados de una joven princesa egipcia, despojada de sus vendas y expuesta en una vitrina sobre el piano en el cuarto delantero. Aquella mano con sus uñas doradas ha quedado siempre en mi memoria como para recordarme la proximidad de la muerte. De vez en cuando me acostaban en la misma habitación desafiándome a dar muestras de valor y firmeza viriles, lo que por supuesto no significaba nada ya que el miedo y el espanto no eran más que fruto de la imaginación. Y aún cuando hoy día ese recuerdo continúa siendo neto y preciso, lo borré al abandonar Trees Road.

Estas dos tías eran bastante raras, delgadas y altas, con el pelo teñido y un puntilloso respeto de los modos y costumbres en todo lo que hacían. Vivían frugalmente y ahorraban para ir en peregrinación a lugares exóticos como Tierra Santa o Lurdes, donde se pudieran ganar indulgencias y un crédito para el más allá de la "Banca católica de las buenas obras". Para el carnívoro de doce años que era yo esta frugalidad significaba que rara vez me encontraba satisfecho con la comida que me daban por simple y pura que fuese.

Naturalmente, acabé por aprender a leer hacia la edad de nueve o diez años y comencé a leer grandes libros. Nunca leía con abandono y no más de seis o siete libros por año. Leía despacio, cada libro me llenaba y absorbía mi espíritu no sin cambiarme un poco. *El rojo y el negro*, *Madame Bovary*, *Las confesiones* son tres títulos que todavía resuenan en mí. Normalmente los libros eran franceses o rusos. Yo leía para ver cómo el héroe iba y venía trazando su camino en la vida. La información nunca me interesó, soy incapaz de retenerla cuando leo. De manera que aprendí lo mínimo necesario, como es el caso también hoy día.

Pero tuve suerte. En nuestra sociedad orientada a la información en la que cada cosa remite a otra, las matemáticas intimidan a la mayor parte de la gente. Fingen ignorancia, lo que resulta curioso pero totalmente comprensible. De este modo el diálogo se desarrolla sin amenazas, salvo cuando se trata de críticas, los que deciden sobre qué hay que pensar. Frente a ellos pasa que me siento disminuido, pequeño, inculto, cosa que se justifica perfectamente. Con tantas obras que yo ignoraba, tantas ideas grandes, todo ello tan manifiestamente ligado entre sí, la ignorancia aparecía como una forma de arrogancia. Pero es así y creo que le pasa lo mismo a la mayor parte de los ingenieros. Están perdidos en un mundo de cultura visual pero no en la música. Muchos de ellos son músicos apasionados que no aman la literatura o la historia y que tienen dificultades para comunicarse en un mundo que les intimida.

Pensar, cosa de la que me creo capaz, se efectúa con toda naturalidad. De niño yo podía imaginarlo todo, todos mis pensamientos se transformaban en representaciones. Analizaba cada problema e imaginaba tal o tal solución. Estaba siempre imaginando y ese es aún el caso hoy día. Mi cabeza es como el patio de un chamarilero de los años cincuenta, atiborrada de los desechos de mi imaginación pasada. A veces me pongo a explorarlos para redescubrirlos, es divertido.

Había también la libertad del vagabundeo. Casi todos los sábados íbamos en coche a Ravensdale, cuyas laderas acababan de ser plantadas de coníferas. Allí mi hermano y yo podíamos errar y crearnos un mundo propio, con sus propios caminos, con muchas huellas de carneros o de gamos, a lo largo de los cuales podíamos descender por la montaña sin que nadie nos molestase. Poníamos barreras en el arroyo para hacer charcas de agua clara y fría. A veces, en el corazón del bosque sombrío, surgía de ninguna parte un carnero arisco balando, pero nosotros encontrábamos pronto un claro o un paraje familiar y todo se arreglaba. Era un espacio inmenso que nunca terminamos de explorar. Teníamos siempre en proyecto el descubrir un territorio al que nunca hubiéramos ido. Y luego teníamos que correr antes de que mi padre hubiese terminado su largo paseo. Entonces caía la noche y todo el bosque se cerraba.

Estas excursiones del sábado a Ravensdale eran la atracción de la semana en invierno, el punto hacia el cual convergían los sueños y en el que se concretaban. Puede que aquellas presas y aquellos puentes sobre los arroyos revelasen la naciente vocación de un ingeniero pero no lo creo. Constituyen raros interludios constructivos en un mundo onírico. Al fondo del valle había un verdadero río, unos prados y las ruinas de una vieja mansión a la que llamábamos el castillo.

En primavera, la vieja mansión aparecía rodeada de junquillos salvajes de un amarillo sombrío y denso como botones de oro, un color tan violento que nos deslumbraba. Las flores silvestres eran bastante raras. Mi gusto por esos junquillos, así como por las primaveras y su frescura de verano precoz, hizo surgir una pasión duradera.

> Yo era solitario como una nube
> que flotaba en lo alto de valles y colinas
> ... huésped de los junquillos de oro

La observación de los junquillos y la poesía formaban una armonía intensa, un momento romántico de soledad y de fusión con la naturaleza salvaje. Aquellas flores suscitaron en mí el amor por la poesía, leída con moderación, un poco cada vez. Desde entonces ese amor no me ha abandonado nunca.

Atraído por estas tensiones ambivalentes no tuve amigos de infancia en Dundalk sino solamente conocidos. Me convertí en un soñador, no por desgracia sino alegremente fantasioso, y me retiraba cuando era necesario a un mundo onírico que, desde entonces, me ha venido dando asilo.

La vertiente positiva y alegre era Gyles Quay. Justo después de la guerra, sobre todo tras la muerte de mi abuelo, pasamos todos los veranos en Gyles Quay. Mi padre podía así colmar su pasión por los baños de sol y los largos paseos mientras que nosotros los niños errábamos libremente. En Irlanda el baño de sol es un pasatiempo incierto y hay que saber aprovecharlo desde el primer rayo. Así que íbamos a pasar las vacaciones de verano a Gyles Quay que no era un balneario de moda sino una extensión de arena, llana y práctica, un malecón con habitaciones de guardacostas y unas veinte casas diseminadas alrededor, retiradas y cerradas sobre sí mismas.

Gyles Quay estaba a diez millas al este de Dundalk y se podía ir allí en tren o en coche. Como todos éramos veraneantes no había ese espíritu defensivo que da sentido a la propiedad. Nadie era rico ni excesivamente pobre, éramos iguales. Las familias retornaban año tras año y éramos todos como miembros de un mismo club. Yo adoraba Gyles Quay. El tiempo era a menudo fresco y húmedo, como me gustaba. El mar estaba frío pero era limpio y azul, maravilloso para nadar.

Nadar era la libertad, sea a lo ancho atravesando las olas o a lo largo del surtidor, era un derroche de energía lenta y metódica, un acuerdo cómplice con el ritmo del mar. Yo era el mejor nadador de Gyles Quay. Allí, entre gentes cuya mayor parte sentían terror por el agua, mi gesto elegante y regular suscitaba admiración. Los otros nadadores no eran muy buenos; yo tampoco, en realidad, pero lo era a sus ojos y eso es lo que cuenta.

Gyles Quay, situada en la península de Cooley, estaba también muy cerca de la frontera. Pero esta última estaba aquí libre de toda amenaza, un lugar distante y silencioso del que no hablábamos nunca. Aunque espaciados, los cálidos y largos días de verano eran casi perfectos, no demasiado ardientes para una piel sensible de irlandés.

Los días de sol el paraje se llenaba de familias alegres y bulliciosas que comían bocadillos sobre la grava rocosa que bordeaba la playa y, de vez en cuando, se iban a refrescarse en el frío mar. Estos visitantes extranjeros hacían que me sintiese cómodo cuando me veían nadar de la orilla al surtidor y vuelta, como si se tratase de Titanes conquistando la Mancha. Durante un tiempo mi ambición – y mi fantasía mientras nadaba – era emerger del mar en Douvres cubierto de grasa y provisto de mis gafas de buceo, con todo el mundo mirándome con estupor y admiración (sobre todo los de Dundalk y de Gyles Quay que verían mi foto en el *Irish Independent*). No me acuerdo si pretendía ser el primer irlandés en conseguir esta hazaña o simplemente el primero de Gyles Quay, pero de todos modos estaba muy orgulloso de mí mismo. Al volver a casa a paso carrera tras esa prodigiosa lección de natación – cuatrocientas yardas en total – yo sonreía modestamente a los admirados veraneantes y murmuraba "simple calentamiento". Nada parecía imposible tras aquel rato nadando. Me invadía un bienestar físico que valía por todo. Era, simplemente, algo para lo cual estaba dotado. Fue en Gyles Quay donde yo crecí.

A veces a la tarde íbamos a recoger manzanas que buscábamos en los jardines y hayedos. Una noche, en un paraje lejano, vimos un manzano en un viejo cementerio abandonado. Las piedras de las tumbas parecían amenazantes pero entramos. Tuve que saltar para coger las manzanas y cuando caí al suelo la tumba se hundió bajo mi peso y me encontré a dos pies bajo tierra. No por mucho tiempo. Entonces me di cuenta de lo aprisa que podía correr.

Cada verano me parecía mejor que el anterior. Al crecer mis gustos no cambiaron. No tenía *hobbies* por lo que recuerdo, ni intereses particulares. Vagabundeo y ensoñación diurna, eso era poco más o menos todo lo que yo hacía con algunos intervalos deportivos. Experimentaba la conciencia del sexo opuesto, un sentimiento para cuya exploración yo era demasiado tímido e introvertido. Tenía también conciencia de mi propia sexualidad creciente. Ésta, sin embargo – atrapada en las severas reglas de nuestra Madre Iglesia – era más una carga que un placer, algo que constantemente me creaba problemas.

La Iglesia y su influencia estaban por todas partes, constituía el marco de referencia primero de todo pensamiento o exploración. Era el origen del idealismo, de la creencia en la bondad y de todo valor espiritual. Se oía hablar de ateos y de agnósticos, incluso aparecía de forma confusa que mi propio padre fuese agnóstico, pero él jamás hablaba de ello y jamás se le preguntó. Los ateos y los agnósticos parecían tan irreales que apenas podíamos creer que fuesen serios. ¡No creer en Dios! ¿Cómo podía ser? ¿No habían leído a Tomás de Aquino? La meditación y la santidad eran los ideales últimos. Pero estaban amenazados constantemente, ellos y los sueños que suscitaban, por el terrible demonio del sexo; una batalla que, por mi parte, no debí ganar hasta que renuncié incluso a batirme, mucho más tarde.

En mis años jóvenes, entre diez y catorce aproximadamente, yo era niño de coro. Ayudar a misa era a mis ojos un aprendizaje para el sacerdocio. Me gustaba el ritual con sus ritmos sutiles y sus silencios. La sonoridad monótona de la voz del cura expresándose en latín, luego el momento en que podíamos unirnos a él para entonar juntos el *Credo* o el *Pater Noster*, todo ese ceremonial me fascinaba, iba parejo con la limpieza de pensamiento y el progreso de la fe.

Durante una temporada ayudé en la Misa de Difuntos, todas las mañanas a las ocho en la capillita mortuoria. El olor dulce de la muerte y de las viejas me parecía casi como una droga. Estaba fascinado por esa proximidad de la muerte y a la vez espantado al participar en lo que era nuestro último destino. Esto puede parecer mórbido pero no lo era. Era más bien la conciencia intrigada de que la vida y la muerte son la misma cosa, algo que se podía sentir y comprender en el fondo de uno mismo. En Irlanda, en los años cuarenta, la muerte daba ocasión a celebraciones. Las recepciones más bonitas eran las vísperas mortuorias, que las gentes planificaban a menudo hasta el menor detalle, esperando poder contemplarlas desde lo alto.

Más tarde, a los quince años, partí pensionado a Newbridge. Mi padre, viendo que mi ideal era ser cura - ¡cuál no sería la alegría de mi madre ante esta vocación! – trató de hacerme entender que eso sería un error. En lugar de decírmelo me puso en situación de juz-

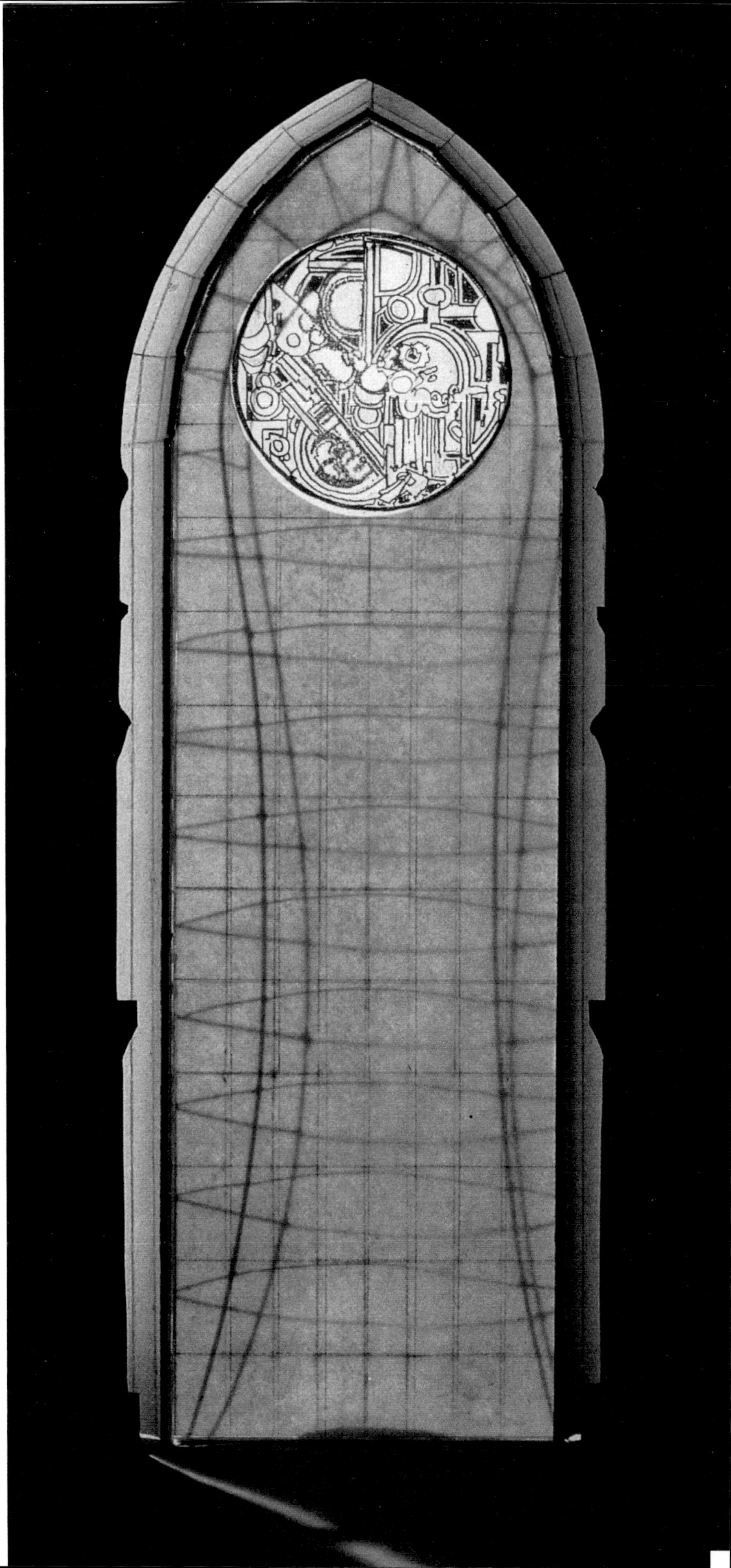

Piedra traslúcida enmarcada en piedra.
La catedral de Lille, comenzada en el siglo diecinueve, quedó sin terminar. En la nueva fachada oeste, para dar luz a un espacio muy oscuro metafóricamente considerado como el Velo de la Verónica, se colocaron unas finas láminas de mármol o alabastro laminado en cristal blanco. El paño central de piedra traslúcida pegado al cristal se suspende de un arco de piedra mediante un sistema a tracción de acero inoxidable, pretensado de tal modo que la piedra está siempre en compresión.

gar por mí mismo. Newbridge era frecuentado por hijos de granjeros y yo debía de ser el único chico que tuvo la pretensión de estudiar. La vida era fácil y me parece que aburrida. Me beneficié del bajo nivel de enseñanza. Como yo era vivo no tenía ningún problema. La experiencia me quitó todo deseo de ser cura y me ayudó a encontrar mi propia vía, en lugar de quedarme en ese medio de poder en el que la vida habría sido un continuo combate.

No obstante, eso me jugó una mala pasada. Por una desgraciada coincidencia el profesor de inglés tenía un hermano que había sido despedido por mi padre, cosa que yo ignoraba. Sentado sobre la ventana, él se burlaba de mi inglés pretencioso. "Mirad cómo se expresa el matemático". Evidentemente, si se era bueno en mates no se podía escribir bien. Incluso a mí tal cosa me parecía sensata. No podía esperarse el ser bueno en todo. La idea misma de escribir se fue retrasando durante largos años.

Después de Newbridge fui al Queen's en Belfast. En aquella época, entre los periodos de perturbación del IRA, Belfast era una ciudad tranquila y seria. Esa elección me fue dictada por mi padre: "Tú eres bueno en mates. La ingeniería es el único oficio en el que ganarás dinero y lo mejor que hay es el Queen's". Por consiguiente, estudié ingeniería, empezando por la aeronáutica, pero no soporté el lugar en el que se nos enseñaba y me orienté al curso de ingeniería civil. No comprendía gran cosa de la ingeniería pero era capaz de efectuar cálculos. Comprender vendría más tarde, cuando empecé a trabajar.

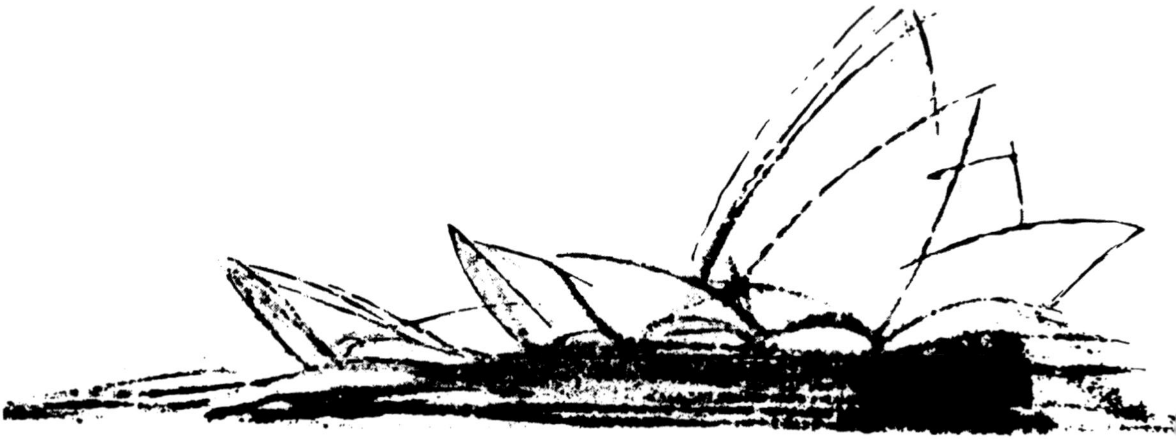

Jorn Utzon: dibujo para el Concurso de la
Ópera de Sydney, 1957.

3

Sydney

Tras graduarme y tras otro año de estudios en el Imperial College, me contrataron en 1956 en Ove Arup & Partners para trabajar en la Ópera de Sydney. Yo formaba parte de un pequeño equipo dirigido por Ronald Jenkins, socio principal de Ove Arup. Jenkins era un ingeniero cuya precisión y elegancia matemática me causaron una gran impresión. Representaba para mí una especie de ideal, un ingeniero que al rigor del cálculo unía una comprensión clara de la estructura y del funcionamiento de las cosas. Trabajé a su lado durante tres años tratando de encontrar una solución lógica al rompecabezas que representaban las láminas de la Ópera de Sydney. Tras la marcha de Jenkins, Jack Zunz, que ocupaba entonces el puesto de ingeniero jefe, orientó las investigaciones hacia una solución nervada, opuesta a los trabajos precedentes que comprendían láminas estructurales. El arquitecto Jorn Utzon decidió explorar esa vía y se encontró con que yo mismo tenía algunas ideas sobre la forma de resolver y codificar la geometría de las láminas.

Al contratarme para trabajar para Arup en el proyecto de la Ópera yo había experimentado el deseo de viajar a Sydney para seguir la obra; por suerte, se me concedió. Yo ya había pasado tres años en Londres, dentro de un gran equipo, efectuando los principales análisis de la estructura de cubierta, tanto en su forma final como en cada etapa del proceso de construcción. También había concebido unos programas informáticos que permitían definir la geometría de los elementos prefabricados.

Llegué a Sydney para ser el ayudante de un ingeniero de gran experiencia, Ian Mackenzie, que había supervisado la ejecución de la estructura del podium. Alrededor de un mes después de mi llegada cayó enfermo y tuvo que ser hospitalizado. Durante esa ausencia provisional me encontré solo a los mandos y descubrí que el trabajo era de hecho relativamente sencillo y no requería más que un poco de buen sentido. A partir de ese momento – no tenía más que veintiocho años – y durante los tres años que siguieron me encontré como ingeniero titular, responsable, junto con Mike Elphick – un geómetra lleno de talento – del control y posicionamiento de todos los elementos laminares y de los cuarterones.

Los recuerdos ejercen sobre nosotros una profunda influencia, en particular cuando se refieren a gentes o cosas que han jugado un gran papel en nuestra evolución personal. Ese es mi caso con Jorn Utzon. No trabajé directamente con él pero sentí por todas partes

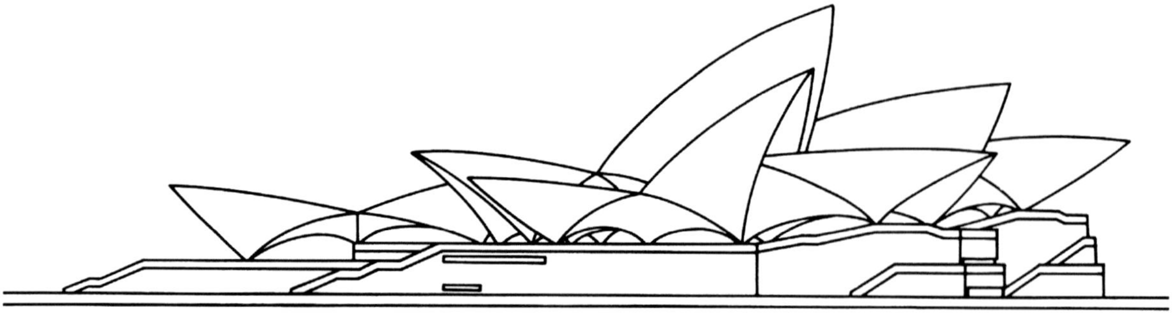

Alzado Este de la Ópera de Sydney.

Jorn Utzon con la maqueta de una de las primeras versiones de la Ópera de Sydney.

Planta principal, primera versión. El proyecto de Utzon era el único que proponía colocar los dos vestíbulos uno junto a otro en el mismo podium.

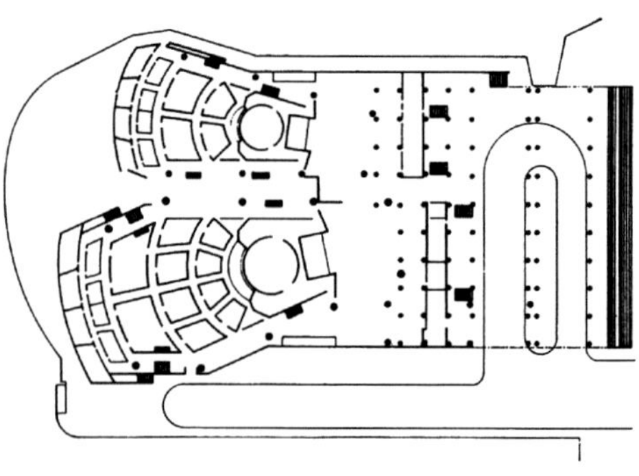

la influencia de su filosofía y de su genio. He vivido seis años con su aura, durante toda la concepción y la construcción de la cubierta de la Ópera de Sydney, lo que fue para mí un largo y lento aprendizaje del arte de la arquitectura durante el cual tuve la fortuna de observar y comprender con precisión todos los elementos que contribuyen a hacer de este edificio la obra maestra que es.

Antes de llegar a Sydney yo no tenía más que un concepto muy primario de la arquitectura. La vida en la Irlanda rural de los años cincuenta no me había dado ninguna idea de lo que era, de manera que abordé la experiencia inocentemente, como un papel secante dispuesto a absorber toda la información que se presentara.

El proyecto de la Ópera fue desde el principio una historia dramática. El concurso lanzado en esta ocasión, en 1957, era una de las primeras consultas internacionales de después de la guerra. Su imparcialidad, virtud nada corriente en los concursos de la época, estaba aquí garantizada por la calidad de los arquitectos que componían el jurado internacional. La historia, puede que apócrifa, de la forma en que ganó el concurso el proyecto de Utzon lo demuestra ampliamente.

Se cuenta que los miembros del jurado a su llegada a Sydney pidieron ver todas las propuestas que habían sido rechazadas por el jurado técnico. El arquitecto Eero Saarinen insistió para que se reintegrase el proyecto de Utzon y, pese a la poca información que había sobre el tema fue unánimemente designado como ganador. Al igual que, más adelante, la propuesta de Piano y Rogers para Beaubourg, poseía gran cantidad de detalles que lo distinguían de los demás proyectos. Era el único que colocaba los dos vestíbulos uno junto al otro en el mismo podium. Era el único en el que se entraba por detrás, tras haber rodeado el escenario, dando así a todos los *foyers*, bares y galerías una magnífica vista sobre el puerto. ¡Y luego estaban las láminas! Eran estructuras poderosas, parecidas a velas que reposasen sobre el podium, que se equilibraban visualmente las unas con las otras, con un primer juego que cubría la sala grande y otro similar pero más pequeño que recubría la pequeña. Yo siempre he imaginado que la línea de cumbrera se inspiraba en el perfil de las ondas sonoras decrecientes. La sencillez y la magia del proyecto sobrevivieron a todas las pruebas y la combinación de esos dos elementos, el podium y las láminas, constituían ya uno de los principales símbolos arquitectónicos de nuestro tiempo.

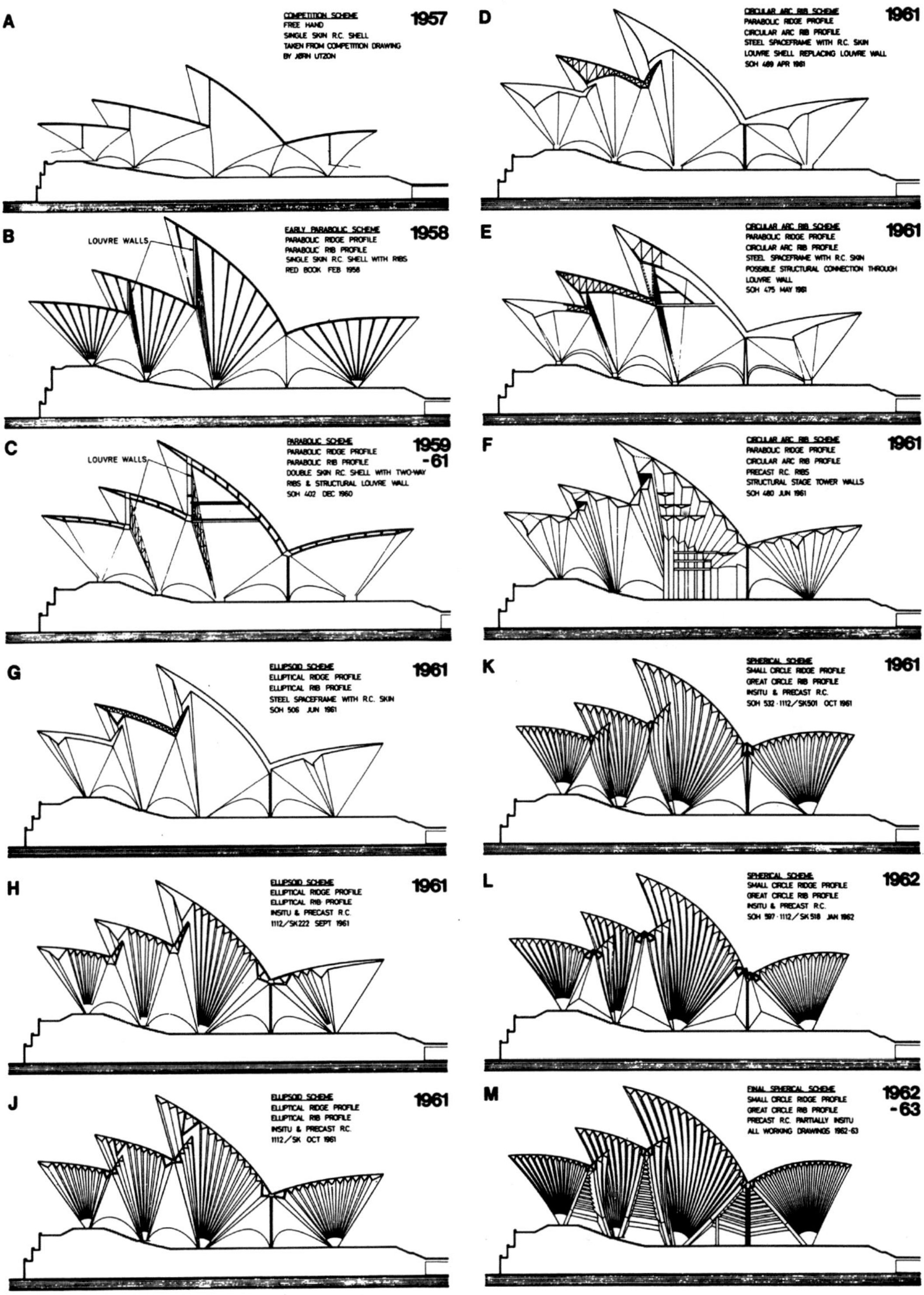

Diagramas que muestran la evolución geométrica y estructural de las láminas de la Ópera de Sydney.

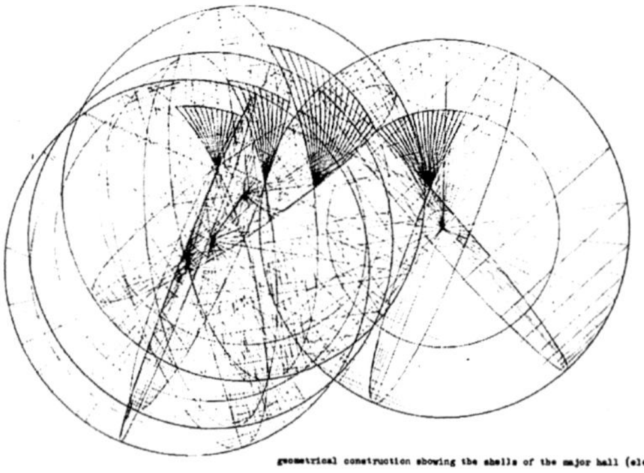

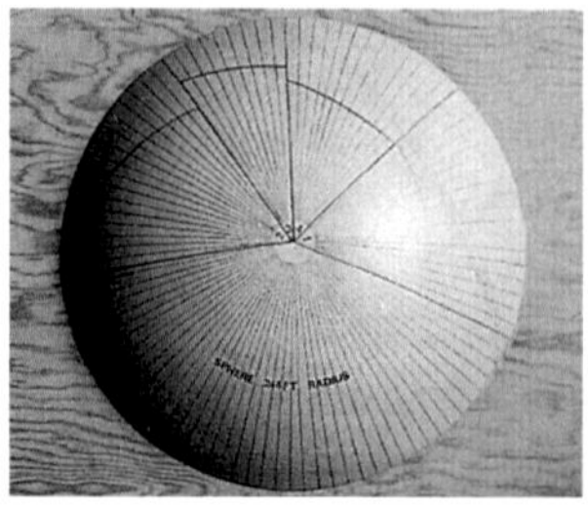

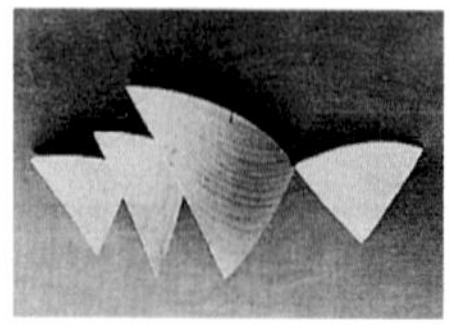

La etapa culminante del proyecto. Utzon decidió que todos los nervios de las láminas serían meridianos de una misma esfera.

Construcción de la Ópera en Bennelong Point mostrando el hormigonado de las costillas y segmentos de arco.

Hormigonado de un segmento de costilla.

Poco tiempo después de ganar el concurso, Utzon comenzó a trabajar con Ove Arup, otro danés aunque nacido en Newcastle upon Tyne. Por razones políticas se decidió que la obra debería comenzar inmediatamente, mucho antes de que el proyecto hubiese avanzado convenientemente. Retrospectivamente, se ha visto en este comienzo precipitado el origen de muchos de los problemas posteriores. Pero hay que decir que el conjunto entero no habría podido realizarse sin este apresuramiento: el equipo resultó espoleado y toda su energía se puso al tablero bajo la presión de las obras en marcha. Un proyecto tan nuevo puede suscitar muchas dudas pero una vez lanzado ya no hay forma de pararlo.

La evolución de las soluciones elegidas para las láminas ilustra muy bien la inventiva del ingeniero que trabajaba con el arquitecto Utzon, quien por otra parte tenía un gran talento para sacar lo mejor de sí mismos a todos los que le rodeaban. Los ingenieros trataron de construir primero exactamente lo que se había proyectado para el concurso. La forma venía dominada por el perfil de cumbrera pero no se adaptaba a ninguna geometría regular. Se introdujo una geometría pero como se definió paramétricamente no era regular. La organización de los cuarterones sobre la superficie externa era un problema mayor. La palabra clave era *calidad*. Pero el control in situ de la calidad del revestimiento no era posible, dada la escala del edificio. La operación exigía que los cuarterones fueran prefabricados, cosa que a su vez exigía que su geometría fuese regular. Había que replantearlo todo.

El cambio surgió, en mi opinión, cuando se vio que las láminas eran objetos tridimensionales aptos para ser vistos tanto de lejos como de cerca, y no un simple perfil de dos dimensiones cuyo alzado venía dominado por la poética línea de cumbrera. El resultado fue espectacular. Todos los elementos estaban pensados ahora a partir de una misma esfera. La superficie exterior se transformaba ahora en un sistema de paneles aplantillados y moldeados en forma de espiga, elementos de superficie éstos que se moldeaban en unos escantillones sencillos. La estructura, igualmente prefabricada, estaba constituida por nervaduras circulares idénticas correspondientes al perímetro de la esfera de referencia, cortadas allá donde intersectaban el plano vertical que pasaba por la línea de cumbrera. La articulación de la superficie interior permitía colgar las paredes de cristal, así como los restantes elementos, de un modo lógico y natural.

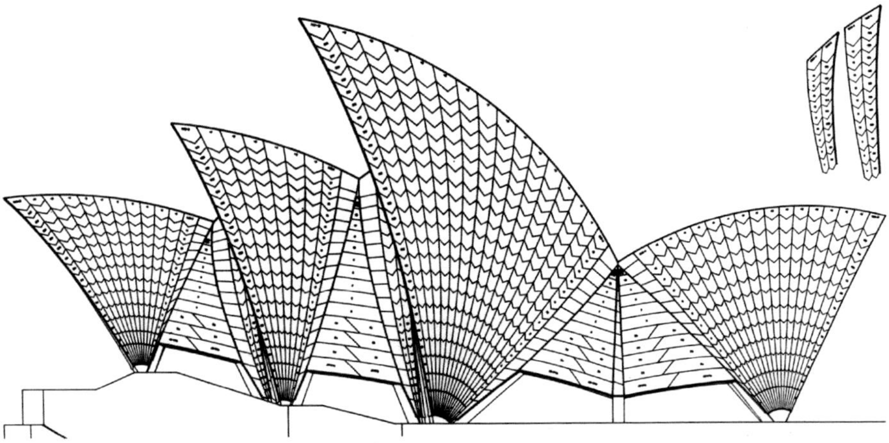

Dibujo que muestra la distribución de cuarterones sobre la superficie de las láminas.

Cuarterón aplantillado típico, prefabricado en Bennelong Point.

Curado y almacenamiento de los cuarterones aplantillados en la playa de hormigonado.

Revestimiento de las láminas de cubierta mediante cuarterones aplantillados. Para fijar los paneles se dejaron en espera unos pasadores roscados que atravesaban los nervios.

Toda la atención se centraba en la calidad, calidad de la ejecución y calidad del detalle. El principio de los cuarterones lo demuestra muy bien. Hay dos clases de cuarterones: unos son blancos, barnizados, reflectantes y autolimpiables; los otros son mate de color crema. El contorno de las láminas principales queda destacado mediante grandes bandas de cuarterones aplantillados de color crema, de forma que las articulaciones de la superficie resultan inmediatamente visibles de lejos, desde que se entra en la parte principal del puerto. Enseguida, a medida que uno se va acercando, cada cuarterón aplantillado de un tamaño medio de dos metros cincuenta por un metro cincuenta, aparece destacado por una banda de cuarterones color crema. En fin, al llegar cerca del edificio, cada cuarterón aparece circunscrito por una junta vacía en la que se recoge la luz del sol, lo cual destaca la curvatura de la superficie.

Si se analiza el detalle todavía desde más cerca se ve que los cuarterones, tallados a medida, se orientan todos en el mismo sentido: su ángulo de corte refleja así los rayos tangentes del sol, lo que hace titilar a la superficie.

De mi estancia en Sydney he conservado para siempre esta lección esencial: que un edificio debe funcionar a todas las escalas y suscitar el interés cualquiera que sea el punto de vista desde el cual se le considere. Fue esa convicción la que me llevó directamente a proponer el empleo de fundición para el Centro Georges Pompidou y de ahí a la elección de las gerberetas. Cuando se aplica ese principio el edificio no queda en situación dominante porque entonces son los detalles los que atraen la reacción del público y condicionan su percepción de la escala y de la amigabilidad del lugar. Es un regreso al romanticismo de la arquitectura gótica, en el cual, pese a la magnitud de la escala, aún puede verse la *trace de la main*.

La influencia que este periodo tuvo en mí no puede resumirse en una sola imagen. Cuando se visitaba la Ópera durante la obra, la variedad y la complejidad de los puntos de vista que ofrecía el edificio a medio construir era una constante maravilla. Buen número de ellos eran sin duda el resultado fortuito de soluciones constructivas, pero a ojos de un joven y cándido ingeniero era como el reflejo mágico del tiempo, del esfuerzo y del sufrimiento que la construcción había costado. Confirmaba la idea de que vale la pena hacer cualquier cosa, vale la pena hacerla bien.

La cubierta en construcción. Pueden verse los nervios huecos que constituyen la lámina antes de revestirlos con los cuarterones aplantillados.

Vista interior de una de las láminas durante la construcción.

Naturalmente, la memoria es selectiva. Recuerdo que en ocasiones me encontraba con Utzon en la obra explicando tal aspecto del edificio al ministro – el cliente – o a algún otro dignatario visitante; así que, por ejemplo, el día en que, de forma incidental, oí cómo le explicaba al ministro por qué no se había hecho el muro de fondo del escenario ante el cual se hallaban ambos. Era un gran muro desnudo, de veinte metros por treinta, que daba la cara al visitante cuando éste entraba bajo la gran lámina orientada a sur. El ministro, hombre razonable y prudente, había sugerido que se encargase a un artista la realización de una decoración mural o de una estatua. Pero a ojos de Utzon el asunto era muy claro: el muro no estaba. Todo lo que contaba era la fluidez de la circulación lateral y el propio muro no tenía ninguna presencia. Al oírlo quedé convencido. Comprendí cómo algo tan grande y tan imponente podía verse horro de toda existencia. El ministro quedó también convencido, sin duda, porque nunca se solicitó la intervención de ningún artista.

La dimisión de Utzon del proyecto de la Ópera fue, bien seguro, de naturaleza política. La situación era cada vez más insostenible hasta que Utzon dimitió para demostrar – eso pensó él – que el arquitecto era indispensable para llevar a cabo el proyecto. En vano, porque los políticos reaccionaron deprisa y él resultó derrotado. Sin duda Utzon pecó de ingenuo. Difícilmente se puede censurar a un arquitecto por eso y él no era el primero que cometía ese error. Ese demuestra hasta qué punto los talentos de un arquitecto deben ser múltiples.

Puede que hubiese también otra razón. En aquel momento Utzon vivía con ese proyecto desde hacía casi nueve años. Había venido a instalarse a Sydney y, desligado de su inspiración y de sus medios habituales, tenía que luchar mucho para elaborar su obra. No tenía un verdadero cliente. La Ópera era el sueño de un hombre – Cahill, antiguo Primer Ministro de Nueva Gales del Sur – y un símbolo para la ciudad de Sydney. Pero una ópera requiere una administración capaz de aplicar el pliego de condiciones y de arbitrar los problemas de concepto. Las compañías de ópera, de teatro y de ballet implicadas en el proyecto carecían de la influencia necesaria para hacer valer su calidad de usuarios del edificio. Además, se había sobrepasado con creces el presupuesto inicial. Sin embargo no faltaba el dinero, venía de la lotería de la Ópera y del amor de los australianos por el juego. El coste se transformó pues en un pro-

Vista exterior que muestra la intersección de las láminas. Cada panel queda revestido de cuarterones mate color crema a lo largo de las aristas longitudinales, mientras que la parte central queda revestida de cuarterones blancos y brillantes.

La Ópera terminada.

blema político y yo creo que Utzon estaba cansado. Fue en el momento en el que más necesitaba volver a sus raíces cuando los políticos pasaron a la ofensiva.

Y luego estaba su encanto. Utzon era alto, elegante, irresistible. Sus dibujos, sus croquis tenían genio. Conseguía todo lo que quería. Pero el encanto, como dice Evelyn Waugh, es la "enfermedad de los climas fríos y húmedos". Irlanda también tenía encanto a lo que yo pude observar y el encanto corroe todo lo que toca, mina las energías a fuerza de hacerlo todo tan fácil. Y cuando sobrevino la crisis Utzon estaba ya enfrentado a todos los amigos que tanta falta le hacían. Puede que les hubiese encantado un poquitín de más.

Es interesante preguntarse lo que pudo pasar. En un clima cada vez más conflictivo que oponía al arquitecto contra su cliente – el gobierno – la crisis final estalló a cuento de una discusión sobre el techo acústico y los muros de cristal situados en los extremos del edificio. Utzon quería explorar las posibilidades de un nuevo material, el contraplacado reforzado de aluminio, mientras que el gobierno quería abrir una consulta entre empresas. Para Utzon eso amenazaba la integridad de la estructura y no podía resignarse a aceptarlo: la coherencia interna, muy particularmente en lo tocante a materiales, era la mayor preocupación de toda su arquitectura.

Utzon perdió la batalla porque no supo llegar a un acuerdo. En muchas situaciones de la vida eso es un gran error. Pero para un artista – si es que se puede calificar de artista a un arquitecto – eso es sin duda el mejor halago que pueda darse.

Después de Sydney yo pasé dieciocho meses en América, de ellos seis en Nueva York y doce en Cornell como profesor visitante, un puesto que me permitía escoger un curso a mi aire y sin obligación dentro del amplio abanico de los que proponía la universidad. Esa estancia permitió que yo revisase mis ideas sobre la ingeniería y que me preparase para el porvenir. Volví a Inglaterra en 1968 y empecé a trabajar para Estructuras 3 con Arup. El trabajo más importante fue el que hice con Frei Otto, en el transcurso del cual empecé a comprender por primera vez lo que era el comportamiento no lineal. Y luego vino Beaubourg.

Sobre la Ópera de Sydney se puede leer:

Arup Journal, número especial sobre la Ópera de Sydney, octubre 1973; "Sydney Opera House" en *The Structural Engineer*, vol. 47, nº 5, marzo 1969, págs. 99-132.

Respecto a la polémica en torno a la Ópera de Sydney, ver el artículo de O. N. Arup y G. J. Zunz publicado en *The Structural Engineer*, vol. 47, nº 10, octubre 1969, págs. 419-425.

Para una explicación detallada de los acontecimientos que condujeron a la dimisión de Utzon, ver JohnYeoman, *The other Tag Mahal*, Longman, Green & Co. Ltd. London y Harlow, 1968; la discusión a propósito del techo acústico se cuenta en las págs. 137 a 147.

Vista de la Ópera de Sydney, del Puente del Puerto y de la Costa Norte.

4

Ove Arup el hombre

No sabría dar una imagen fiel de las influencias que han hecho de mí lo que soy hoy día sin mencionar a Ove Arup, mi padre en ingeniería.

Cuando me contrataron en la oficina de estudios Arup en 1956 Ove Arup – el Viejo – ya era una figura vaga y venerable que planeaba sobre una empresa joven, agresiva y ambiciosa. Para un joven ingeniero como yo, perdido en el vasto Londres e impresionado por el peso de la experiencia y la veteranía, ese nombre evocaba un mito. Lo veía de vez en cuando, en la fiesta de navidad o en la excursión del verano, perfil de gran patricio, mirando con aire distraído y bonachón cómo se divertían los jóvenes. Cerca de él se percibía un sentido del humor, una especie de travesura que contrastaba con su situación. Era la época de *El viejo y el mar* de Ernest Hemingway, un libro que me hizo comprender ese sentido del alejamiento y del desapego propio de la edad, esa mezcla de sabiduría y resolución que encarnaban las personas mayores. Todo ello se podía aplicar perfectamente a Ove Arup.

Entré en Arup & Partners porque había oído decir que era un sitio en el que un excéntrico se encontraría a gusto. La ingeniería era una profesión muy seria y puede que lo sea todavía. Los ingenieros tenían fama de saber lo que hacían y de poseer un sentido innato de su oficio. Por mi parte, yo era un ingeniero por accidente que buscaba tímidamente orientarse hacia una carrera pero sin ninguna inclinación natural por la ingeniería. La atmósfera que reinaba en Arup me ayudó a sobrevivir.

¿De dónde provenía? El origen, sin duda, emanaba de "el Viejo".

De Ove Arup se desprendía una actitud de integridad hacia el trabajo que se difundía por todos lados a partir de su lejano despacho de la sexta planta. De vez en cuando se nos llamaba a uno de nosotros para trabajar con él en tal o tal proyecto, pero eso era raro y, en la época en que yo llegué a Arup, no era posible tener ningún contacto real, el cual estaba reservado para aquellos que habían trabajado con él cuando era más activo. En apariencia era de buen aire y benévolo, y le gustaba discutir sobre los grandes asuntos del momento. Sus preocupaciones eran las de un católico, pensaba que los ingenieros no se hacían cargo de sus responsabilidades, que no tenían una conciencia suficientemente clara de su papel en la sociedad.

Hacia el final de su vida resumió sus ideas en un breve manifiesto que yo he hecho mío, como si nos hubiese transmitido sus valores para que nosotros, la nueva generación, nos sirvamos de ellos y pasemos a la acción. Su tema central era la difícil situación del hombre en este fin de siglo XX. La mejor expresión de ellos son dos extractos de unas conferencias que dio al final de su vida:

> En otros tiempos, el ambiente y el paisaje en todas sus manifestaciones naturales o urbanas eran simplemente hechos que el hombre no planificaba deliberadamente salvo en raras ocasiones. La revolución técnica está a punto de transformar todo esto. El hombre ha ganado la batalla contra la naturaleza y, nos guste o no, tenemos que asumir ahora la carga de los territorios conquistados. Reservas naturales, paisaje rural, paisaje urbano, o bien quedarán absurdamente destruidos para la mayor ruina del hombre, o bien habrán de ser cuidadosamente planificados para atender las necesidades. Una gran parte de todo ello se ha destruido ya y otra parte aún mayor lo será, pero la alarma está ya dada. La polución, la explosión demográfica, todas esas cosas son nuevas. La batalla ha comenzado y es una batalla crucial para la humanidad. A quienes sueñan todavía con una vuelta a los días antiguos hay que decirles y repetirles que ese camino está hoy cerrado...[6]

Esta conferencia en la que se resume toda la filosofía de Ove Arup es tan pertinente y concisa hoy día como lo fue cuando se escribió. Manifiesta ese espíritu un tanto burlón tan típico de la personalidad de Ove. Algunas partes son puro Ove.

> El Movimiento Moderno descubrió que el trabajo de los ingenieros de antaño era de hecho arquitectura. Hoy día se acepta la idea de que los puentes y las fábricas son arquitectura; igualmente la vivienda y, en el fondo, todo lo que se construye. Y este espíritu que se supone anima a los arquitectos se reencuentra en la base de la planificación urbana y del paisajismo, así como del interiorismo y el diseño de mobiliario. En nuestra época hay que pensar y diseñar todo lo que hace el hombre para las necesidades del hombre. Y en todos esos campos ingenieros conscientes tratan de introducir esa calidad espiritual y mística que es la esencia de todo arte...[7]

[6] Tomado de "*Architects, Engineers and Builders*". Lectura de Alfred Blossom para la *Royal Society of Arts*, 11 de marzo de 1970.

[7] *Ibid.*

A medida que Arup avanzaba en edad estaba cada vez más afectado por la precaria situación del hombre a fines de nuestro siglo. Puede que hubiese comprendido que si bien había aprendido la lección de sus años jóvenes –a saber, que arquitectos e ingenieros necesitan comunicase– ello no le había servido de nada. Hoy día se abre ante nosotros un desafío aún más grande: el desafío del medio ambiente cuya magnitud apenas comienza a aparecer. La cuestión de este desafío le preocupó durante sus últimos años: ¿quién y dónde debe hacerse cargo? ¿Somos nosotros, en tanto que ingenieros, simples e inocentes ejecutantes o, por el contrario, somos plenamente responsables? Todo esto formaba parte de un discurso pronunciado delante de la Hermandad de Ingenieros en septiembre de 1983, cuando Ove Arup tenía ya ochenta y ocho años:

> Tengo la convicción de que nosotros, que nos hemos vuelto tan inteligentes cuando se trata de hacer lo que nos gusta, hemos retrocedido claramente en cuanto a la pertinencia de lo que escogemos. Esto, por supuesto, es una apreciación global del comportamiento de la humanidad, una reflexión que se puede eludir frente al poder inmenso que nos deparan, para lo bueno y para lo malo, nuestras sofisticadas tecnologías. Las cuales nos han aportado innumerables beneficios pero también han causado daños irreparables al planeta y a sus habitantes (...) y como ya he dicho, no son los ingenieros quienes toman las decisiones relativas a su empleo. Sin embargo, los ingenieros son, como todos nosotros, ciudadanos del mundo y, al estar ampliamente representados en los equipos que diseñan los proyectos y determinan lo que se debe hacer, están en buena posición para juzgar las consecuencias humanas de lo que preparamos para hacer. ¿Acaso no sería bueno que dijeran su palabra respecto a lo que debemos hacer? ¿Es que, como ciudadanos del mundo, no tienen el deber de advertirnos de toda consecuencia peligrosa que pudiera resultar de nuestra acción?[8]

Y terminaba con un alegato en el que, pese a su edad, se expresaba todavía con toda la pasión de la juventud:

[8] Tomado de un discurso pronunciado por Ove Arup ante la "*Fellowship of Engineering*" (actualmente denominada "Royal Academy of Engineering") en septiembre de 1983, no publicado.

Mi única esperanza es que esta minoría cultivada aumente hasta incluir a la mayoría menos cultivada, de tal suerte que los propios gobiernos vengan a preguntar cómo modificar el curso del mundo sin llevarlo derecho al caos. Será muy difícil, debe tratarse de un proceso lento y controlado cuyo éxito depende de nuestra capacidad para convencer a la mayoría de nuestros dirigentes y sus subordinados de que urge cambiar el curso de las cosas. Es peligroso dar media vuelta en mitad del tráfico, hay pocas oportunidades de evitar daños y sufrimientos. Ya no pueden ayudarnos los marchantes de paz fanáticos que se alimentan de eslóganes simplistas y que creen que pueden establecer la paz universal por medio del odio y la destrucción. Demoler es fácil, construir es difícil. Debemos inventar fórmulas que la gran masa de gente pueda comprender y adoptar, y que despierten no sus malas inclinaciones sino sus más elevados instintos. Es un manantial que los políticos no explotan a menudo pero yo creo que su potencia sería irresistible si nuestros dirigentes tuvieran el valor de sacar partido de ello. Los ideales deben atemperarse por medio del realismo y no siendo envenenados por el cinismo o el odio. A fin de cuentas, todo depende de nuestra propia integridad...[9]

[9] *Ibid*

Ove Arup jamás se durmió en los laureles, jamás se detuvo a contemplar el universo que había creado. Le preocupaba la suerte de todos nosotros. Fue fiel a sí mismo hasta el fin, un notable logro para una vida tan larga y tan variada.

Si gracias a este libro, o a cualquier otra cosa que yo haya hecho, he podido de alguna manera ayudar a resolver los problemas que Ove tenía tan certeramente identificados, lo consideraría un motivo de orgullo. Porque él me guía todavía.

Ove Arup, 1895-1988.

5

El papel del ingeniero

Soy ingeniero. La gente, creyendo que me hace un cumplido, me califica a menudo de "arquitecto ingeniero", pensando que así designan a un ingeniero más imaginativo y más volcado hacia la forma de lo que es un ingeniero tradicional. Dicho de otro modo, el ingeniero, en el ánimo de las gentes, se asocia a soluciones prácticas y sin imaginación. Cuando lleva a cabo proyectos originales, proyectos que solo un ingeniero es capaz de realizar, se experimenta la sensación de que hay que concederle una distinción suplementaria y de ahí esa expresión de "arquitecto ingeniero". No es que yo tenga inconveniente en que se me califique de tal modo, eso en ocasiones hasta resulta apropiado, pero no por causa de no sé qué diferencia fundamental entre el papel y la forma de trabajar del ingeniero y los del arquitecto o de quien concibe una obra.

Llamar a un ingeniero "arquitecto ingeniero" bajo pretexto de que propone soluciones originales o poco habituales equivale a confundir su papel en la sociedad. Es muy fácil explicar la diferencia entre el ingeniero y los demás profesionales al comparar sus formas de trabajo y sus respectivas producciones. Los *diseñadores*, los grandes estilistas del automóvil como Pininfarina o Giugaro, por ejemplo, hacen esencialmente un trabajo de orden íntimo. Cuando se enfrentan a un problema de diseño dan una respuesta personal al contexto y a los datos esenciales del problema y una respuesta es ante todo subjetiva. Diferentes arquitectos responden por ello a la misma pregunta de formas muy variadas; y las diversas soluciones que se presentan reflejan sus preferencias estilísticas respectivas, así como la convicción de cada uno en que existe una respuesta más pertinente que las demás. Así, tal arquitecto dará siempre una solución final basada en el orden clásico, convencido de que esa es la única respuesta satisfactoria, la única que preserva el sentido de la escala urbana manteniendo un enlace con el pasado. Pero otro planteará un enfoque diferente, igualmente basado en la idea que él tiene sobre lo que es una buena obra arquitectónica. El tipo de respuesta será por ello previsible, lo que supone para el cliente un factor decisivo en la selección previa de uno u otro arquitecto. Cualquiera que sea el problema planteado, la respuesta del arquitecto o de quien conciba la obra será siempre subjetiva, basada en la idea que se hace de una solución adecuada. Precisamente porque él o ella expresa su visión personal de la solución correcta es por lo que se solicitan sus servicios.

1960 Ferrari Coupé 250/GT diseñado por Pininfarina.

Edificio Lloyd en Londres. Detalle de una abrazadera de hormigón.

Edificio Lloyd en Londres. Vista de la estructura de hormigón en el atrium.

Vista de uno de los grandes invernaderos del museo de las Ciencias y la Industria, en el parque de La Villete de París.

El ingeniero y el arquitecto rara vez se enfrentan al mismo tipo de problema, incluso si eso sucede a veces como mostraré más adelante en este libro. Ante un problema de diseño el ingeniero lo transformará en algo que pueda abordar objetivamente. Tratará, por ejemplo, de desplazar el problema hacia la exploración de un material particular, inscribiéndolo por completo en el interior del contexto proporcionado por la arquitectura.

Así fue cómo el edificio del Lloyd's en Londres se convirtió en una exploración del uso y las propiedades del hormigón. La contribución del ingeniero fue un intento de reflexión sobre la forma de utilizar el hormigón, pero fueron las propiedades del hormigón en sí mismo las que motivaron la investigación y la solución.

Lo mismo sucedió con los invernaderos de La Villete en París. El arquitecto había definido una intención arquitectónica sencilla y el ingeniero la transformó en una reflexión sobre el concepto de *transparencia* y sobre el modo en que se podía expresar ese concepto explotando las propiedades físicas del vidrio. Como ingeniero, mi trabajo consistió esencialmente en el vidrio y fueron las propiedades de este material las que motivaron el desarrollo del proyecto. Así, aunque podemos decir que en el origen del proyecto hubo una elección estética, su avance resultó enseguida dominado por la necesidad de expresar plenamente las propiedades del vidrio como un todo.

Me gustaría diferenciar al ingeniero del arquitecto diciendo que la respuesta del arquitecto es ante todo creativa, en tanto que la del ingeniero es esencialmente inventiva.

El arquitecto, como el artista, se mueve por consideraciones personales; el ingeniero busca ante todo desplazar el problema hacia otro cuya esencia ataña a las propiedades de la estructura, de los materiales o de cualquier otro parámetro impersonal. Este distingo entre invención y creación es fundamental para comprender la diferencia entre el ingeniero y el arquitecto, así como la naturaleza de su trabajo respectivo cuando contribuyen, cada uno a su manera, a un proyecto común. Es capital que los ingenieros empiecen a clarificar a las gentes de la profesión, y más ampliamente al público, acerca de la contribución que ellos aportan a todo proyecto por banal que sea. Por otro lado, para que se comprendan plenamente los problemas con los que nosotros los ingenieros debemos enfrentarnos, debo ahora examinar la situación general del ingeniero.

Kurfürstendamm 700, Berlín. El diseño de esta suave fachada elegantemente curva está basado en la adaptación de una estructura convencional de muro cortina, cuya celosía es una malla de extrusiones de aluminio suspendidas de la cubierta superior en lámina continua. Las uniones deslizantes con los forjados inferiores deben tomar las cargas de viento laterales al cristal pero no las cargas verticales.

A ojos de mucha gente y principalmente a ojos del público, los ingenieros son personajes misteriosos. La siguiente pregunta se plantea de continuo: "Pero ¿cuál es su papel exacto? De hecho, lo único que hacen es que las cosas se mantengan en pie..." ¡Como si eso no fuese ya una tarea noble! Pero en nuestra sociedad dominada por los *media* lo que importa es la imagen y no el contenido. El papel del ingeniero no es menos crucial en materia de imagen. El problema es que en el simple mundo privilegiado por los media la fabricación de imagen se confía a los otros, a los diseñadores para los artefactos industriales como coches y productos domésticos y a los arquitectos para los monumentos de nuestro entorno construido. No es que este concepto sea falso como tal, pero es un hecho que ignora pura y simplemente el papel vital que juegan los ingenieros en la creación de todo lo que se construye o se fabrica hoy día.

"Ingeniero" no es una palabra halagüeña en nuestro lenguaje actual, no es una de esas palabras que te hacen levantar y golpearte el pecho con orgullo. A veces se asocia con electricistas o con obreros ligados a diversos oficios; y aunque sea menos el caso en Francia, en Italia, en España o en Alemania, la idea de que su puesto está en la base de la escala prevalece en Gran Bretaña. Nunca se asocia al ingeniero con profesiones tales como abogado, médico o arquitecto. La palabra "ingeniero" no ofrece ninguna protección, no importa quién puede llamarse ingeniero, no ciertamente ingeniero titulado pero la distinción es tan tenue que el gran público apenas es capaz de captarla. E incluso en aquellos que son capaces subsiste una dificultad para comprender lo que hace verdaderamente el ingeniero. ¿De dónde viene todo eso?

Sin duda puede explicarse en parte por razones históricas. Sin embargo, si nos remontamos al siglo XIX veremos que el ingeniero de hoy desciende de una alta línea. Telford, Stephenson, Brunel padre e hijo, Eiffel, son otros tantos nombres que evocan el orgullo y el éxito sin importar la profesión de sus mayores de la cual se envanecerían. En su época eclipsaron a los arquitectos y demás diseñadores, y todavía se evocan sus grandes obras con respeto y admiración.

Pero entonces, ¿en qué momento nos hemos extraviado? ¿Hasta qué punto nos hemos vuelto diferentes, con un papel menos seductor, menos urgente, menos vital en el complejo mundo de hoy

Puente sobre el río Severn.

Travesía de Conway, fases principales de la ejecución. Los tubos de hormigón que constituyen el túnel se moldean, se llevan flotando al sitio y luego se hunden, evacuando enseguida el agua.

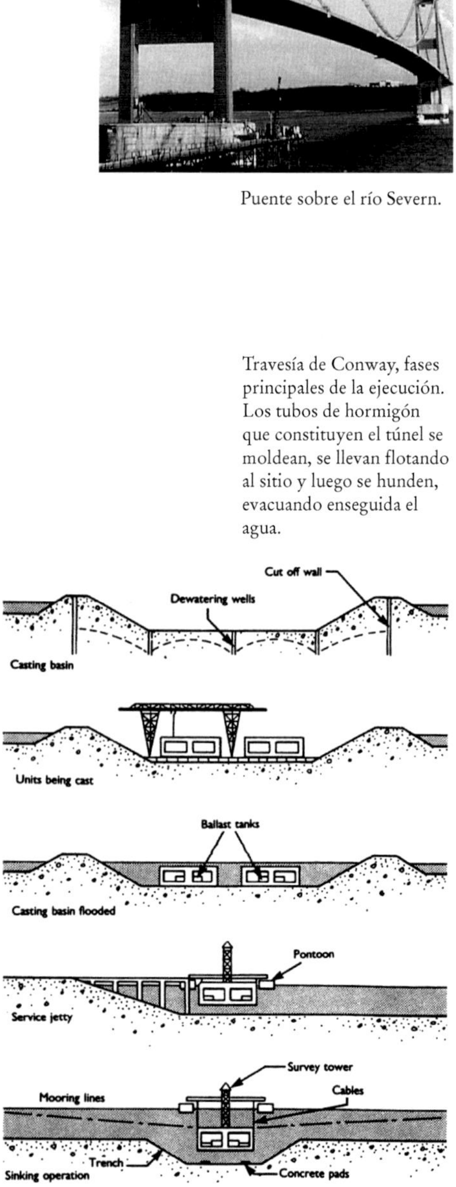

día? Y sin embargo somos nosotros los que hemos enviado un hombre a la luna. Pero ahora, somos gentes apagadas, desdibujadas, se nos dice, gentes que trabajan en equipo y no ya esas personalidades que ponían en juego su autoridad en todo aquello que concebían. ¿Seguro que eso es así? Yo creo que para nada. Cada equipo tiene su jefe y es él, a fin de cuentas, el responsable del trabajo que realiza el equipo. Recordemos las juntas tóricas de la nave espacial *Challenger*, o al ingeniero responsable del DC10 que se estrelló cerca de Orly en 1974. Allá, de golpe, se hizo patente el papel del ingeniero. El problema, hoy como ayer, es que ni el nombre ni el papel del ingeniero son conocidos del público. Los ingenieros trabajan de incógnito. Pero, al contrario que sus predecesores, los de hoy día están al abrigo tras la pantalla de otras personalidades. Es cierto que los grandes ingenieros del siglo XIX eran tan emprendedores como ingenieros, iniciadores de sus propios proyectos, responsables financieramente. Pero en cuanto ingenieros, hacían el mismo trabajo y tenían las mismas responsabilidades que los de ahora.

En lo que respecta al diseño de grandes estructuras el papel del ingeniero es fácil de comprender. Tomemos el puente de la autopista M4 sobre el río Severn en Inglaterra. Fue en su tiempo un puente de un diseño muy nuevo, era mucho más liviano que los demás puentes de la época como el Verrazano Narrows en Estados Unidos y originó toda una forma nueva de construir puentes colgantes muy grandes. Los puentes sobre el Humber y sobre el Bósforo se ejecutaron según el mismo método. La invención y la innovación de las que dan prueba estas dos obras se deben a los ingenieros de la Freeman Fox de Londres. Otro ejemplo reciente de ingeniería inventiva, menos visible pero muy original también, es la travesía de Conway al norte del país de Gales. Los ingenieros instalaron dos tubos de hormigón prefabricados y previamente solidarizados entre sí y se les sumergió en dos zanjas cavadas en el fondo del estuario. Bastó entonces con evacuar el agua de estos tubos preformados para crear un túnel subterráneo.

Pongo estos dos ejemplos recientes para mostrar que los ingenieros de hoy son tan audaces e inventivos como sus homólogos victorianos. La diferencia está en que, aún conociendo sus trabajos, no tenemos ningún nombre que unir a ellos.

Yo creo que es justamente en esa imposibilidad de asociar una persona a un trabajo donde hay que buscar la causa principal del mediocre estatus del ingeniero. Los ingenieros necesitan tener una identidad, necesitan verse reconocidos como individuos responsables de los artefactos que conciben.

Pero necesitan también comunicar un poco la excitación que su trabajo les proporciona. Se repite como un estribillo que el objetivo de los ingenieros es conquistar las fuerzas inmensas y variadas de la naturaleza. Seguro que eso es verdad, la gravedad, el viento, la nieve, los terremotos, constituyen otros tantos desafíos a los que enfrentarse. En esencia, el papel del ingeniero es el de concebir obras que resistan a las fuerzas de todas clases que ejercen sobre ellas los hombres y el ambiente natural. Muchos otros tipos de ingenieros – hidráulicos, especialistas del medio ambiente o de la mecánica del suelo – tienen también como tarea la de concebir proyectos capaces de resistir las grandes fuerzas naturales. Evaluar esas fuerzas, estar seguros de que se han tenido en cuenta correctamente, todo eso está lejos de ser sencillo. Las normas y la tradición proporcionan una guía, pero eso no es más que un principio, pues no abordan situaciones específicas. La evaluación final corresponde al ingeniero.

La ingeniería es un campo estimulante y excitante que requiere una elevada competencia. Además, es gratificante. El problema viene de que nosotros los ingenieros no sabemos explicar lo que hacemos ni cómo lo hacemos. Pero es fundamental entender y explicar que hay numerosas decisiones que únicamente puede tomar un ingeniero.

La gerbereta de Beaubourg ejemplifica una decisión de apariencia arquitectónica pero que no podía ser tomada más que por un ingeniero. Este rol específico del ingeniero pide que se le comprenda mejor, particularmente en lo que lo diferencia del arquitecto. En esencia, el arquitecto responde al lugar y al contexto, propone una respuesta emocional a los datos de la situación. Se trata pues de una interpretación personal.

El problema fundamental del ingeniero es que su trabajo no es comprendido por los media y, cuando menos, se le silencia. Incluso los media internos en el ámbito ingenieril fracasan totalmente a la hora de expresar esa excitación mística que los desafíos ingenieriles traen consigo.

Hay, no obstante, algunos rasgos inherentes al trabajo del ingeniero que hacen que su papel se torne decisivo. Un ingeniero no debe equivocarse, la vida humana y la seguridad dependen de la precisión de su trabajo. Es un límite inferior que no puede sobrepasarse.

De un modo general, en este mundo, ni se comprende ni se aprecia el trabajo del ingeniero en la medida de la contribución que aporta, aún cuando se trate de la más banal de las realizaciones. Me gustaría mostrar, fundamentalmente a través de mi propio trabajo, que se nos abre un amplio campo a la innovación y a la inventiva; y me gustaría subrayar también en qué medida la contribución del ingeniero puede, muy a menudo, completar y realzar la arquitectura.

No quiero decir con ello que todos los ingenieros sean genios incomprendidos que esperan la ocasión de expresar su capacidad de inventiva: ese no es el caso, por supuesto. Pero o bien su contribución permanece desconocida por largo tiempo, o bien le es atribuida al arquitecto o a otras personas con las que colabora el ingeniero.

Muchos ingenieros se ven afectados por la falta de interés que manifiesta la sociedad hacia ellos y se comportan en consecuencia. Les llega a suceder, por su pragmatismo, que animan y refuerzan la atmósfera que les inhibe cuando tratan de ser inventivos. Es lo que yo llamo "la mentalidad de Yago".

En el libro de W. H. Auden titulado *The Dyer's Hand* hay un ensayo titulado "The Joker in the Pack" en el cual el autor examina el personaje de Yago en *Otelo* y su argumento lógico, esa máquina infalible que destruye el romanticismo. A lo largo de toda la obra Yago emplea argumentos claros y sensatos para destruir el idilio romántico que es la existencia de Otelo.

Yago (David Suchet) razona con Otelo (Beng Kingsley). Una producción de la Royal Shakespeare Company (1985).

Yago, agente de la razón, va minando los frágiles fundamentos del amor y de la lealtad a golpes repetidos de argumentos simples y racionales. De igual modo, nos dice Auden, la ciencia destruye nuestra creatividad artística exigiéndonos sin cesar que pasemos al examen de la razón. En el diálogo entre arquitectura e ingeniería el ingeniero es la voz racional y razonable, pero se trata de un papel demasiado fácil: uno aparece siempre sensato, razonable y moderno cuando atempera las propuestas más extravagantes de los arquitectos. El ingeniero tiene un efecto destructor, es el Yago del arquitecto, o bien de otro ingeniero, en su caso Otelo. El ingeniero es quien "apaga fingiendo elogiar" según la expresión de Alexander Pope, destruyendo así en los otros sus frágiles impulsos de creatividad. Bien entendido, los ingenieros no son los únicos que participan en este proceso destructor. Richard Weinstein, el primero que me dio a conocer los ensayos de Auden, defendía la tesis según la cual una gran parte de la arquitectura moderna – la que se apoya sobre la objetividad científica para justificar sus decisiones – viene a coincidir con la posición de Yago: minimiza la contribución individual de la arquitectura y la ahoga con explicaciones aparentemente racionales. Aunque no sea este el caso de los ingenieros, esta arquitectura se apoya en el respeto de los principios ingenieriles para justificar sus decisiones.

¿Puede escapar el ingeniero de este mundo de racionales absolutos? Yo creo que sí. Volvamos de nuevo al papel que juegan los ingenieros o, al menos, al que podrían verse abocados a jugar. Trabajan con materiales, pueden trabajar con la luz y con el aire. Trabajan con los elementos fundamentales de la construcción, trabajan con el contenido y no con la imagen. Resulta banal observar que a menudo se percibe la arquitectura moderna como fría y distante. Si una catedral gótica expresa la presencia física de la piedra con la que ha sido construida y la de los albañiles que trabajaron en ella hace tantos años, muy pocos edificios modernos manifiestan esas mismas cualidades. En suma, la *trace de la main*, esa presencia tangible de quienes los han construido, está ausente. Esos edificios están desprovistos de calidades táctiles.

Es ahí donde los ingenieros pueden jugar el papel positivo que les confiere su competencia singular: utilizar su conocimiento de la estructura y de los materiales para expresar la presencia de estos últimos, de manera que uno se sienta atraído y que apetezca tocarlos, que se perciba la presencia del propio material así como la de quienes lo concibieron y lo colocaron en la obra. Para ello es necesario que nos resistamos al exceso de hegemonía industrial. Una de las mejores maneras de alcanzar esa calidad táctil reveladora de la *trace de la main* consiste en preservar el sentimiento de que es el proceso de ideación y no la industria quien ha dictado las decisiones.

Un edificio no necesita ser hecho de ladrillo o de piedra; es más bien el uso honesto y auténtico de sus principales materiales lo que le da cierta calidad táctil. Es la misma idea que nos condujo a emplear fundición en Beaubourg, así como a tomar muchas otras decisiones que se explicarán más adelante en este libro.

He aquí pues un noble rol que debe asumir el ingeniero, el de controlar y domar a la industria. La industria de la construcción adora el *statu quo* y, como Yago, empleará todo argumento a su alcance para demostrar que las cosas de los otros no son ni racionales ni sensatas. Resistirse corresponde únicamente al ingeniero, a él le corresponde demostrar el error de esa posición y demoler esos argumentos. En tal caso, se transforma en una conciencia crítica y salva de ese modo su alma.

No obstante, la contribución esencial del ingeniero al trabajo de los arquitectos pasa sobre todo, en general, por la exploración de la naturaleza de los materiales y luego por la aplicación del saber así adquirido, para alcanzar una buena calidad de puesta en obra.

Las palabras clave son exploración e innovación. A lo largo de los años he constatado que, en lo relativo a materiales, los mejores logros se obtienen cuando se les utiliza por primera vez, cuando quien los concibe no se siente inhibido por ningún precedente. Pocas cosas, por ejemplo, son comparables a la expresión de la naturaleza y el carácter del hormigón en los puentes de Maillart, los cuales reflejan plenamente la manera en la que el material se puso en obra, así como las formas plásticas que permite alcanzar. El empleo del hormigón por Maillart es comparable al empleo del acero por Brunel o al empleo de la fundición por Telford.

Puente de Salginatobel (1930), Suiza, por Robert Maillart (1872-1940).

Puente colgante de Clifton (1864), por Isambard Kingdom Brunel (1806-1859).

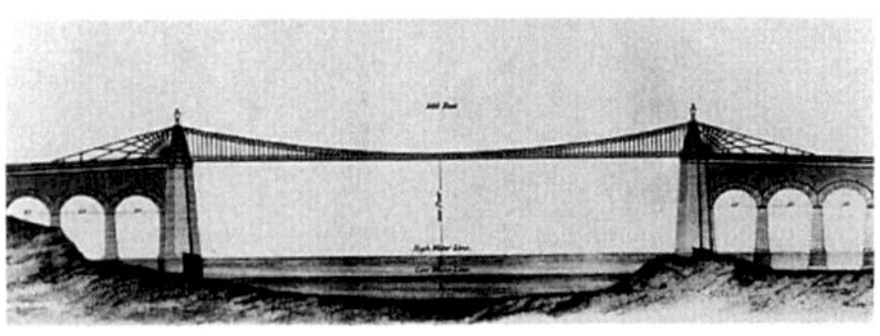
Puente sobre el Menai Straits (1826), por Thomas Telford (1757-1834).

Cada estructura manifiesta una honradez y una sencillez que va directamente al corazón de las características físicas de material y las expresa sin inhibición alguna. De este modo, me parece a mí, conseguimos dar a nuestros proyectos una calidad táctil solo cuando nosotros podemos recrear como ingenieros ese sentido de la aventura y la innovación.

Pero un proyecto no es simplemente algo que pueda tocarse; puede ser táctil a partir del momento en que se pone en obra un material, de tal forma que su naturaleza intrínseca se exprese con sensibilidad, al ser fruto del trabajo de alguien que lo concibe, que se interesa por el material y que lo ofrece a la vista del modo más auténtico. Así, en La Villete, los muros de cristal son táctiles, aún no siendo posible tocarlos físicamente.

Empleo en este libro por todas partes la palabra "táctil". ¿Qué es exactamente esta cualidad de la arquitectura? La cualidad táctil es como la empatía, como el sentimiento que se tiene al visitar un lugar santo. Una amiga me describía hace poco ese sentimiento de potente presencia que experimentó al visitar Jerusalén y, en particular, los grandes lugares religiosos de la ciudad. Generaciones y generacio-

Cubierta abovedada de la Catedral de Chartes.

nes han dejado allí el sentimiento de su presencia, del que permanecen pruebas tanto visibles como invisibles. Las catedrales góticas, por su parte, también poseen esta cualidad, al igual que muchas iglesias y palacios del Renacimiento. Por algo se construyeron con materiales naturales, bien seguro. Pero hay más: el sentimiento de una presencia que permite el contacto con el edificio y con el pasado. Los animales, por su parte, cuando exploran un territorio nuevo, experimentan esa necesidad de sentirse cómodos gracias a la presencia de los que han pasado antes que ellos, buscan el olor de los ocupantes anteriores. Yo creo igualmente que lo que otorga su cualidad táctil al entorno construido es la evidencia de que el hombre ha contribuido a edificarlo. Y cuando veo hoy todo lo que separa al público de su entorno construido, atribuyo la responsabilidad al papel invasor y esencialmente estéril de la empresa industrial, cuyas decisiones en materia de ambiente no las toman las personas sino las necesidades de la industria.

La búsqueda del auténtico carácter del material está en el corazón de toda obra ingenieril. He aquí un aserto que sin duda parecerá exagerado o superficial a muchos ingenieros. Importa subrayar también que no se inventa únicamente por el propio placer. La innovación debe tener un objetivo real, debe ser una contribución al proyecto. Pese a todo y cualquiera que sea el proyecto sobre el que se trabaje, el ingeniero debe esforzarse por aportar algo más en materia de diseño.

¿Qué hay acerca de la exigencia básica, para el ingeniero, de construir tan barato como sea posible? Yo no creo que la economía y la innovación sean necesariamente incompatibles. Todo proyecto tiene tensiones presupuestarias que hay que respetar, pues constituyen una dimensión fundamental del problema que hay que resolver; y para el ingeniero supone un estímulo y un interés mayor el llegar a expresar su singularidad respetando el conjunto de los demás parámetros.

Finalmente me gustaría analizar la relación del ingeniero con el concepto de diseño. Un día, con el arquitecto Richard Rogers, evoqué el hecho de que, a menudo, mi contribución a tal o tal proyecto parecía presentarse de golpe como un concepto acabado. Quiero decir con esto que la solución surgía ya completamente elaborada. He aquí dos ejemplos. La viga principal de Beaubourg, con su doble cordón superior, su doble cordón inferior y los nudos de ensam-

Gárgolas de piedra de la Catedral de Notre Dame en París.

Viga de doble cordón. Centro Georges Pompidou, París.

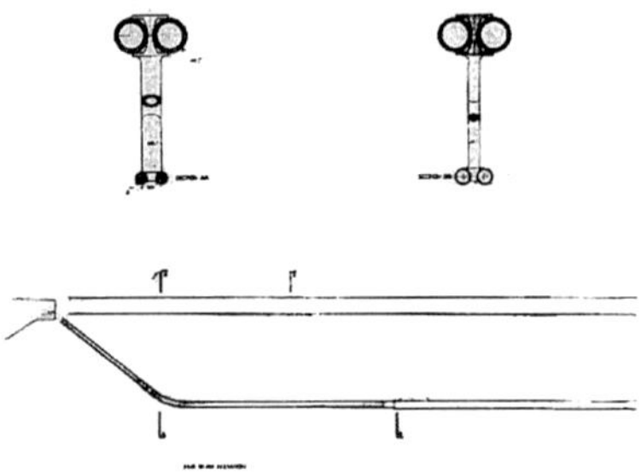

Secciones y alzado de una viga de doble cordón, Centro Pompidou, París.

blaje fundidos que atan esos elementos dobles al plano único de elementos de cizalladura, me apareció una noche en la cama, toda ella ya definida en mi interior. Creo que la concentración con la que estuve buscando una solución durante las semanas precedentes me permitió resolver el problema. No obstante, la forma de la viga estaba allí, completa, cuando me desperté y después no tuve que cambiar nada de manera significativa. Esta viga llegó a anticipar lo que más adelante se convirtió en una de las directrices del concepto de la estructura de acero en Beaubourg, a saber, el empleo de barras macizas de sección circular para los esfuerzos de tracción, de tubos para los elementos en compresión y de piezas fundidas para los nudos de ensamblaje. ¿Cómo se llegó a eso? No sé decirlo con certeza. A cambio, sí sé que la decisión de emplear vigas de doble cordón venía de la idea de que un poco de luz atravesando la viga aligeraría considerablemente el impacto visual; y la sensación de levedad, tratándose de una viga de cuarenta y cinco metros de luz que penetra ampliamente en el espacio, es un elemento esencial.

Análogamente, la solución estructural completa de los forjados del Lloyd's en Londres me vino a la cabeza un día en Turín cuando trabajaba sobre el proyecto de la Fiat. La trama del forjado y la relación que mantiene con los soportes forman ya parte de la idea inicial. Como habíamos discutido estos problemas con mucha atención durante las semanas anteriores, no es de extrañar que me viniese una solución a la cabeza. Pero lo que no es corriente es que esa solución apareciese ya formada toda ella. Esa es sin duda una de las características del pensamiento de los ingenieros, el hecho de trabajar con parámetros objetivos les lleva a una y solo una conclusión.

Cuando discutí esta idea con Richard Rogers él me confirmó que siempre había sido así con el trabajo de los ingenieros. Los puentes de Telford o de Brunel, pensaba él, habían surgido probablemente en conjunto, en su forma definitiva, con lo que el ingeniero tan solo tenía que demostrar que funcionaban tal cual, sin tener que modificarlos para adaptarlos exactamente. Y así es como yo trabajo. En cuanto se perfila una respuesta no siento el menor deseo ni la menor necesidad de cambiar. Si es una solución, es una solución.

Creo que esta forma característica de trabajar por conceptos está muy extendida entre los ingenieros. Si sucede que alguna vez se manifiesta también entre los arquitectos no por ello deja de constituir un aspecto fundamental de todos los proyectos de ingeniería.

Invención, innovación y creatividad son las tres grandes palabras que están de moda hoy. Ser creativo e innovador, en particular, supone un talento innato que algunos de nosotros poseen para la mayor admiración de todos. Visto desde el exterior ese talento parece fuera de lugar, como si, de una cierta manera, la persona dotada poseyese una dimensión mística, un estatus que solo puede otorgarse, que no puede reclamarse en ningún caso.

¿Cómo se puede llegar a ser innovador o creativo? Como ya he sugerido, el talento creador es esencialmente artístico, está asociado sobre todo a los arquitectos, a quienes conciben obras, a los artistas. A cambio, para los ingenieros, así como para todos aquellos que manejan datos científicos o factuales, el objetivo es innovar. ¿Es eso tan diferente? No lo creo.

Es un mito que haya algo especial en el ingeniero capaz de innovar. De hecho, una solución elaborada por un ingeniero presenta probablemente siempre un aspecto insólito, un rasgo que podría ser calificado de innovador pero que no se percibe como tal porque muy a menudo queda disimulado bajo una apariencia convencional. Pero si se examina la naturaleza de estos elementos de invención o de innovación, uno se da cuenta de que son simplemente el resultado de un ingeniero que ha sabido aportar a la realización de un detalle dado una inteligencia y una sensibilidad nuevas, mirando el problema desde otro punto de vista. Esta especie de innovación, que surge cien veces al día en las obras de todo el mundo, parece obvia; pero ello no impide que constituya una parte importante del trabajo cotidiano del ingeniero. Toda solución implica un pensamiento original, una contribución específica que bien puede llamarse innovación. El resultado no tiene por qué ser espectacular, basta con que sea inédito o incluso únicamente original.

Estructura de una tela de araña. Una investigación abierta ya terminada ha conducido a los resultados más estimulantes y asombrosos. La araña y el ingeniero estructural comparten requisitos y restricciones similares al proyectar una nueva estructura. La clave de la estructura de una tela de araña reside en su forma y en la distribución de tensiones. Al permitir una amplia elongación de los hilos, la tela absorbe la máxima proporción de energía cinética de un insecto volador en forma de energía tensional. La redundancia múltiple de los hilos radiales asegura que la malla funcionará incluso si se rompen muchos hilos. En la malla se define una jerarquía estructural diferente mediante grandes diferencias en el pretensado. Los hilos radiales están mucho más tesos comparados con los espirales. Si una abeja golpea y se adhiere a unos pocos hilos de la malla espiral, éstos neutralizan el impacto. La carga viaja de los hilos espirales a los radiales, donde se absorbe gran parte de la energía cinética, y luego continúa recta hasta los soportes. Entre tanto toda la malla vibra suavemente, disipando energía a través de la resistencia del aire. La araña está usando las técnicas ingenieriles del siglo veinte pero con mucha más elegancia y precisión.

6

Jean Prouvé

Jean Prouvé aparece en mi vida hacia finales del proyecto del Centro Georges Pompidou, justo antes de comenzar su construcción. Su apoyo entusiasta fue muy importante para nosotros, nos confortó con la idea de que llegaríamos a realizar las obras de acero del Centro tal y como las habíamos proyectado, pese a la oposición masiva de la industria y del *establishment* de la ingeniería francesa. El que nos haya apoyado no sorprenderá a nadie, era miembro del jurado del concurso y había hecho saber ampliamente que defendería este proyecto. Sin embargo, él mismo apenas era aceptado por la corporación de ingenieros debido a sus orígenes profesionales y a su falta de formación académica. No obstante, su opinión contaba y su apoyo importaba. Importaba porque Prouvé era uno de los grandes ingenieros "naturales" de mitad del siglo XX, autodidacta y atípico, un ingeniero francotirador, gran inventor en materia de arquitectura, cuyo conocimiento de los materiales y de los procesos era a la vez preciso e ilimitado, lo que le permitía realizar cosas que un ingeniero más convencional habría estimado imposibles.

Este talento natural para la ingeniería es raro hoy día. Las finanzas públicas y la responsabilidad civil exigen que todo se calcule, se analice y se compruebe sin cesar mediante ordenadores que apliquen las últimas teorías. En un mundo así el genio "natural", desprovisto de formación tradicional, resulta forzado a irse hacia otra parte, quizás hacia la arquitectura naval o hacia las carreras de automóviles, donde la competencia, el talento y la comprehensión cuentan más que la prueba, en tanto esta última aparece sancionada por los resultados. No siempre ha sido así: hasta finales del siglo XIX todas las grandes estructuras eran obra de ingenieros "naturales". Gradualmente, su trabajo y las leyes que lo gobernaban se fueron codificando y esa codificación adquirió poco a poco más importancia de lo que regulaba. La sociedad exigió que solo la gente expresamente formada en la arquitectura y la ingeniería se ocupase de tales disciplinas. Hoy, los ingenieros y los constructores "naturales" están en vías de desaparición. Ya no tienen sitio en nuestra sociedad altamente especializada. Es triste ver tanto talento desperdiciado. Los que poseen una inteligencia instintiva y física, más que matemática, sobre los materiales y su empleo, no son aptos para sobrevivir en este clima y juegan tan solo un papel menor. De hecho, esta evolución, esas "mejoras", empobrecen notablemente a nuestra sociedad. Prouvé y su trabajo son prueba de ello, él fue el último, o casi el último, de una larga fila.

Jean Prouvé (1901-1984)

Casa Tropical 1949 en construcción.

Casa Tropical, sección transversal.

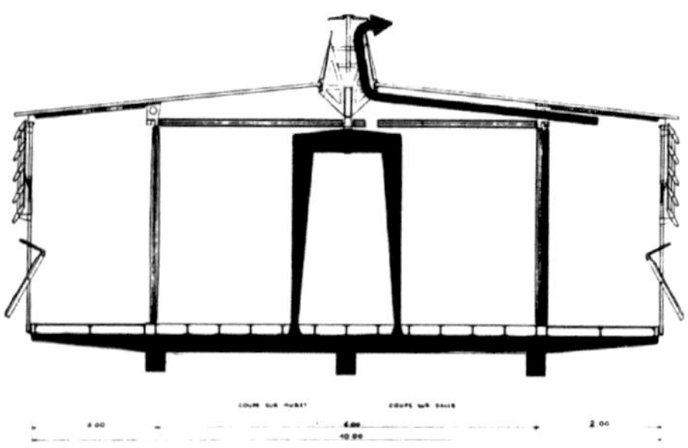

Casa tropical en Niamey, 1949-1951.

El papel del ingeniero en nuestra sociedad consiste en garantizar la fiabilidad de todos los artefactos que pueblan nuestras vidas. Se trate de un edificio, de un puente, de un ingenio espacial o de una nevera, los ingenieros están allí para garantizar que funcionan correctamente. Deben ser capaces de prever sus prestaciones en las diferentes condiciones de uso que pueden presentarse. Esta responsabilidad hace conservadores a los ingenieros, los lleva a rechazar todo lo que no comprenden y a dar por buenas todas las tensiones inherentes a su papel. En general, cuando se enfrentan a un problema de formación de ideas, proceden con prudencia, analizando y evaluando el modo en que una máquina o una estructura van a comportarse. Tienen que asegurarse de que los materiales son apropiados, que el artefacto puede construirse, puede comprenderse y, por consiguiente, puede utilizarse correctamente. Esas cualidades aparecen con toda evidencia en el trabajo de Prouvé. Su gusto por el detalle, su interés por la fabricación y la construcción, todo lleva el sello de un concepto muy elaborado de la ingeniería.

Pero, a diferencia de la mayor parte de los ingenieros, para Jean Prouvé todo esto no era más que el comienzo. Estas virtudes necesarias él las consideraba como adquiridas, no eran para él más que una base sobre la cual podía desplegar los recursos de su inventiva. Innovaba sin cesar. Ante un problema, encontraba instintivamente una solución de síntesis entre los requisitos habituales y las limitaciones técnicas de puesta en obra y de desempeño. Estaba muy atento, actuando así, al empleo apropiado de los materiales, en particular del aluminio extruido y la lámina de acero, que eran nuevos en aquella época.

Mientras los ingenieros industriales de la industria del automóvil y aeronáutica empezaban a comprender de forma precisa cómo explotar las cualidades de esos procedimientos para que coches y aviones fuesen más ligeros y más seguros, Prouvé se interesaba en su empleo en la industria de la construcción. Sus diversos ensayos de estructuras prefabricadas en aluminio o en acero ligero son ya ejemplos clásicos de explotación de las propiedades técnicas de la lámina de acero. Su Casa Tropical es un bonito ejemplo. En el centro se encuentra un pórtico de chapa de acero plegado, que se levanta a partir de una losa hormigonada in situ. Este pórtico asegura la estabilidad horizontal de toda la casa. Como incluye el techo y las paredes, éstos resultan muy simples y ligeros. La misma forma del

Casa tropical, ensamblaje de un prototipo en Maxéville, 1949.

Casa tropical, detalle del parasol ajustable.

Transporte aéreo de la Casa Tropical, 1949.

pórtico refleja el modo en que trabaja, resistiendo la carga horizontal del viento o un eventual temblor de tierra. La elección del metal desplegado facilita la puesta en obra de esta geometría relativamente compleja; en fin, una leve curvatura y un refuerzo en los ángulos aseguran una eficacia máxima de este material, que sin ello sería frágil. Estas mismas propiedades, estas mismas características eran explotadas entonces por otras industrias.

Jean Prouvé estaba en la punta del progreso. Pero eso no es todo. La pared exterior de la Casa Tropical, ligera, reflectora de la luz, se separa de la pared interior aislante, con lo que se aportan a la obra ventilación y frescura naturales. Unos parasoles móviles controlan la luz solar y dirigen la ventilación a los lugares en que es necesaria. Todos los elementos son planos para facilitar su embalaje y transporte, y para minimizar los problemas de ensamble. Con su reducido consumo de materiales y, sobre todo, de materiales que consumen energía durante su fabricación y construcción, este pequeño edificio, a menudo menospreciado, ofrecería una respuesta perfecta al mundo de hoy, tan consciente de esos problemas de energía. Encierra una cantidad de detalles sutiles que hacen de su estudio una delicia para el profesional. La presencia de un forjado elevado en relación con la plataforma hormigonada in situ asegura el aislamiento y permite controlar la humedad. La forma del conducto de ventilación central explota el efecto de acumulación debido a la propiedad que tiene el aire caliente de ascender; como si fuese una chimenea, se puede controlar la cantidad de ventilación o de frescor natural necesarios.

El equilibrio entre la sencillez de la puesta en obra, los materiales y la función procede del virtuosismo puro y simple. Lo mismo sucede con otras construcciones tropicales de Prouvé, como la casa para el prospector solitario del Sahara. Todas son inventos originales fundados sobre principios sanos y claramente expresados.

Cualquiera que sea la obra considerada se encuentra siempre en Prouvé esa misma sencillez que enmascara una multitud de elegantes soluciones técnicas. Otros dos ejemplos me han impresionado siempre en particular: la casa del Pueblo de Clichy, construida en 1938, y la fachada del CNIT en La Défense, edificada en 1959.

En Clichy los paneles exteriores son de chapa de acero ligero. Para evitar las deformaciones de superficie se aloja un muelle en el interior, lo que otorga a las láminas una ligera convexidad. Eso per-

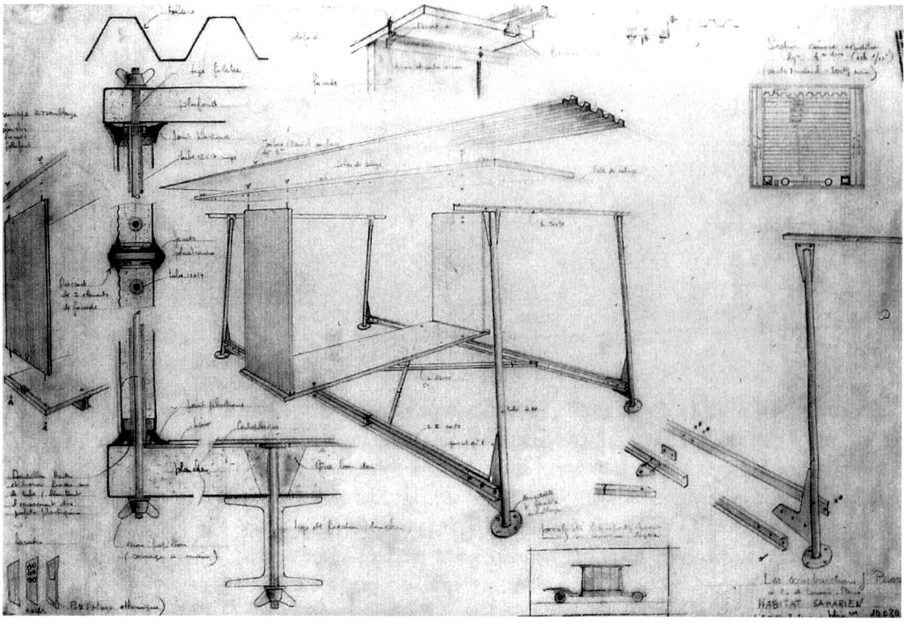

Casa para el prospector solitario del Sahara, detalles del ensamblaje y del transporte, 1957.

Casa para el prospector solitario del Sahara, 1957.

Casa del Pueblo en Clichy, 1938-1939.

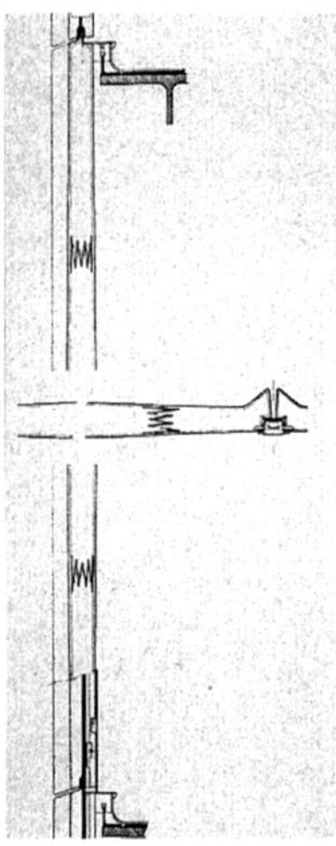

Casa del Pueblo, detalle de la envoltura exterior. Los muelles utilizados para tender las placas de chapa juegan un papel muy importante en el aspecto visual de las fachadas, al igualar las superficies y conferirles una doble convexidad.

Vista del CNIT. Fachada de vidrio y metal de Prouvé, con la nueva terraza del café y la marquesina de entrada, diseñadas por RFR.

mite emplear un panel muy ligero en forma compacta y sin distorsiones indeseables. Incluso hoy día, en que se utilizan mucho los paneles de chapa de acero, no se encuentra esta sencillez y esta elegancia, que provienen de un conocimiento profundo de los materiales y de sus propiedades técnicas.

En el CNIT la fachada tiene numerosas particularidades concebidas para mejorar sus prestaciones. Está colgada del vértice y rigidizada horizontalmente mediante pasarelas que permiten el mantenimiento y la limpieza, operaciones estas que pueden así efectuarse desde el interior. La polivalencia funcional de estas pasarelas –a un tiempo acceso y estructura–, la fachada abierta que permite el reemplazo de piezas así como la ventilación, todo eso manifiesta el pensamiento del ingeniero en lo mejor de sí mismo, desprovisto de prejuicios, capaz de examinar el problema en su realidad y de inventar una solución que se impone por su sencillez.

Prouvé se denominaba a sí mismo – o puede que la palabra fuese empleada por otros que trataban de etiquetarlo – como “constructor” y yo escribo sobre él como si fuese ingeniero. Naturalmente y como debe ser, ambas cosas están en él estrechamente imbricadas, lo que rara vez es el caso hoy día. Jean Prouvé vivió en una época en la que la escala de la construcción, como la de la industria que la aprovisionaba, era más pequeña. No había entonces esas sociedades gigantes que fabrican de todo, deciden de todo y en las que todo se somete al servicio de la empresa.

Prouvé era un individuo. Inventaba.

Detalle de la fachada del CNIT mostrando la relación del perfil de los montantes con las vidrieras oblicuas.

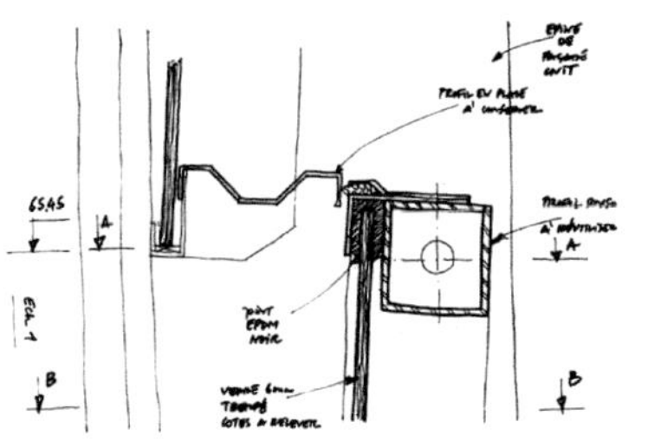

Fachada del CNIT, sección por un travesaño horizontal.

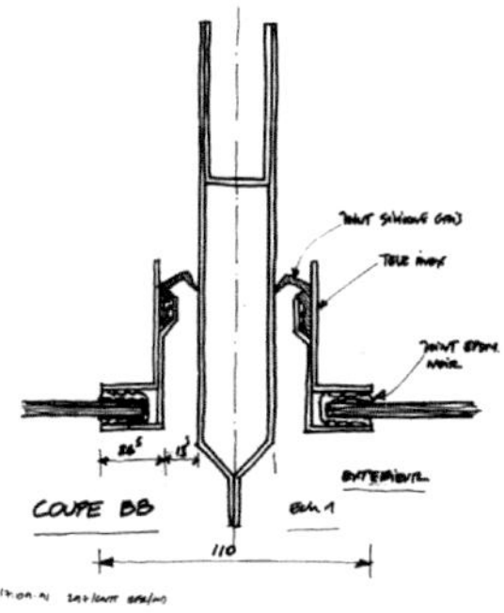

Fachada del CNIT, sección por un parteluz.

Se expresaba a sí mismo. Le gustaba saber cómo funcionan las cosas, cómo están hechas, cómo desplegar al máximo la potencialidad de los materiales que las componen, e hizo de ese saber la base misma de su arte. He aquí, en sustancia, la única definición verdadera de un ingeniero. ¿Era Prouvé un ingeniero? Por supuesto que lo era. Era hasta la encarnación de lo que debía ser un ingeniero. Era ante todo un hombre de su tiempo.

En nuestro mundo moderno riguroso y controlado, un mundo de responsabilidades colectivas, todo habría sido más difícil para Prouvé. Él anticipó con su trabajo la forma en la que hoy día concebimos y utilizamos los materiales. Muchos de sus proyectos a este respecto son de una modernidad sin compromiso. Cuando se observan sus construcciones se ve, expresado de forma sencilla, lo que es un ingeniero en estado puro. Todo eso exige una minuciosa investigación porque una sencillez así no es conquista fácil. Cada bulón, cada junta, cuenta. Todo tiene su razón de ser, que puede deberse tanto a las exigencias de fabricación como a la necesidad de soportar las cargas.

Houston, la fundación Menil
en primer plano y las torres
del centro de la ciudad.

7

Menil

La Galería de la Colección Menil en Houston, Texas, fue uno de los proyectos más importantes en cuanto a la formación y a la confirmación de mi actitud hacia los materiales. Es un proyecto ejemplar en muchos aspectos. Ante todo, es una reflexión sobre la luz. La señora de Menil, la clienta, tenía una colección extraordinaria de obras de arte reunida a lo largo de los años, y había decidido cederla a la ciudad de Houston para que se expusiese en una galería que ella había fundado en compañía de algunos miembros eminentes de la ciudad. Y de golpe, decidió que las obras deberían ser vistas en condiciones naturales. Quería decir con ello que durante el día debería haber una relación directa entre el exterior y la intensidad de la luz en el interior del museo; si brillaba el sol, el interior se beneficiaría de ese aumento de luz exterior.

Renzo Piano, que había empezado a trabajar en el proyecto poco después de la liquidación del estudio Piano & Rice, visitó cantidad de museos con la señora de Menil y de común acuerdo decidieron que sería por transmisión de la luz a través del plano de cubierta como se obtendría el contacto más directo entre el exterior y los espacios de la galería. En consecuencia, se escogió un sistema de persianas para el tejado.

En la época de Piano & Rice experimentamos con diversos materiales, entre ellos el ferrocemento y la fundición dúctil. Al combinarlos, buscábamos integrar en un todo homogéneo la fragilidad de porcelana de la fundición dúctil y la textura dulce y granulosa del ferrocemento.

Renzo, con mi apoyo activo, decidió que la cubierta de la galería Menil fuese de ferrocemento. Es una concha fina de hormigón fuertemente armado, un material inventado en Italia en los años cincuenta por Pier Luigi Nervi, el mayor especialista de hormigón de su tiempo.

El ferrocemento, normalmente producido según una técnica de moldeo y utilizado principalmente para los barcos, para ser sólido y durable exige una puesta en obra de muy alta calidad. Tal y como se emplea habitualmente su espesor varía entre un centímetro y medio y cuatro centímetros, y comprende de seis a ocho capas de armado de malla soldada. Cuando se emplea para fabricar barcos se construye una jaula de acero que tiene aproximadamente la forma final deseada. Esa jaula, reforzada a intervalos regulares con pasadores de acero más largos que la ayudan a conservar su forma, pasa

Sección transversal del museo mostrando el sótano, el nivel de la exposición principal y la cámara fuerte, en la que se conservan las pinturas a oscuras cuando no están expuestas.

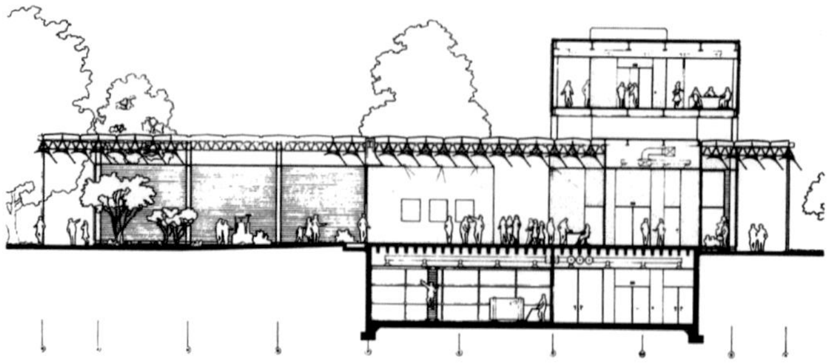

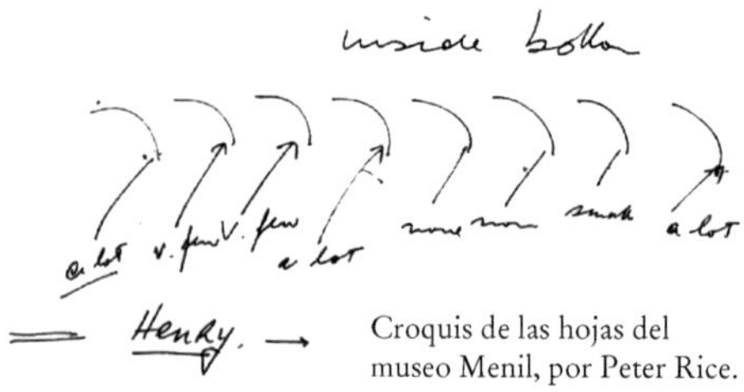

Croquis de las hojas del museo Menil, por Peter Rice.

Uno de los primeros dibujos de Renzo Piano, integrando las persianas de ferrocemento en el interior de una estructura tridimensional.

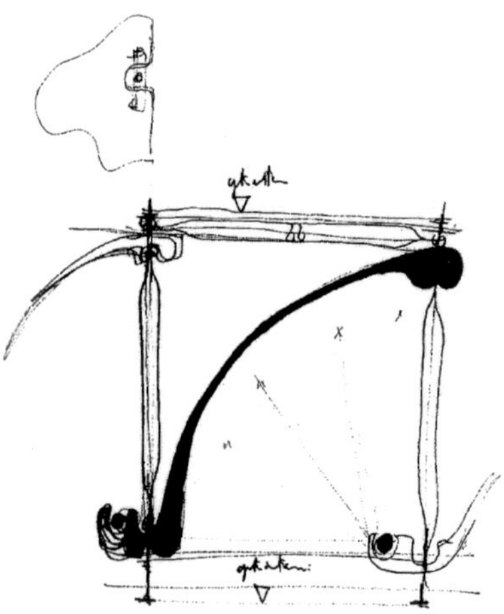

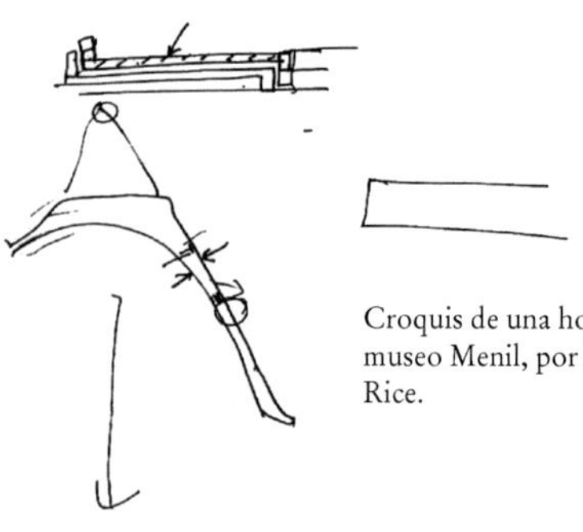

Croquis de una hoja del museo Menil, por Peter Rice.

a ser una lámina rígida. En seguida se hace un mortero muy seco, se moldea sobre la jaula y se efectúa el acabado exterior mediante una llana de madera o de acero.

Es muy importante para la calidad final del conjunto que el mortero se aplique de forma continua para que no aparezca ninguna junta seca, es decir, ninguna marca superficial entre el mortero que ya ha empezado a endurecer y el mortero fresco que se está aplicando.

Las primeras cualidades del ferrocemento son una gran dureza y el hecho de que sea un material muy económico. Se inventó en una época en la que los materiales eran caros y el coste de la mano de obra era muy bajo. Con frecuencia un bajo costo del trabajo va apareado con un saber hacer artesano de buena calidad. La mayor parte de las investigaciones y de los progresos recientes con respecto a materiales se han hecho en India. Además, por su finura, su pequeño espesor y su terminación a la llana, el ferrocemento permite obtener formas muy elegantes y una superficie de calidad.

La aplicación del mortero constituye un momento esencial del proceso de fabricación. Bien realizada, permite obtener entre las capas de mallazo un núcleo de mortero muy denso, cuya calidad se comprueba al dar el acabado final. De este modo, al escoger el ferrocemento, optamos por un material fabricado a mano en un entorno industrial.

Como Houston está situado cerca del mar creíamos que habría allí una tradición importante de construcción de yates y barcos, de manera que con un poco de suerte…

Los primeros bocetos de Renzo mostraban una estructura tridimensional en la que se integraban oblicuamente unas persianas de ferrocemento reemplazando las diagonales. Yo me dí cuenta pronto de que eso no funcionaría porque se definía la forma de las persianas antes de conocer las exigencias relativas a la luz. Al contrario, yo propuse que se concibieran las persianas como elementos separados, constituyendo los cordones inferiores de una viga en celosía, mientras que por encima las piezas de acero completarían la estructura de cubierta. La escena quedaba definida, el estudio del detalle de la cubierta podía comenzar.

En esa época la persona que se ocupaba de la luz en el estudio de Arup era Tom Barker. Tom, en compañía de la señora de Menil y de Paul Winkler de la fundación Menil, puso a punto toda una estra-

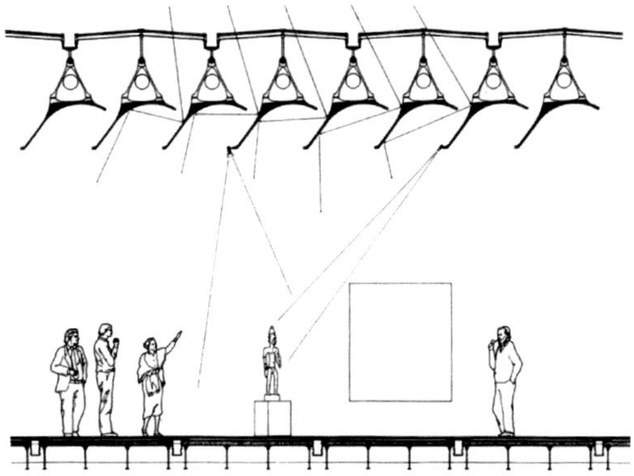

Sección a través de una sala de exposición tipo, mostrando el paso y la reflexión de la luz natural a través de las hojas de ferrocemento.

tegia para la conservación de las pinturas, calculando la cantidad de luz admisible en el interior de la galería. La cubierta tenía tres espesores. Una capa exterior de vidrio proporcionaba la estanquidad; era una cubierta de vidrio convencional, si es que una cubierta horizontal en una región expuesta a los aguaceros tropicales como Houston puede considerarse convencional. El vidrio reflejaba una gran parte del calor y de los rayos ultravioleta que podrían dañar las pinturas. En el espacio comprendido entre el vidrio y el ferrocemento se encontraban los conductos de aire acondicionado.

Lo primero que había que hacer era definir la forma de las persianas. Como Estados Unidos es un país bien ordenado – sistema de calles en retícula, este-oeste, norte-sur – era fácil alinear las persianas con la dirección del sol. El perfil preciso se fue conformando como resultado, a un tiempo, de la forma que Renzo Piano deseaba y de la necesidad de filtrar la luz solar. La estrategia de conservación de las obras de arte consistía en estimar la cantidad total de luz natural y de luz artificial que iban a recibir. En el momento en que ese total, matemáticamente integrado para un año de duración, sobrepasase un nivel normal y constante de conservación calculado para la misma duración, las pinturas no resultarían dañadas en exceso. Estaba previsto no exponerlas más de un mes cada seis, o seis meses cada treinta y seis. El resto del tiempo debían colocarse en condiciones ideales de conservación en un depósito especialmente construido al efecto, en el que podían ser vistas brevemente por investigadores o visitantes particularmente interesados. Así, el máximo nivel de luz que podían recibir durante el tiempo en que estaban expuestas era como media seis veces superior al que normalmente se permitía. Ello nos daba un abanico de niveles de luz admisibles en la galería. Por supuesto, la luz solar directa quedaba excluida. El límite superior de intensidad luminosa que una obra de arte podría soportar se fijó en dos mil lux. El objetivo general era crear un ambiente interior tan parecido como fuese posible a las condiciones reales en las que se habían ejecutado las pinturas. Bajo una luz exterior muy intensa – con un sol brillante la luz exterior podía alcanzar ciento veinte mil lux – la luz interior alcanzaba dos mil lux. Si la luz exterior bajaba de intensidad la galería se ensombrecía en la misma proporción. De este modo la iluminación de la galería reflejaba exactamente las variaciones de la luz exterior. Si pasaba una nube por delante del sol, otra nube pa-

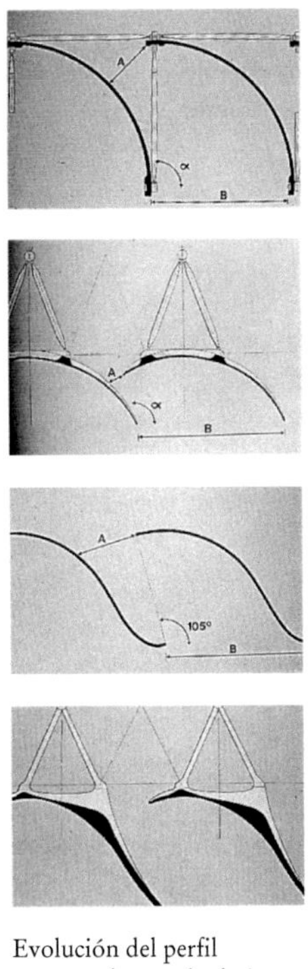

Evolución del perfil proyectado para las hojas de ferrocemento, determinado por una combinación de ensayos de iluminación, requisitos estructurales y forma arquitectónica.

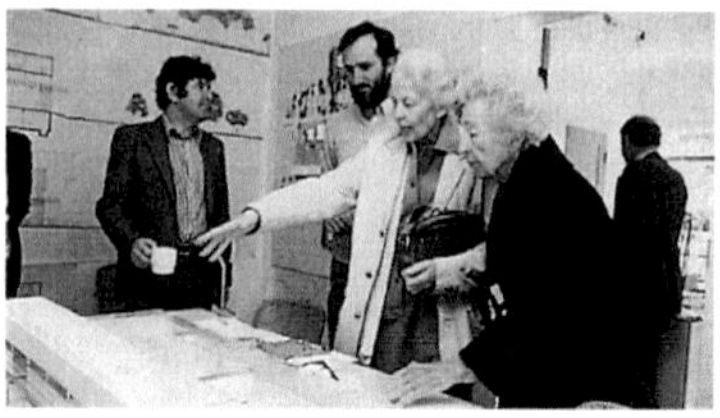

Peter Rice, Renzo Piano y la señora de Menil.

Estudio de un prototipo inicial.

Renzo Piano y Peter Rice examinando la hoja de un prototipo.

saría al mismo tiempo por la galería de exposición. La relación con la naturaleza quedaba establecida.

Una vez escogida la forma de las persianas, a las que, por diversas razones, llamábamos "hojas", había que decidir cómo fabricarlas. Sabíamos de antemano que no podríamos tolerar las imperfecciones geométricas propias de los procesos tradicionales. Para tener tranquilo el corazón y para estar seguros de que los métodos informáticos que utilizamos para calcular los niveles de luz eran correctos, habíamos construido en maqueta un prototipo del espacio museístico. Gracias a eso pudimos ajustar el programa informático, luego recogimos los datos del clima de Houston a lo largo de un gran número de años y pudimos así prever las intensidades máxima y mínima de la luz en la galería, al igual que la exposición media de esta última durante un año ordinario. Eso nos permitió definir con precisión las dimensiones de las hojas. La simple presencia de la rampa de luz artificial en el extremo de las hojas modificaba considerablemente los resultados, lo que demuestra hasta qué punto su forma estaba sujeta a error. Había que tenerlo todo en cuenta.

Una vez decidido que no podíamos admitir los errores geométricos introducidos por los procedimientos tradicionales, buscamos otro método de fabricación. Descubrimos a un ingeniero en California que tenía una patente para fabricar ferrocemento con una técnica de hormigón proyectado, patente que nunca había sido explotada. Primero intentamos convencer a la empresa de hormigón preamasado de la región de Houston para que se interesase en el procedimiento pero nadie quiso hacernos caso. Tuvimos que buscar entonces, también sin mucho éxito, a constructores de barcos capaces de fabricar las hojas mediante procedimientos de moldeo. Finalmente encontramos una empresa inglesa que había empezado a explotar la patente y decidimos trabajar con ella.

Fabricamos un molde de fibra de vidrio a partir de una de las hojas y luego, de allí, un molde en negativo sobre el cual proyectar el cemento. Por otra parte, habíamos puesto a punto una forma de fabricar las mallas multicapa que se disponían en el molde. El problema principal consistía en que la matriz de mortero tenía que ser suficientemente densa. Evidentemente, si al pasar a través de las capas de mallazo continuaba siendo densa y la superficie formada tenía un aspecto sólido y duro, eso sería ya una buena señal. Pero

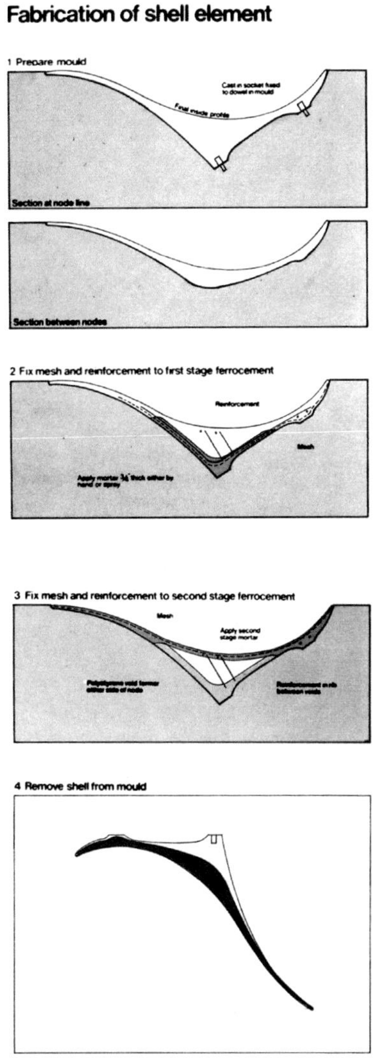

Fabricación de las hojas de ferrocemento.

Vertido del ferrocemento en el molde.

Acabado a mano de la superficie de una hoja.

Detalle de las hojas de ferrocemento.

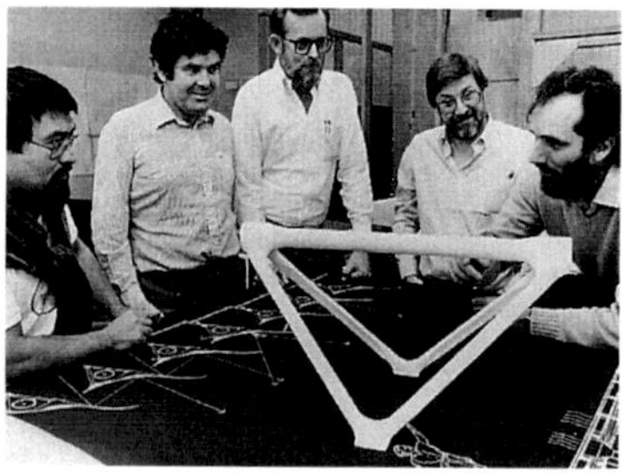

Sesión de trabajo en Genoa. De izquierda a derecha Shunji Ishida, Peter Rice, W Paul Nelly, Tom Barrer y Renzo Piano con una hoja celosía prototipo de acero dúctil. En primer plano la sección de la celosía.

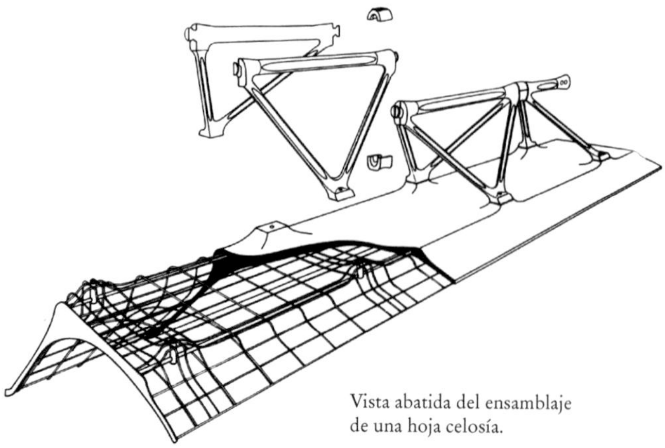

Vista abatida del ensamblaje de una hoja celosía.

Ensamblaje de un prototipo inicial de celosía de acero dúctil.

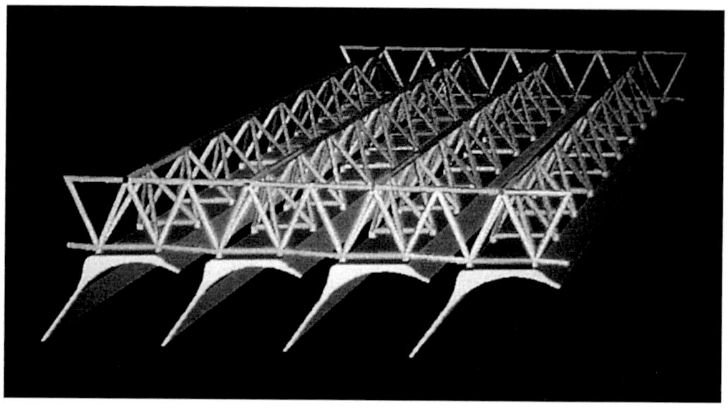

Modelo informático de cuatro vigas provistas de sus hojas, apoyadas en cada extremo por una viga celosía. Esta simulación sirvió para comprobar que la galería era bella y quedaba bien protegida de los rayos de sol directos.

Tanteo de ensamblaje de la primera viga de celosía moldeada.

Detalle de una conexión de viga bulonada.

Comprobación de una conexión bulonada.

Inspección in situ de una celosía de cubierta.

Detalle que muestra una sección completa de la cubierta de la vidriera exterior, por encima de las hojas de ferrocemento que quedan debajo.

las primeras indicaciones mostraron que podían formarse grandes huecos llenos de agua, paralelos al mallazo, cuando el mortero proyectado hacía que este vibrara. Entonces modificamos el procedimiento e introdujimos algunas etapas suplementarias. Con esas mejoras, combinadas con un control minucioso de todo el proceso, pudimos garantizar la calidad del producto final.

Es interesante analizar lo que aquello implicaba. En la mayor parte de las industrias la calidad del producto se evalúa después de fabricado. Pero nosotros teníamos un elemento que no podía tratarse de ese modo. Por el contrario, la garantía de calidad del producto residía en la calidad del propio proceso de fabricación. De ese modo contamos con ello y con un riguroso control de su desarrollo para garantizar la calidad necesaria.

Nos faltaba asegurarnos de que alcanzaríamos en todo el mismo nivel de exigencia. El acabado de la cara interna de las hojas se hacía con llana para obtener la calidad superficial y la precisión geométrica requeridas. La arena que empleábamos era arena de mármol y el cemento era blanco, lo que daba brillo a la superficie terminada. La fabricación de las hojas fue un reto esencial del proyecto y, sin el empleo de la patente, no cabe duda de que no habríamos obtenido la calidad y la precisión exigidas.

La segunda parte del proyecto era la estructura de vigas celosía ya mencionada. Decidí utilizar para ella fundición dúctil, que es una calidad de hierro que no tiene la fragilidad habitual de la fundición.

Detalle de las hojas.

Se inventó en Inglaterra a finales de los años cuarenta. La fundición es diferente del acero moldeado que habíamos utilizado en el Centro Georges Pompidou. La fundición dúctil obtiene sus propiedades del hecho de que los cristales de carbono se coagulan en forma de bolas, en vez de formar las superficies angulosas que caracterizan a la fundición ordinaria. Hacía mucho tiempo que yo esperaba utilizar ese material: una idea más que saco de mi pasado.

Durante el trabajo en el Centro Georges Pompidou habíamos acariciado la posibilidad de emplear fundición dúctil para los montantes principales de las vidrieras, lugar en que la fundición habría permitido una solución visualmente más ligera que la utilizada de vigas celosía. Pero nos faltó confianza en el material, temiendo que esas piezas tan grandes fuesen difíciles de moldear. La fundición difiere del acero moldeado por el hecho de que es mucho más fluida cuando se la vierte, lo que permite obtener formas mucho más finas, capaces de armonizarse fácilmente con la elegancia del ferrocemento.

Había otra ventaja. En el transcurso de su fabricación hay que calentar dos veces el acero moldeado, una antes del moldeo y más adelante, otra vez, una vez que se ha examinado para detectar los defectos y, si es el caso, después de reparar. Ello induce distorsiones en la pieza, por lo que hay que mecanizar todos los puntos de contacto entre piezas adyacentes. En el Centro Georges Pompidou transformamos esta limitación en una característica y la utilizamos para prever y controlar eventuales adiciones ulteriores. Aquí quisimos intentar un enfoque diferente. Se trataba de construir un esqueleto de fundición continua ensamblado por enclavamiento que, por su propia naturaleza y al no ir bulonado, se armonizaba en finura con el ferrocemento. La fundición dúctil es tal que no requiere ser calentada tras el moldeo, siendo el molde el que determina directamente la geometría, cosa que permite un buen control dimensional. Por tanto, se podía resolver mediante un detalle de enclavamiento el problema de ensamblar los elementos de fundición dúctil.

Todas estas ventajas reunidas justificaban el empleo de la fundición en este proyecto. El detalle del enclavamiento y la suave transición de la fundición al ferrocemento reflejan las características físicas de los materiales puestos en obra, distinguiéndolos de los demás materiales similares, como el hormigón prefabricado que, a

Vista interior de la Galería Contemporánea en el extremo oeste del Museo.

su vez, podría haber sido utilizado también. Todos participan de la idea de conjunto, que es la de dar una presencia a los materiales de la estructura, de forma que se materialice a la vez el papel y la naturaleza física de esta última.

La calidad de la luz y la relación entre el interior y el exterior hacen de la visita a las salas una experiencia diurna. Merece la pena decir que el control de la luz, la previsión de las condiciones en el interior de la galería, todo esto, no habría podido hacerse en el pasado, ya que son los métodos informáticos modernos los que lo han hecho posible hoy.

8

Telas

"Estructuras ligeras" es una denominación vaga, si no impropia, para designar una categoría de superficies estructurales a base de telas y de redecillas puestas en tracción o en compresión. Se las califica de "ligeras" porque las redecillas y las telas son actualmente los materiales disponibles más livianos cuyas propiedades estructurales les permiten resistir según dos direcciones. Por supuesto que tiendas de campaña y cables existen desde hace mucho tiempo, pero la comprensión de estas estructuras, al igual que el vocabulario de sus posibilidades formales, se ha renovado recientemente gracias al trabajo de Frei Otto y algunos otros.

Al principio, la investigación tenía como objetivo definir los factores que permiten obtener formas estructurales eficaces; para ello, se observaban las estructuras naturales con objeto de comprender cómo se resolvía la relación entre forma y eficacia. El trabajo más interesante y más decisivo se refería al estudio de pompas de jabón, una superficie uniformemente traccionada cuyas formas resultan engendradas por las características del propio jabón. Se pusieron a punto diversas técnicas en modelo capaces de generar películas de jabón, para analizar su naturaleza cambiante: la forma de su superficie depende de las fuerzas que se ejerzan en ella. A la vez se observó que estas técnicas de modelo eran la mejor manera de estudiar y comprender la relación entre la geometría y el equilibrio en este tipo de superficies. Además, nos dan indicaciones preciosas sobre el modo en que tales estructuras podrían realizarse concretamente. En el estudio de las estructuras ligeras hay que tener siempre presente, como dato esencial, que las formas, las condiciones iniciales de carga y los métodos de fabricación interaccionan estrechamente.

Más tarde se desarrollaron métodos informáticos basados en el análisis por elementos finitos, para estimular los procedimientos de modelo. Hoy día todas estas técnicas han alcanzado un estadio de perfeccionamiento tal que los límites de lo que puede proyectarse y construirse ya no residen, como en el pasado, en el análisis y los métodos de cálculo sino en los límites del propio material, así como en la inventiva del proyectista.

Al evocar estas estructuras se habla de formas libres, que deben encontrarse en equilibrio tanto por sí solas como sometidas al juego de fuerzas que se les aplica. Normalmente son muy ligeras, con unas cargas debidas a peso propio relativamente débiles. No obstante, para poder equilibrar cargas no uniformemente aplicadas como las

La tela de araña: una red de cableado natural.

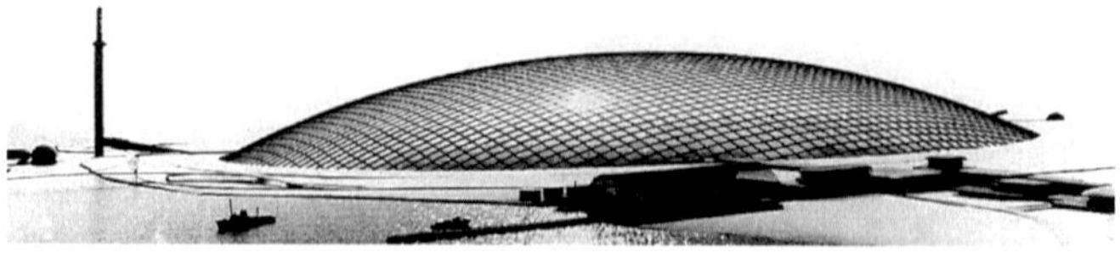

Estudio del arquitecto Frei Otto para la "Arctic City". Una cúpula soportada por aire de 2 km de luz para albergar una ciudad de 40.000 habitantes en clima controlado.

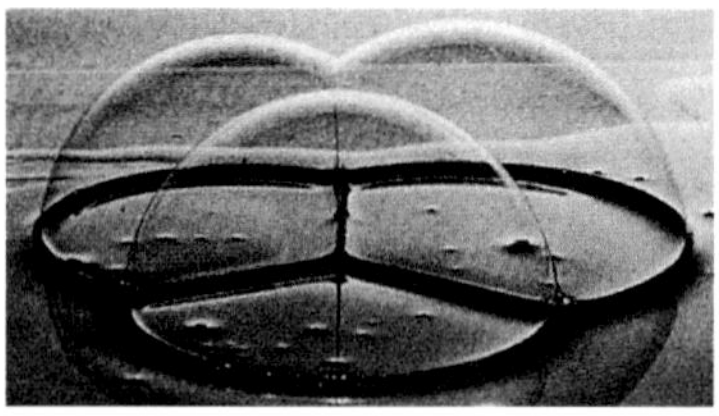

Estudio de una pompa de jabón por Frei Otto en el Instituto de Estructuras Ligeras, Universidad de Stuttgart, Alemania.

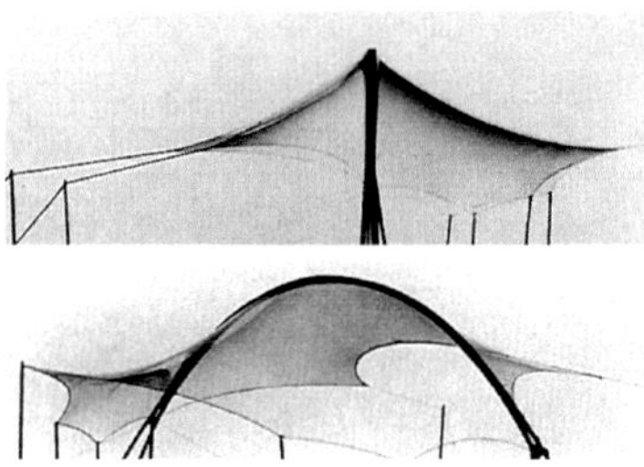

Estudio de una pompa de jabón por Frei Otto para la ciudad de los Deportes de Koweit City.

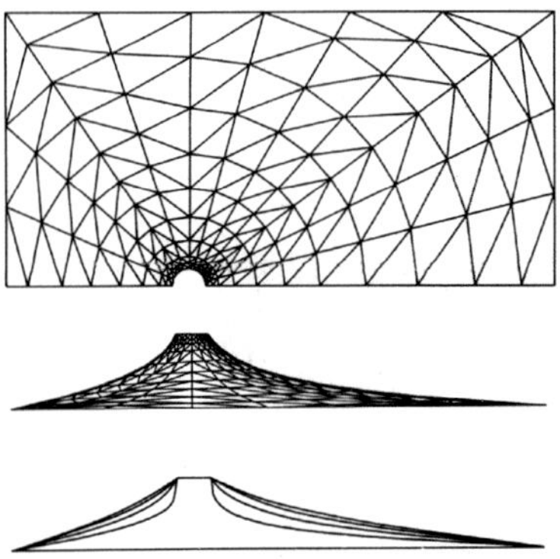

Una malla de elementos finitos, versión informática de la película de jabón. Se puede cambiar la curvatura de la membrana haciendo variar el equilibrio de las tensiones según una u otra dirección.

provocadas por la nieve y el viento, casi siempre hay que pretensarlas, sea mediante la presión del aire, sea directamente mediante la tensión de elementos en red o de tela. También aquí, si se quieren comprender las características físicas de estas formas ligeras, es importante trabajar con ayuda de modelos. Solo de forma experimental se puede captar la relación fundamental, bajo cargas variables, entre la rigidez, la geometría – o la curvatura – y la estabilidad de la superficie. Se emplea el modelo para crear superficies que presenten una relación equilibrada entre su curvatura según una dirección y su curvatura según la otra, así como entre las curvaturas respectivas de sus diferentes partes.

El textil es un campo altamente especializado. No es posible realizar una estructura de tela si su forma no posee ciertas características. La primera es que presente una curvatura anticlástica – o doble curvatura inversa – en todo punto de su superficie; eso significa que si se dan dos cortes perpendiculares a la estructura, la curvatura del uno se opone a la curvatura del otro, con lo que el tejido se tensa contra sí mismo. Concebir una estructura textil requiere pues elegir una forma que posea esa característica, sin la cual, en caso de viento o cualquier otro estado de carga no regular, la tela se fisurará y acabará por destruirse.

En términos de forma, hay una gran cantidad de maneras de realizar una curvatura anticlástica. Se puede, sencillamente, diseñar una estructura en forma de tienda de campaña; también se pueden introducir, en el seno de la superficie, arcos o cualquier otro elemento estructural apto para crear una línea particular de curvatura, que se utilizará para equilibrar las otras curvaturas. Algunas partes de la tela pueden ser planas, a condición de que su superficie esté suficientemente pretensada. Esa es precisamente la segunda condición que se requiere. Pretensar una tela significa tenderla de tal manera que, sin ninguna carga, su superficie resulte en tracción en ambas direcciones. De este modo cada una de las dos direcciones de tracción trabaja contra la otra. Es posible obtener superficies planas a condición de que no estén demasiado tesas y que resulten limitadas por otras partes no planas de la tela.

Hay diferentes clases de textiles. Por mi parte, en la mayoría de las estructuras que he proyectado he utilizado fibra de vidrio revestida de teflón (PTFE, politetrafluoretileno), que es un textil durable y relativamente rígido. En efecto, el teflón es un plástico

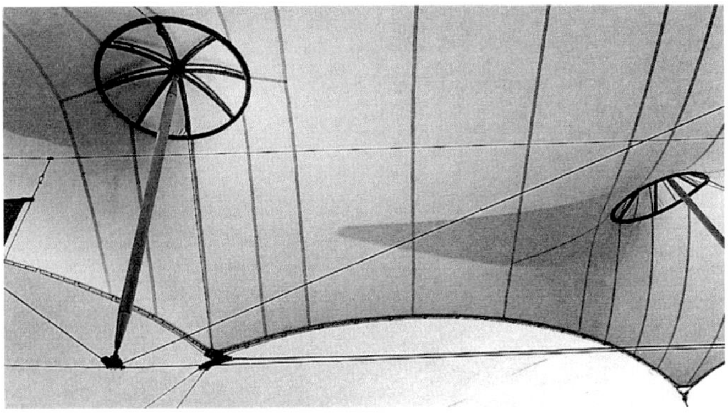

Sede social de Schlumberger en Montrouge, Francia. La superficie anticlástica (de doble curvatura inversa) resulta formada por mástiles volantes que soportan por encima la membrana de cubierta, mientras que la tensión se obtiene estirando la membrana hacia el exterior, en dirección de los dos edificios laterales. Se destacan las costuras longitudinales.

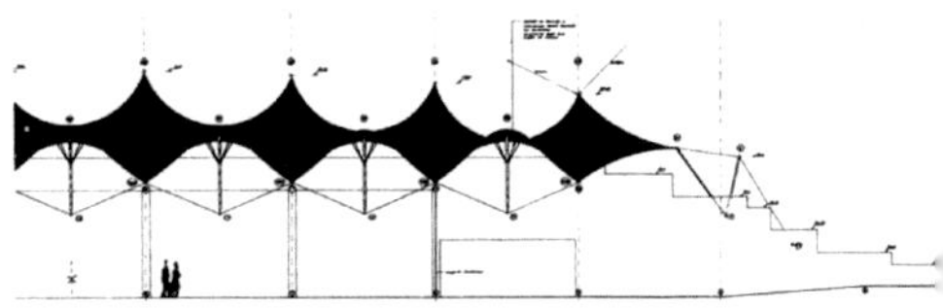

inalterable mientras que la fibra de vidrio – elemento capaz de tomar las cargas en la matriz del tejido – posee la rigidez del cristal. La definición de la forma del tejido requiere un alto nivel de precisión, para que no haya ningún pliegue y pueda ejercerse el pretensado en todos los puntos de la superficie. Pero todo esto procede de una técnica especializada que es bien conocida.

En lo relativo al textil el punto esencial es que, normalmente, es traslúcido. La manera en que se ensamblan las piezas de tela para definir la forma final, así como la manera en la que esta forma será percibida – normalmente desde el interior – vienen determinadas por el diseño de las costuras que resulta del patrón de corte. La unión de estas piezas en una superficie perfecta hace que sean difíciles de apreciar tanto la curvatura como la forma del tejido, especialmente desde el exterior, tanto más si se trata de tejido PTFE, el cual, cuando se decolora por efecto natural, llega a ser de un blanco puro en su punto de equilibrio. Únicamente el sobreespesor debido al ensamble y las sombras de las costuras en la unión de los paneles de tela permiten darse cuenta de la forma de la superficie. Este es un punto importante: significa que el patrón de corte debe estudiarse con mucho cuidado, para que el trabajo de detalle contribuya a la percepción final del conjunto de la superficie.

Para ilustrar la importancia de este hecho me gustaría citar como ejemplos dos proyectos particulares sobre los que trabajé hace muchos años. El primero es la tienda de campaña que constituye la marquesina de entrada del jardín de la fábrica Schlumberger en Montrouge. Es una tienda de campaña muy pequeña, de quince metros por cien más o menos. Los paneles de tela se cortan de tal manera que forman bandas longitudinales continuas en toda la longitud de la tienda; y las costuras transversales se reducen al mínimo para preservar la continuidad longitudinal.

La unidad de investigación de la fábrica Thomson en Conflans-Santa-Honorina, en los alrededores de París, es un proyecto de similar tamaño que sigue el mismo principio. Aquí la tela se sostiene mediante una serie de arcos y, como en la tienda de campaña de Schlumberger, se corta de manera que dé una sensación de continuidad longitudinal sin que interrumpa la perspectiva.

Una gran parte de los proyectos que hemos realizado eran relativamente sencillos, como la marquesina del estadio de Bari, en la que, también ahí, se redujeron los cortes para eliminar el mayor nú-

Vista interior del Estadio de Deportes de Bari, Italia, mostrando la sutil combinación de una costilla-pórtico esbelta y una membrana.

Stand Lord's Mound, Londres. Vista interior mostrando las juntas radiales.

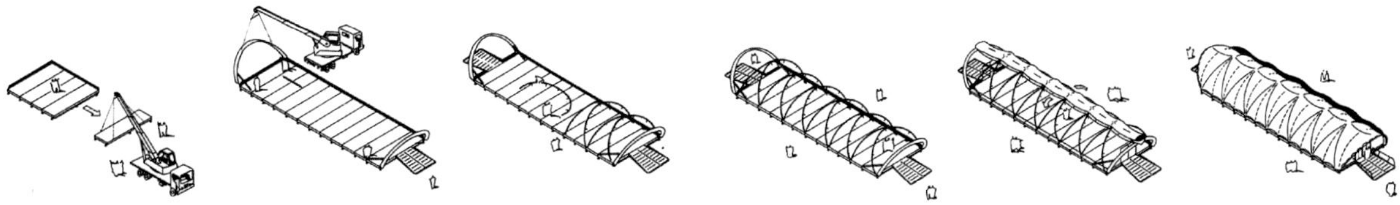

Secuencia de montaje de la tienda desmontable MOMI.

mero de obstáculos posible. En fin, otro ejemplo es la tienda de campaña concebida para el terreno de cricket Lord's, en Londres. Por razones económicas está hecha de PVC (cloruro de polivinilo) y va provista de un revestimiento especial. Aquí también la percepción del conjunto del espacio, la forma en que se utiliza la tela para crear el ambiente interior, todo ello queda determinado por el dibujo del patrón: los arquitectos escogieron un modelo radial para crear bajo cada baldaquino la sensación de un espacio autónomo.

Cuando los arquitectos de Future Systems recibieron el encargo, para el barrio de South Bank en Londres, de una estructura desmontable destinada a recepciones durante los festivales de cine o a otras grandes ocasiones, nos pareció evidente que había que proyectar algo tan ligero y efímero como fuese posible. Future Systems y en particular Jan Kplicky, siempre ha favorecido a lo largo de los años, y promovido sin compromiso, la aplicación al diseño de las últimas tecnologías.

El Tenara es una tela muy ligera, tejida y laminada a base de teflón. Como se trata de PTFE tiene la propiedad de ser autolimpiable. Es también mucho más traslúcido que cualquier otro material a base de teflón. Para la estructura de South Bank escogimos una forma cilíndrica, empleando la pultrusión –la tecnología de las cañas de pescar– para que los detalles fuesen visualmente muy ligeros.

Los arcos estaban sostenidos lateralmente por la tela y no poseían ningún elemento interno continuo a guisa de intradós. Nos parecía que cualquier elemento situado en el interior del arco corría el riesgo, visto en perspectiva desde la entrada, de crear una superficie virtual. Esa idea fue explorada también por el arquitecto Pei en Luxemburgo, para el Centro de Arte Contemporáneo. Como los nervios internos son discontinuos, toda la atención se dirige a la nervadura exterior y a la superficie textil. El empleo, para los arcos, de varillas de vidrio de treinta y dos milímetros de diámetro evoca algo familiar en el público. Dicho de otro modo, la sensación de ligereza no viene solamente de la finura de los nervios sino también del material de fabricación: una caña de pescar es un objeto que todo el mundo comprende, cuya ligereza y flexibilidad son bien conocidas.

Esta combinación de un tejido ligero con una estructura fina y visualmente discontinua expresa bien la idea de una construcción ligera y desmontable. Los extremos, que colocan la tela en tensión, están hechos con una estructura metálica sobre la que se despliega

Sección transversal de la tienda de campaña MOMI mostrando la celosía de borde sujeta por bielas flotantes y cables. La membrana, de una sola pieza, se tensa sobre los nervios y luego se fija a lo largo de los bordes del forjado.

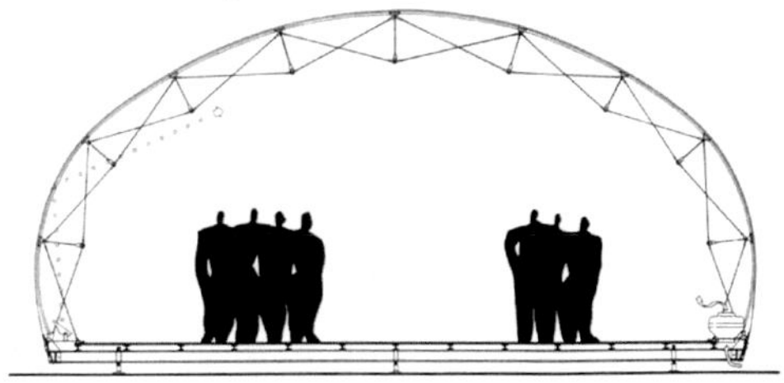

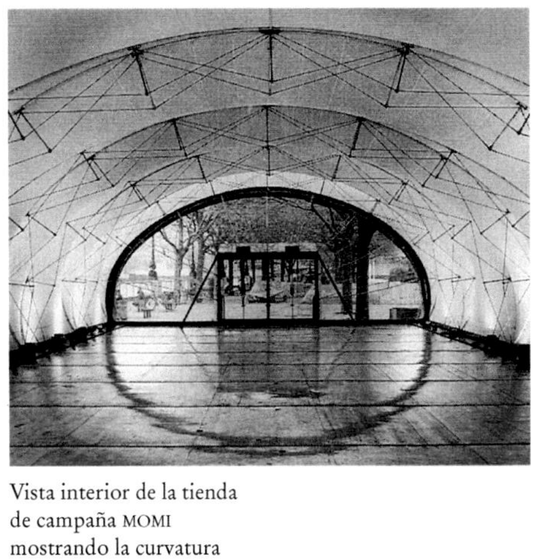

Vista interior de la tienda de campaña MOMI mostrando la curvatura anticlástica que adopta la membrana entre los nervios. Los dos extremos se cierran con plástico transparente Hostaflon.

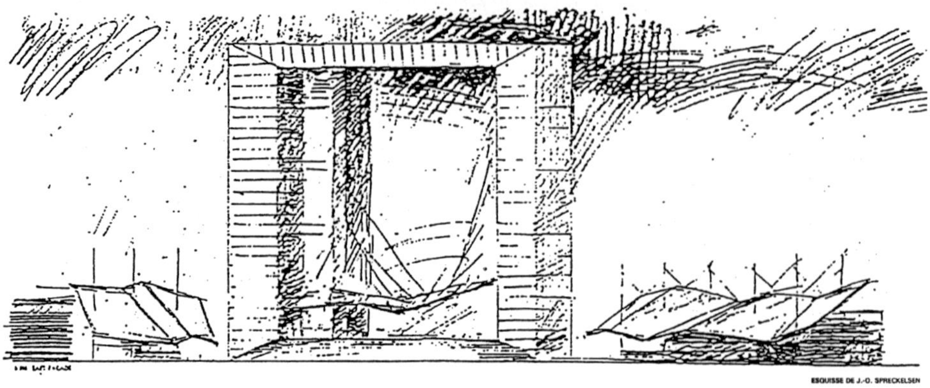

Boceto de Spreckelsen para el concurso de la Nube del-Cubo.

una película transparente. Aunque de aspecto frágil, este material es en realidad muy resistente, en particular cuando está bajo tensión.

Así, de un modo general, una vez admitidas la naturaleza especial de la tecnología de puesta en obra y la disciplina que imponen las exigencias del corte, parece que el empleo del textil plantea un problema de diseño relativamente sencillo. No obstante, a veces tengo la sensación de que falta un poco de presencia, ya que en el fondo no se trata más que de un toldo. La tienda de campaña Schlumberger, vista desde el exterior, lleva sin duda a su límite la expresión de esta presencia. Constituye una verdadera cubierta gracias a la continuidad entre sus dos vertientes y su silueta ofrece un aspecto muy variado, resultante de la combinación de las diferentes formas utilizadas para modelarla.

Nube con nubes.

Un dato importante que hay que tener en cuenta cuando se utiliza una fibra de vidrio recubierta de teflón o de PVC es que su superficie exterior es altamente reflectante. Además de ser antiadhesivo y por tanto autolimpiable, el barniz de teflón inicialmente amarillo blanquea con el tiempo. Se vuelve entonces muy reflectante sin que haya ninguna forma de remediarlo, pero la posibilidad de apreciarlo desde el exterior es muy limitada.

Vista de la Nube en el interior del Gran Arco.

Desde hace algún tiempo tengo la sensación de que, como objeto en el espacio, la tela tiene una presencia física muy limitada, y busco la manera de inscribir la superficie textil en un contexto que refuerce su presencia. He tenido ocasión hace poco de trabajar sobre este tema, a cuento del proyecto “Las nubes del cubo” (actualmente llamado el Gran Arco) en La Défense de París. Me habían presentado a J. O. Spreckelsen, el arquitecto del proyecto, poco tiempo antes de su dimisión. El concepto del Arco había sido objeto de un gran concurso internacional que ganó Spreckelsen. Él había imaginado en el interior del propio arco una estructura interna cuyo objeto era dar escala y medida a ese inmenso volumen. Inicialmente se trataba de una serie de paneles de vidrio pero, por toda una serie de razones, esta solución resultó imposible. La estructura era demasiado pesada y el conjunto estaba fuera de escala. El arquitecto me pidió entonces que aceptase estudiar con él una solución a base de textil, pero dimitió antes de que yo tuviese tiempo de avanzar mucho y yo acabé trabajando con Paul Andreu, el arquitecto director de obra.

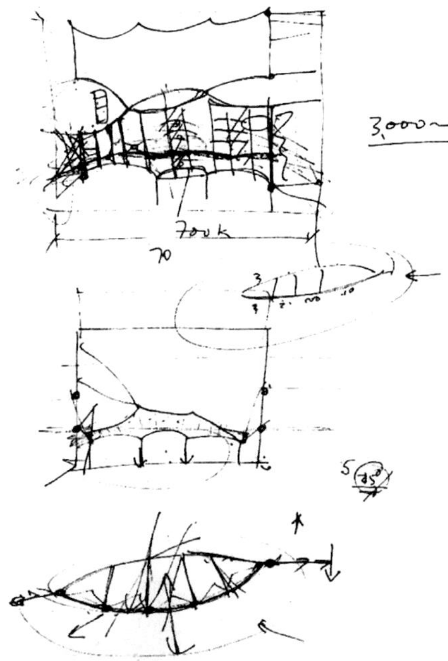

Bocetos iniciales sobre la estructura de la Nube.

La intención inicial de Spreckelsen consistía en una gran estructura textil tirada como un trapo en el espacio. Eso podía constituir un abrigo, por supuesto, pero me parecía poco verosímil que pudiese dar la escala, de manera que traté de abordar el problema de otro modo. Al principio estuve muy inquieto con lo que yo llamaría el problema de "la presencia de la tela"; me parecía que un sencillo espesor de tela tendería a desaparecer en ciertas condiciones según la luz y el punto de vista, y que estaría desprovisto de esa corporeidad física a partir de la cual se puede trabajar. Estas formas se llamaban "nubes" y, en ese contexto, me parecía que debían tener cuerpo y espesor: era necesario que ocupasen un cierto espacio físico.

El otro punto importante es que el proyecto ocupaba un lugar muy expuesto. Estaba situado en un eje este-oeste, muy por encima de la topografía circundante, de manera que la presión del viento que tendría que soportar la tela sería enorme. Por su propia forma, el arco creaba un efecto túnel de viento y yo tenía la sensación de que para adquirir una presencia y dar un sentido de escala, el proyecto debía concebirse de tal modo que el elemento clave no sería el tejido sino la estructura que lo soportase. Una vez aceptado eso y trabajando directamente con Andreu, comencé a explotar la idea de que la Nube no era simplemente una pieza de tela sino una pieza de tela sostenida por un juego de rigidizadores y cables, de tal suerte que el conjunto adquiría una presencia física comparable a la de una verdadera nube. Era la presencia combinada de la estructura y del tejido lo que constituía la Nube y al volumen real ocupado por el tejido se añadía el volumen virtual de la estructura de acero.

En vez de tratar de cubrir las grandes superficies con la tela, la parte textil de la Nube estaba, por el contrario, dividida en varios doseletes. Yo sugerí que incluyésemos superficies de vidrio en esos sectores para que al quedar verticales se pudiese ver el arco a través de la vidriería; de este modo, al quedar todo abrigado bajo la marquesina del tejido translúcido, se tendría, acá y allá, la sensación de la magnitud del arco mismo.

En este caso, como en tantos otros proyectos en los que he trabajado, es el patrón de cada uno de los doseletes y los rigidizadores unidos al cable perimetral, en resumen, el conjunto de detalles necesarios para la construcción del proyecto, lo que da a éste su escala. En otras palabras, son los detalles lo primero que se percibe. Por

Nube del Cubo. Punto principal de suspensión entre las dos marquesinas. La membrana se tensa contra la celosía de cables usando puntales volantes. Se puntúa la superficie con discos de cristal.

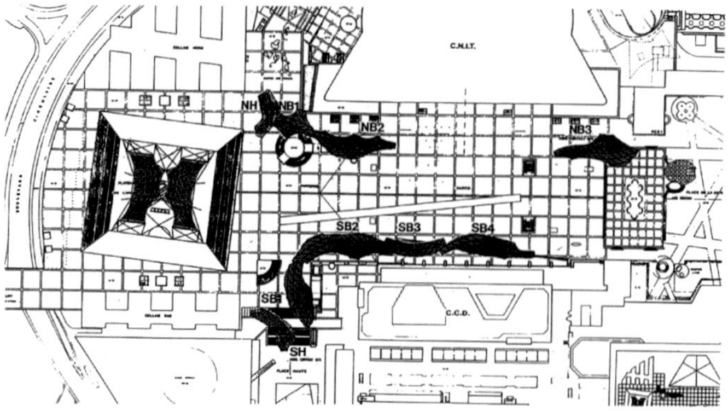

Planta de la Nube del Cubo y de las Nubes de la Plaza de La Defensa, en París.

Maqueta de las Nubes de la Plaza mostrando cómo las diferentes marquesinas se solapan y superponen, así como la variedad de la luz y las calidades del espacio situado debajo.

ello, cada módulo de tejido se concibe para poner en valor la vidriería central, de forma que el ojo resulte guiado hacia el arco situado encima.

El proyecto resultó ser finalmente muy complejo, porque el arco estaba ya proyectado y construido a medias en el momento en que nos pusimos a trabajar y ello determinó la intensidad de las fuerzas que podían aplicarse sobre los elementos colgados. Era igualmente importante que, en lo posible, no hubiese ningún soporte debajo. Por supuesto que era necesario arrimar la marquesina pero sin la ayuda de ningún elemento vertical. Quisimos que estuviera totalmente colgada para conservar la sensación de libertad que da un elemento flotando en el espacio. Es esa sensación de un baldaquino que flota, rigidizado por cables que le otorgan una presencia física y un cierto espesor, lo que estaba en la base de nuestra idea.

Es interesante ver que la gente encontró que la idea era difícil de entender. El proyecto no recibió una buena acogida crítica. Lo encontraban pesado, lo que no se debía tanto a las decisiones de concepto que tomamos como a la tensión ocasionada por los terribles golpes de viento que tenía que soportar la tela. Lo cierto es que en la época en que se construyó no fue percibido como ligero y aéreo. Creo que se le acepta mucho mejor hoy: ha cogido pátina y se tiene la costumbre de considerarlo como una parte integrante del arco y sus alrededores. La gente empieza a reconocer, me parece, su naturaleza y su carácter propio; comprenden que los detalles – cables, tela, vidrio y toda la riqueza del conjunto – ponen en valor realmente la escala del arco.

Cuando Spreckelson concibió inicialmente la Nube no propuso únicamente una Nube en el Cubo, sino también otra Nube que bajaba flotando en el espacio, situada delante y a cada lado del Cubo. Se le llamaban las Nubes de la Plaza. Pero el cliente no era el mismo para el Cubo y para la plaza. Para el Cubo era el SAEM, un organismo gubernamental creado especialmente para construir el Cubo y sus Nubes, así como los dos edificios situados a una y otra parte de este. En cambio, la plaza estaba bajo la responsabilidad del establecimiento público para el acondicionamiento de La Défense, el EPAD. No fue posible finalmente realizar las Nubes de la plaza a la vez que la Nube para el Cubo.

Modelo informático de la Nube de la Plaza enfrente del Gran Arco.

Las Nubes de la plaza, que se diseñaron después pero nunca se construyeron, proponían en materia de diseño textil un avance con-

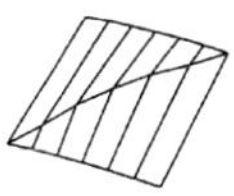

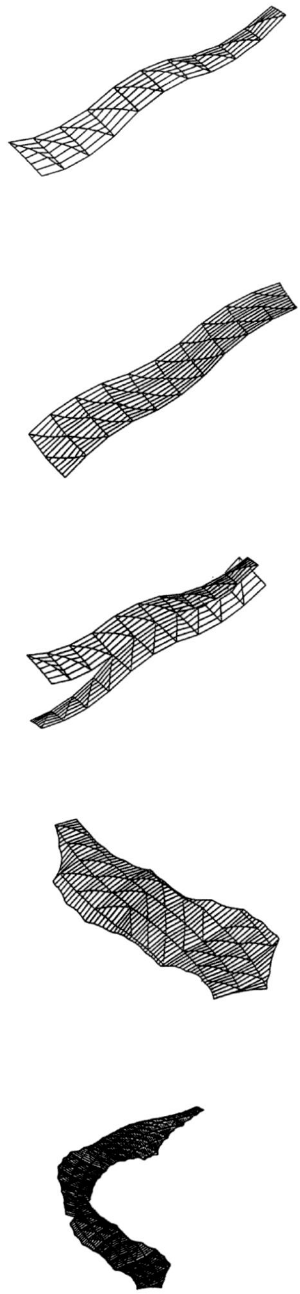

Estudio para las Nubes de la Plaza, mostrando la variedad de superficies que se pueden obtener a partir de un elemento estándar.

siderable en relación con lo que se había hecho hasta entonces. El proyecto planteaba el problema del coste de la tela. En general, resulta esencial buscar la repetición, sin estar obligado a emplear un patrón diferente para cada panel, porque el coste de los patrones y del corte representaba una parte considerable del coste global de la estructura. Pero nosotros queríamos también algo que tuviese una forma libre, no dictada por una geometría rígida.

Buscamos entonces cómo diseñar, ayudados de técnicas informáticas, un módulo textil cuyos bordes quedasen definidos por una geometría de libre curvatura, de tal suerte que el panel estándar no fuese rectangular. El resultado fue una pieza de forma irregular pero que podía repetirse, con el borde izquierdo de uno de los paneles ajustándose al borde derecho del panel adyacente y así sucesivamente. Al combinar estos paneles tipo se podía crear una geometría de formas libres. Y para proporcionar la silueta variada de las "nubes" se concebía este módulo como un fragmento de una superficie alabeada – ni plana ni ortogonal – limitada por curvas sinusoidales.

No es posible concebir esto sin la ayuda de geometrías informáticas actuales de muy alta calidad, que se basan en un proceso análogo al de los métodos de construcción de imágenes fractales. Lo que aparece aquí es la idea de utilizar la informática para generar una geometría fundada en el empleo de un panel tipo de forma compleja, a partir del cual, buscando diferentes formas de ensamble con ayuda del ordenador, se podría obtener una forma global virtualmente libre. Además, yo creo que la idea de utilizar el ordenador como elemento creativo de diseño, no como un simple sustituto del trabajo manual sino para crear lo que no se habría podido hacer de otro modo, abre un nuevo abanico de posibilidades que pueden ser exploradas, por ejemplo, aplicándolo a esos paneles estándar de tela.

Se han efectuado dos o tres proyectos con ayuda de esta técnica pero ninguno se ha realizado todavía; y es poco probable, ahora, que puedan construirse las "nubes" de la plaza, ya que hay una importante corriente de opinión, en los medios arquitectónicos franceses, que sostienen que una intervención aquí pondría en peligro la grandeza del lugar. Yo creo que hay también una fuerte oposición de parte de aquellos cuyos edificios se encontrarían oscurecidos si se colocasen las Nubes.

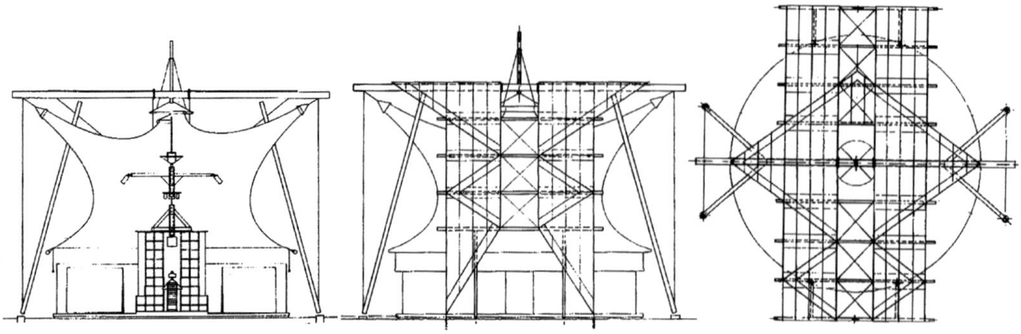

Pabellón Tate, Londres.
Alzado, sección y planta.

Pabellón Tate, Londres.
Secuencia de montaje.

Pabellón Tate, Londres.
Referencias del proyectista: cama de principios del siglo diecinueve.

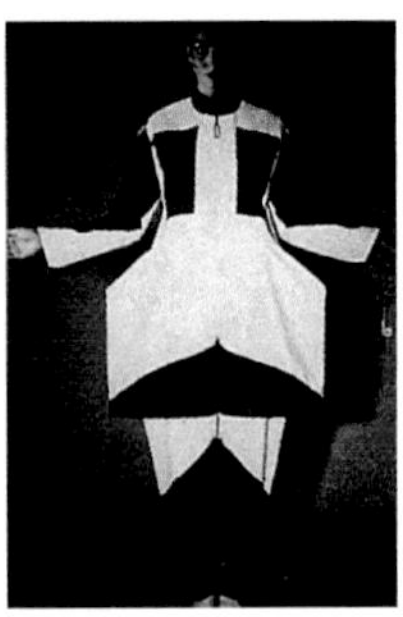

Pabellón Tate, Londres.
Referencias del proyectista: traje de Stepanova, 1921.

Este enfoque es válido únicamente si se considera al tejido como un objeto y no como una simple envoltura, lo que era todavía el caso en proyectos como los del Lord's o el del estadio de Bari. En Bari, no obstante, la cubierta textil contribuye a la forma general del estadio, y la manera en que se combina con los otros elementos le confiere una presencia física real. Como el tejido propiamente dicho no se percibe más que desde abajo, el principio de patrón y corte es aquí perfectamente válido.

Yo creo que el enfoque que habíamos escogido para las "nubes" se justifica por el hecho de que es una manera de explotar las propiedades de los textiles. Lo importante es ver que las formas generadas a partir de tela no podrían serlo a partir de vidrio ni de cualquier otro material rígido; formas que no existen sin esa libertad geométrica esencial. El tejido, por su parte, posee propiedades que le permiten explorar esas formas libres. Y lo que es interesante a este respecto es que, una vez establecido el panel tipo susceptible de ensamblarse según diferentes configuraciones, no se sabe en absoluto cuál será el resultado final antes de haberlo experimentado con ayuda del ordenador. Lo cual significa que no se trata tanto de concebir por adelantado lo que se quiere construir, sino más bien de definir un procedimiento que podrá cristalizar enseguida alrededor de un elemento clave. Lo único que faltará entonces será explorar las posibilidades gracias a la informática. Encuentro interesante la idea según la cual el proceso, en vez de limitarse a la puesta en obra según una forma predeterminada sobre el papel, pasa a formar parte integrante del diseño.

Hay, por supuesto, muchas otras formas no estructurales de emplear tejidos. En numerosos campos de actividad, como por ejemplo el diseño de ropa, se utilizan las telas y las posibilidades que abren para crear formas y siluetas particulares. Y estoy seguro de que merece la pena explorar muchos otros dominios. En nuestro trabajo para el proyecto Nanyang en Singapur utilizamos como punto de partida una pintura de Kandinsky, en la que nos interesaba particularmente la manera en que se superponían las diferentes superficies para crear zonas de diferente densidad. Más que una voluntad deliberada de inspirarnos en esa pintura en particular, constituía para nosotros una idea de partida, un principio muy abierto en su intención filosófica si no en sus aplicaciones. Era la idea de que, superponiendo capas de tejido nos encontraríamos, en

Wassily Kandinsky, 1866-1944: Sin título, 1925.

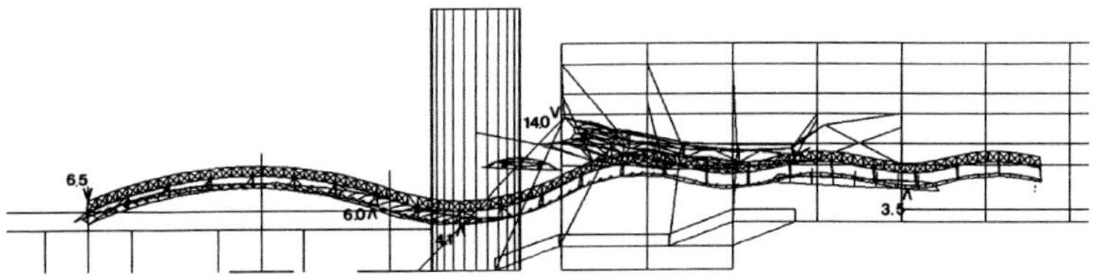

Nanyang, Singapur.
Sección.

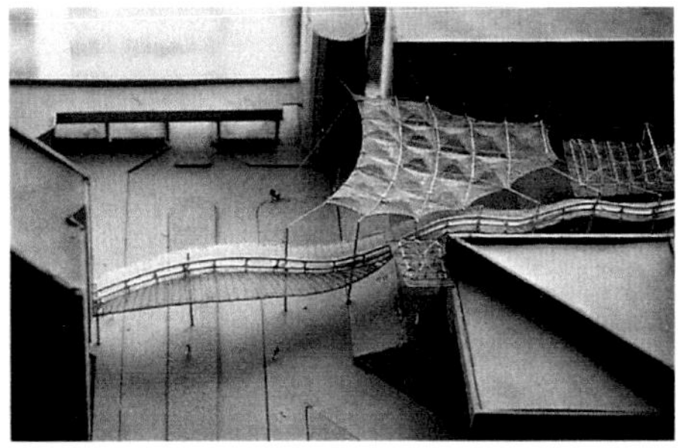

Nanyang, Singapur.
Maqueta.

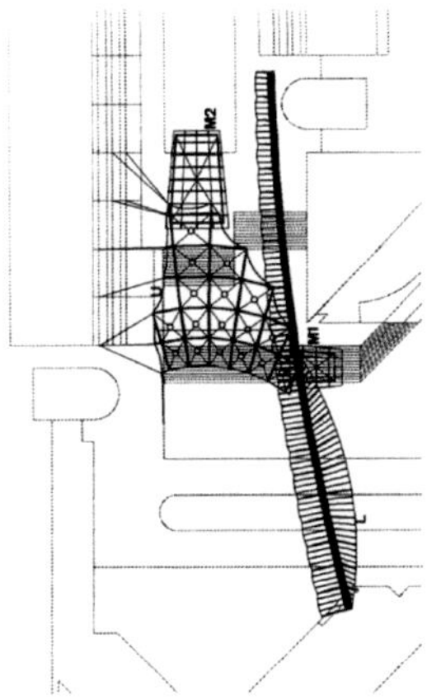

Nanyang, Singapur.
Maqueta.

Oficinas Bull en la avenida Gambetta de París. La cubierta del atrio combina tejidos y paneles de policarbonato.

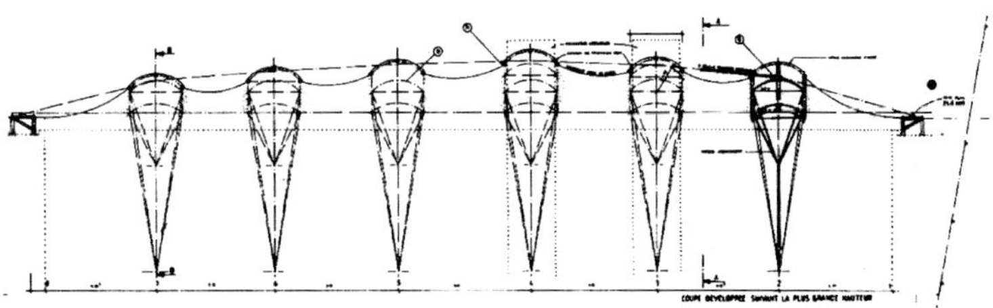

Oficinas Bull en la avenida Gambetta de París. Sección longitudinal a través del atrio.

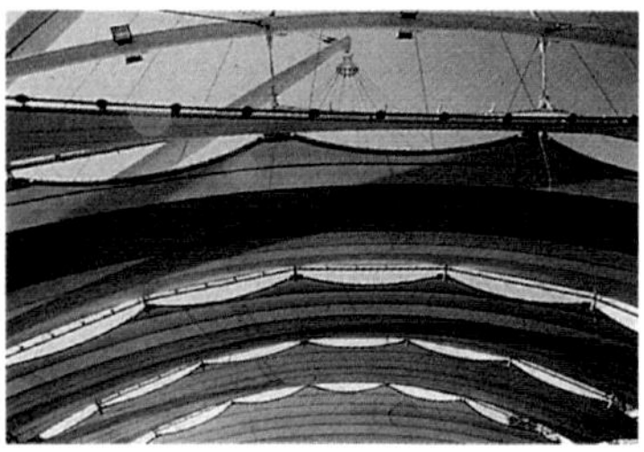

El Gran Bigo, Expo 92, en Genes, Italia. El capitel suspendido alterna el tejido con los paneles transparentes de vidrio.

ciertos casos bajo tres espesores de tela, en otros bajo dos... La densidad de la luz y el sentido del espacio quedarían así determinados no solo por la superficie textil sino también por la superposición de capas, de forma totalmente comparable a como Kandinsky explora la naturaleza tridimensional de los planos en algunas de sus pinturas. Naturalmente, hay muchas otras obras de arte que se podrían utilizar como fuente de este tipo de inspiración.

También se pueden combinar diferentes grados de transparencia y de traslucidez. Una posibilidad, en mi opinión poco explorada, consiste en combinar la tela con el vidrio o el policarbonato. El propio tejido produce una luz con ausencia casi completa de sombra. Cuando se cubre un espacio con un techo de tejido, reina una luz difusa que aplana visualmente la curvatura y la naturaleza del espacio interior – el sentimiento de estar bajo techo - corre el riesgo de alterarse un poco. Por ello, entre otras investigaciones, estudiamos y concebimos estructuras que combinaban paneles traslúcidos y paneles transparentes. Esto es lo que hicimos con la Nube del Cubo, pero hay también otro proyecto, el proyecto Bull en la avenida Gambetta de París, que cubre un amplio manantial de luz situado en el interior del edificio, en el cual una mezcla de vidrio y policarbonato permite crear una techumbre más animada.

Desgraciadamente, el tejido se utiliza demasiadas veces como solución barata, lo que deja poco margen de maniobra. A cambio, si se busca obtener un efecto arquitectónico dado, se pueden combinar procedimientos como la superposición de espesores o la introducción de paneles transparentes y traslúcidos a la variedad cada vez mayor de telas disponibles, telas que hoy día ofrecen todos los grados de traslucidez. Resulta entonces posible, y ello cada vez más a través de estas variadas combinaciones, explorar diferentes calidades de luz y de percepción.

Mástil de iluminación con difusor de luz hecho con tela, en Esch, Luxemburgo.

Esch de noche.

9

Vidrio y policarbonato

A principios de los años ochenta me ocupé a la vez de dos proyectos que me ayudaron a clarificar mis ideas sobre la manera en que las características físicas de un material pueden influir sobre la elaboración de una solución, en su forma y en sus detalles: los grandes invernaderos de La Villete y el pabellón itinerante de IBM. En ambos proyectos se escogió el material dominante por su calidad de transparencia. En La Villete utilizamos el vidrio y para el pabellón IBM el policarbonato asociado a la madera.

En los dos casos esperábamos que la transparencia del material principal suscitaría una impresión de "inmaterialidad" y que, pese a la estructura, el público experimentaría una sensación de comunicación a través de la pared transparente. Queríamos que los invernaderos y el pabellón fuesen ambos de apariencia ligera y frágil. La elección del vidrio y del policarbonato se imponía pues con facilidad.

Su claridad y su ligereza dan al policarbonato una presencia fugaz que permite ver imágenes y objetos sin ninguna distorsión de color o de definición. El proyecto IBM lo hicimos con Renzo Piano; para definir las grandes líneas este último había realizado un prototipo que había fotografiado y presentado al cliente para explicarle la idea central. Se escogió el policarbonato por su robustez. Estaba previsto que el pabellón se transportase por más de veinte grandes ciudades europeas, reconstruyéndolo cada vez sobre un solar céntrico. Por tanto, debía ser fácilmente desmontable y con ese fin se estudió cada uno de los detalles.

La idea consistía en ensamblar una serie de pirámides de policarbonato, mantenidas en su lugar por nervaduras internas y externas de madera; el conjunto formaba un arco semicircular de doce metros de luz y se creaba un espacio interno que, colocado en un ambiente apropiado, debía dar la impresión de estar en plena naturaleza. La finalidad de la exposición era promover IBM y sus ordenadores entre un público joven, presentándolos como si fuesen herramientas naturales aptas para mejorar la vida y el placer en el porvenir, oponiéndose así a esa opinión tan extendida que los considera extraños a nuestro desarrollo natural.

Pabellón IBM, prototipo.

En su proyecto inicial Renzo Piano había tratado de poner en valor esa calidad natural del espacio, combinando la madera con la fundición de aluminio; el policarbonato es un material robusto y ligero, pero su resistencia y su rigidez son débiles. Tales eran las prin-

Sección transversal de medio pabellón mostrando el despiece de la pared en policarbonato en relación con la nervadura de madera.

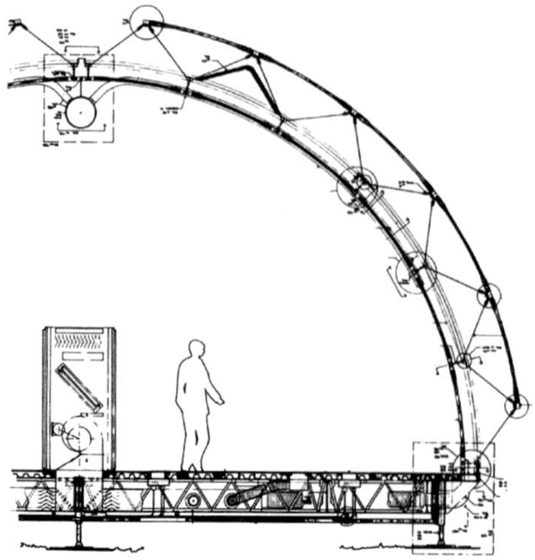

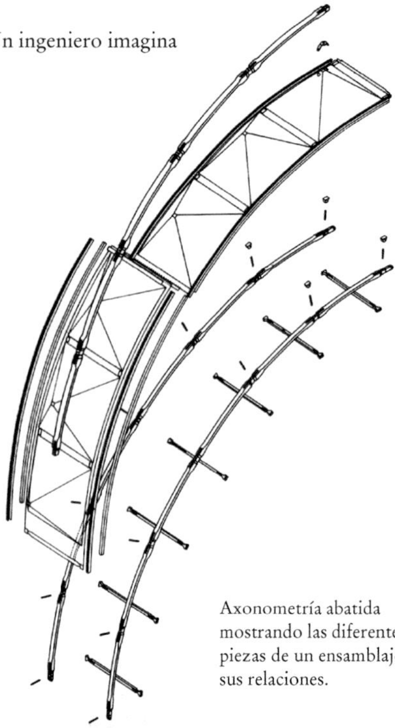

Axonometría abatida mostrando las diferentes piezas de un ensamblaje y sus relaciones.

La transparencia del policarbonato enlaza el interior del pabellón con la naturaleza exterior.

Renzo Piano, Peter Rice y Neil Noble revisando las componentes del prototipo original en el jardín de Renzo en Pegli, Italia.

Vista interior de la exposición del ordenador IBM.

Montones de pirámides de policarbonato en espera de ser descargadas del camión.

Ensamblaje de dos medios arcos sobre el terreno.

Los semiarcos se fijan a la estructura del forjado, se levantan, se posicionan y se unen dos a dos por el vértice, formando entonces un arco triarticulado.

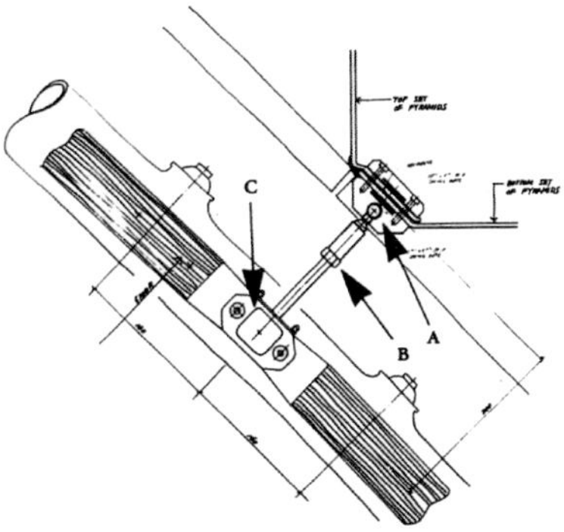

Detalle de la pequeña biela articulada mostrando cómo puede regular su longitud e indicando su articulación sobre el policarbonato.
A Fijación articulada sobre la pirámide
B Ajuste de la longitud
C Tacón de caucho moldeado, embutido en su alojamiento al extremo de la pequeña biela, que permite la rotación.

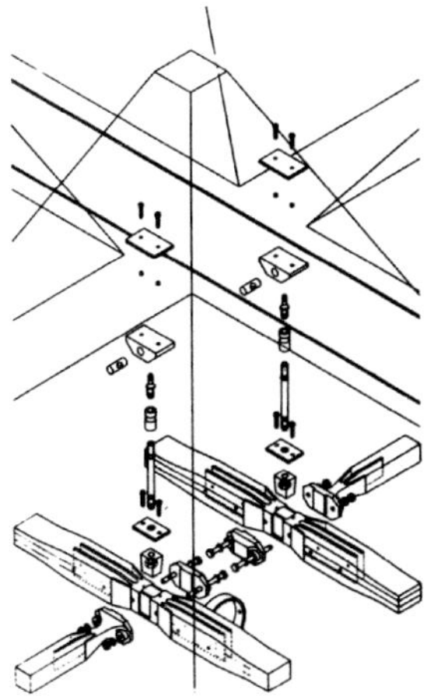

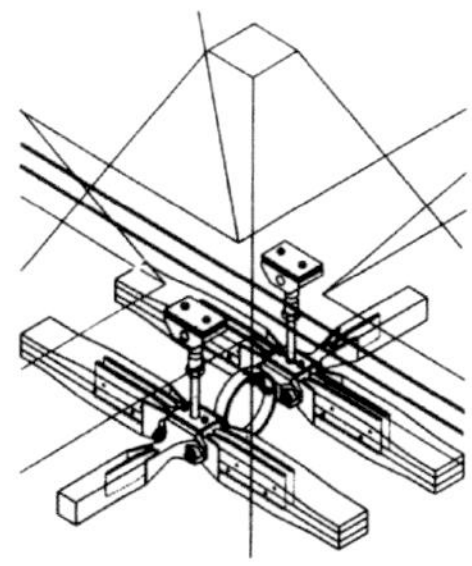

Cordón interior de la pirámide de policarbonato. Etapas de ensamblaje in situ y ensamblaje final.

Componentes para la conexión articulada del puntal.

Conexión interna típica mostrando la relación entre la celosía interior de madera y las pirámides.

Conexión típica con pernos en el punto de comienzo del escalón de madera.

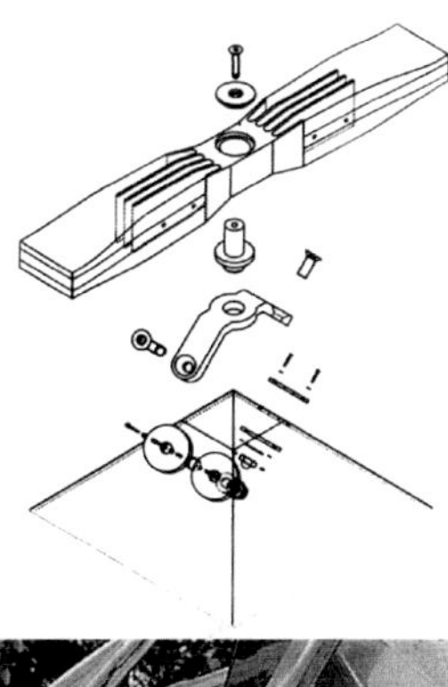

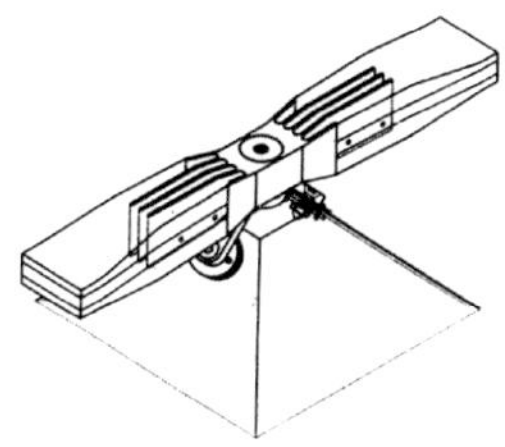

Cordón exterior de la pirámide de policarbonato. Etapas de ensamblaje in situ y ensamblaje final.

Componentes que resuelven la unión entre el vértice de la pirámide y el cordón exterior de madera. Un bloque Rubber permite que la conexión se haga in situ.

Unión entre el cordón exterior de madera y el vértice de la pirámide.

Vista exterior del conjunto del pabellón.

Los grandes invernaderos en la Ciudad de las Ciencias y de la Industria de La Villette.

cipales características que tratábamos de expresar en nuestro proyecto. Para que el policarbonato pudiese jugar un papel estructural, era necesario que todos los ensambles se comportasen perfectamente y de forma previsible.

Por su parte, los invernaderos estaban construidos en vidrio y tenían características materiales casi opuestas. Concebidos por el arquitecto Adrien Fainsilber, constituían una zona de transición visual entre el espacio del museo y el parque que lo rodea. Este último, tras una consulta internacional, fue diseñado por Bernard Tschumi. Pero la existencia de los invernaderos no se puso en cuestión, ni su vocación de ser un espacio de transición. Era la transparencia lo que constituía el principal reto del proyecto.

Para que una superficie sea transparente su presencia debe ser claramente perceptible. Esta idea, como todas las que habíamos explotado al concebir los invernaderos, la he desarrollado ampliamente en un libro anterior, *El vidrio estructural*[10] . Me contentaré aquí con decir que el vidrio es un material muy diferente al policarbonato. Es muy resistente pero frágil, se quiebra fácilmente bajo choques o bajo cargas muy fuertes. Pero todo eso es bien conocido, el vidrio es un material familiar.

Tratábamos de construir un panel de vidrio de ocho metros por ocho, proporcional a las dimensiones generales del invernadero; en la gama de vidrios que deseábamos utilizar el mayor formato disponible era de dos por dos metros, ante lo cual decidimos agruparlos de dieciséis en dieciséis para fabricar los paneles de ocho por ocho. Habíamos comprendido que para colgar la vidriera había que sacar partido de su gran resistencia cuando las cargas actúan en su propio plano. Cada panel se colgaba por los ángulos del que se encontraba encima, hasta un máximo de cuatro paneles. (En otros proyectos se ha podido ver hasta ocho paneles colgados, es decir, una banda vítrea de veinticuatro metros de altura).

Decidimos asegurar la transmisión de las cargas por el interior del vidrio por medio de un pequeño bulón esférico colocado en el mismo plano de la vidriería. Gracias a eso sabíamos que el vidrio estaría siempre sometido a esfuerzos previsibles y que nos sería posible calcular con precisión la carga máxima admisible. La pequeña superficie de contacto entre el bulón y la vidriera se beneficiaba de la alta resistencia local del vidrio. Por otro lado, el hecho de escoger una unión articulada nos permitía estudiar el comportamiento

[10] Escrito en colaboración con Hugo Dutton, Éditions du Moniteur, París, 1990. (NdE francés).

Vista a través de un gran invernadero, mostrando su transparencia.

y garantizar sus prestaciones en servicio. Aún cuando la vidriera no sobrepasaba los doce milímetros de espesor y el bulón treinta y dos milímetros de diámetro, este último podía soportar cuatro toneladas, es decir, bastante más que la carga máxima de uso previsible. La movilidad de la articulación garantizaba que la relación entre las cargas y la resistencia del ensamble formaría una combinación predecible. La predictibilidad[11] es una cualidad muy importante en un proyecto de ingeniería. Además, la presencia del bulón en el plano de vidrio hacía perceptible a este, tanto desde el interior como desde el exterior. Ofrecía a la mirada esa resistencia mínima que, a fin de cuentas, realza la transparencia del conjunto.

Habíamos escogido como rigidizadores unos cables pretensados a guisa de travesaños, destinados a mantener la vidriera, y los habíamos colocado horizontalmente para no obstruir desde el interior la vista panorámica hacia el parque. Como el vidrio es muy rígido cuando los esfuerzos se ejercen en su propio plano, aprovechamos la vidriera para mantener los rigidizadores en su lugar. Obtuvimos así una complementariedad ideal: la vidriera resistía los esfuerzos de viento gracias a la rigididez de los cables, mientras que esta última, recíprocamente, permanecía en su sitio gracias a la vidriera. De hecho, de no haber estado la vidriera para mantener el rigidizador, éste habría sido inútil al no tener ninguna carga que tomar.

Cuando se comparan los detalles respectivos de puesta en obra del vidrio y del policarbonato se da uno cuenta de hasta qué punto las propiedades del material influyen en la elección del concepto. Al no ser muy resistente el policarbonato, hay que prever una gran superficie de contacto con toda pieza que le transmita cargas. La transferencia se efectúa aquí mediante una pieza de acero inoxidable moldeado, colada directamente sobre la superficie, cosa que es posible hacer con el policarbonato en la medida en que este material no se vea perturbado por una eventual desigualdad en el reparto de las cargas transmitidas por los ensambles.

El policarbonato se dilata mucho al calentarse, es extremadamente sensible al calor del sol. Por ello la capa externa de policarbonato y la celosía interior de madera deben ir separadas, para que puedan dilatar independientemente la una de la otra. Así, colocamos entre ellas una pequeña biela, la cual, a su vez, nos llevó a concebir, entre la madera y el policarbonato, un ensamble que se podía colocar en su sitio mediante un simple empujón, capaz de adaptarse a

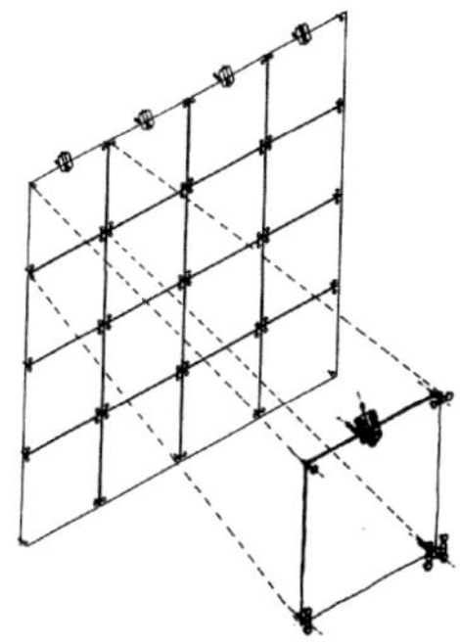

Panel de cristal que se mantiene en posición gracias a un sistema de suspensión central y a los soportes puntuales que toman las cargas verticales.

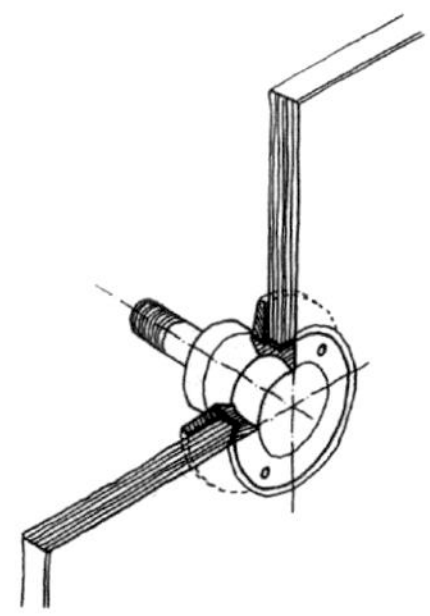

Sección axonométrica de un soporte articulado, mostrando el bulón esférico en el plano del cristal.

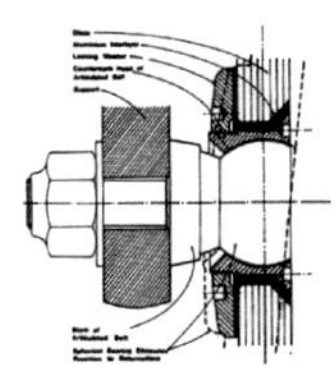

Sección a través de un soporte puntual.

[11] La *predictibilidad o predicción* es el principio director del concepto de los invernaderos (ver la nota 2 del capítulo 1) (NdE francés).

El rigidizador de cables toma las cargas horizontales que se ejercen sobre el cristal debidas al viento. El dibujo muestra el efecto de la deformación del cable en los puntos de atado con el cristal.

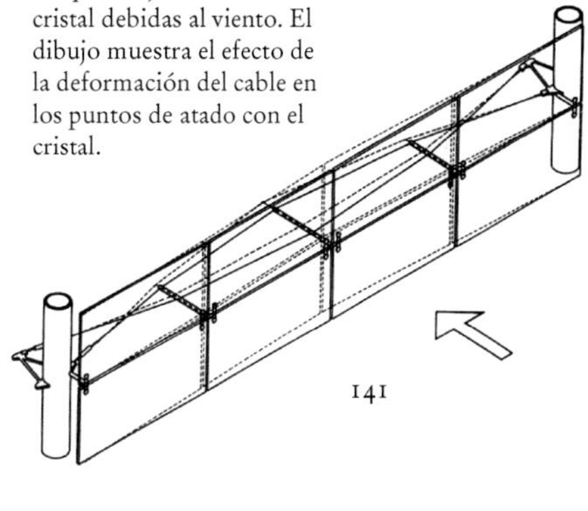

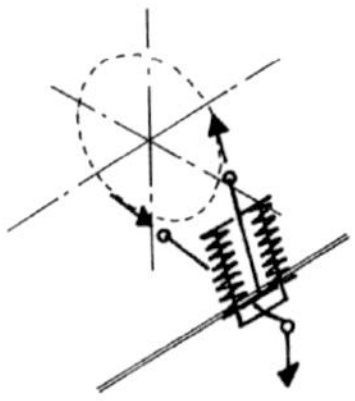

Diagrama del soporte de muelle.

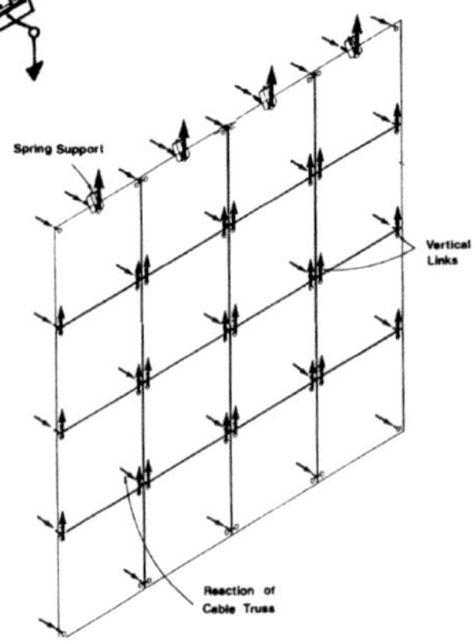

Sistema de suspensión del cristal.

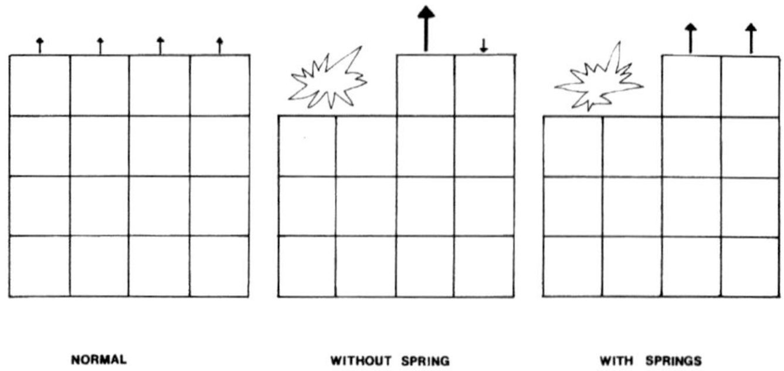

Reacciones en caso de rotura.

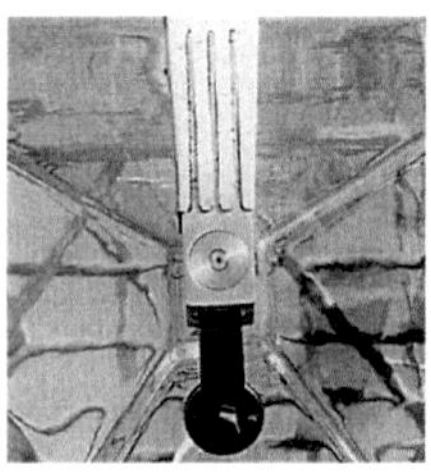

Conexión entre la nervadura exterior de madera y el dedo de aluminio en el vértice de la pirámide.

Vista interior mostrando el detalle de esquina de los rigidizadores de cables.

todas las situaciones posibles durante el montaje. Este ensamble, realizado en caucho moldeado del mismo tipo que el que se utiliza para montar motores, tenía un cierto juego, lo que reducía el riesgo de daños debido a la manipulación o a un error de alineación durante el montaje. Este detalle tiene su equivalente en la fachada de vidrio: es el punto de cuelgue de cada panel de ocho metros por ocho. La unión con la estructura principal emplea un resorte pretensado capaz de absorber los choques en caso de aparición de esfuerzos imprevistos. Por ejemplo, en el caso en que una de las vidrieras de un panel se quebrase, provocaría una brusca redistribución de esfuerzos y una sobrecarga momentánea sobre uno de los ensambles; y el resorte pretensado sirve para prevenir una situación tal. En condiciones normales, permanece como soporte firme y rígido; a cambio, sometido a una carga repentina juega el papel de "fusible" y se comprime, permitiendo que el ensamble de los paneles colgados se adapte a estas nuevas condiciones.

Estas dos series de detalles reflejan las diferencias físicas entre el policarbonato y el vidrio. Pero hay otros aspectos de estos dos proyectos que merecen subrayarse. En el pabellón IBM, las piezas de unión de fundición de aluminio ofrecen una respuesta muy sencilla al problema de la transición geométrica entre la madera y las pirámides de policarbonato. La unión en forma de dedos del metal y de la madera traduce la buena resistencia de esta última a la tracción directa pero no al esfuerzo cortante. Un ensamble así no es absolutamente necesario –si se tiene en cuenta la resistencia de la madera– en esta situación en la que las fuerzas ejercidas son en general bastante débiles, pero adquiere un significado simbólico si se liga a la actitud general que hemos adoptado por todas las demás partes. Y subraya también el hecho de que la madera es un material muy fácil de trabajar, que puede tallarse muy sencillamente según las formas requeridas por este tipo de ensamble.

Vivimos hoy día en una edad de gran certidumbre. Todo puede calcularse, todo se somete – cosa muy legítima – al juicio del público en materia de seguridad; pero eso conduce a menudo a proyectos pesados y pegados a la tierra. La responsabilidad legal, la seguridad y los prejuicios de la industria tienden a segar por la base todo intento de apariencia extraña o chocante.

A mediados del siglo XIX, para explorar las características de los materiales se construía y se aguardaba. Muchos de los edificios

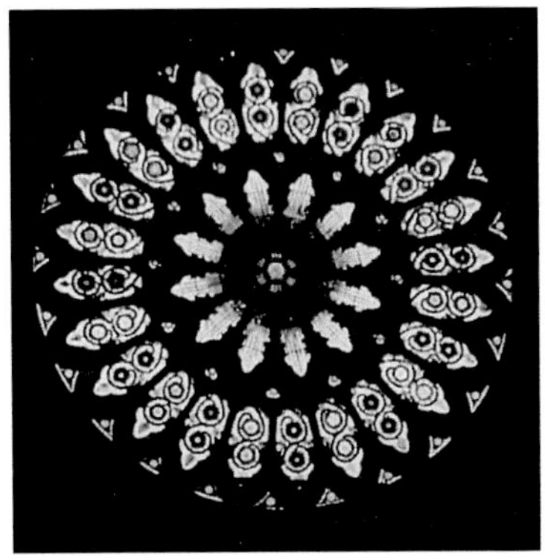

Ventana con rosetón, York Minster.

construidos de ese modo, e incluso algunas de las más bellas vidrieras de la Edad Media, como la roseta de York Minster por ejemplo, serían difíciles de justificar hoy día, a la vista de nuestras técnicas de análisis y de nuestra necesidad de nuevas normas de seguridad y de solidez.

¿Significa esto que a partir de ahora estamos condenados a emplear formas que evidencien su solidez y su fiabilidad? Ese es uno de los grandes desafíos que se ofrecen al ingeniero de estructuras, uno de los que yo he querido siempre destacar. Evidentemente, debemos respetar todas las leyes y todos los reglamentos de hoy, los cuales, inteligentemente interpretados, abren un amplio espacio a la invención y a la novedad. "Inteligentemente interpretados", he aquí dos bonitas palabras, venidas de ninguna parte y que caen en las discusiones. Interpretar inteligentemente no debe ser exclusivo del proyectista, porque también el organismo de control debe dar o no su acuerdo para la construcción de un edificio o de un ensamble. Cuántas veces he sentido desconfianza hacia tal o tal ingeniero de una oficina de control a quien explicaba las soluciones que habíamos puesto en obra para la vidriera de La Villette. "Eso para nosotros no es posible" es siempre la primera respuesta, incluso antes de haber examinado el problema y aún cuando ya exista una estructura construida, en toda su evidencia material, que basta con ir a ver. Como si la ley de la gravedad o el espesor de una ventana debieran cambiar cuando se pasa de Francia a Alemania, o a Suiza, o a cualquier otra parte.

No es una pura coincidencia temporal que el proyecto de La Villette y el de IBM se hiciesen en Francia, donde las instancias de control son, de todas con las que me he visto, las más informadas y las más clarificadoras. Las grandes oficinas centralizadas de control, Socotec, Veritas, CEP entre otras, están dirigidas por ingenieros cuya competencia y comprensión están al mismo nivel que uno puede encontrar en los mejores estudios de ingeniería: el Centro Georges Pompidou lo ha demostrado ampliamente.

Peter Rice ensayando con su propio peso un cable rigidizador en los grandes invernaderos de La Villette en París.

Alzado oeste del Lloyd's de Londres mostrando el "diagrama estructural" del hormigón.

Alzado lateral del Centro Georges Popidou mostrando el "diagrama estructural" del acero.

Detalles: acero en Beaubourg, hormigón en el Lloyds

Beaubourg y el edificio Lloyds de Londres son como las dos caras de una misma pieza. En Beaubourg la estructura es en acero y en el Lloyds es en hormigón. Si los dos edificios son formalmente muy diferentes, proceden sin embargo de una investigación común: en ambos casos, lo que guió el proceso de elaboración del proyecto fue la idea de la escala y la textura del material como formas de articular la fachada. El hormigón es un material monolítico mientras que el acero es, por esencia, articulado. En Beaubourg es la estructura externa la que da su escala y su textura a la fachada, y en el Lloyds se trata de un intento similar realizado en hormigón. El diseño del edificio es de Richard Rogers, unos diez años después de su colaboración con Renzo Piano para Beaubourg.

En Beaubourg las uniones articuladas garantizan la fiabilidad en cuanto a la transmisión de cargas. En el ensamble de la gerbereta, el contacto de las superficies mecanizadas con las otras partes de la estructura garantiza la forma en que las cargas viajan desde las vigas de los forjados principales hasta los soportes. La carga que toman estos últimos debe actuar tan cerca como sea posible de su eje central, para evitar todo esfuerzo excesivo de flexión o de torsión. Una carga que no es centrada se denomina "carga excéntrica". Todo lo relativo al soporte – su diámetro y demás detalles – está concebido precisamente para prevenir toda excentricidad en la aplicación de la carga. Unas grandes rótulas esféricas están ahí para garantizarlo, ya que permiten prever el camino que corre la carga entre la gerbereta y el soporte. Esta unión, con todos los detalles visibles que la acompañan, es esencial si se quiere conservar la esbeltez del soporte. Su diámetro, ochocientos milímetros, constituye por otra parte un límite impuesto por el método de fabricación de moldeo centrifugado.

Esta técnica consiste en hacer girar un molde cilíndrico alrededor de su eje mientras que se vierte acero fundido: cuanto más acero se vierte más grueso resulta el cilindro. Para el proyecto de Beaubourg queríamos que el diámetro exterior permaneciese constante en toda la altura del soporte, de manera que todos los detalles de ensamblaje fuesen idénticos. Como la carga es pequeña en el vértice y muy grande en la base, el centrifugado representaba la solución ideal, en la medida en que permitía aumentar la resistencia del soporte mediante el espesor de pared. De esta forma pudimos optimizar el diámetro de los soportes y preservar la finura que les caracteriza en este edificio.

Vista interior del atrium del Lloyds, mostrando las columnas de hormigón y los modillones que sostienen los forjados.

Beaubourg en construcción mostrando las gerberetas de acero abrazadas a los soportes.

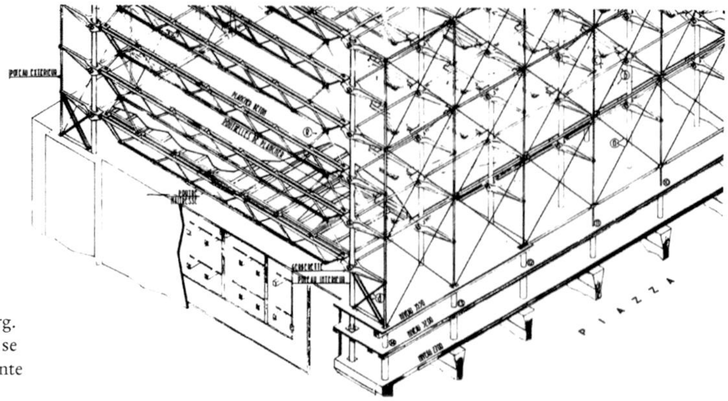

Estructura de Beaubourg. Los elementos de acero se organizan jerárquicamente según el flujo de cargas.

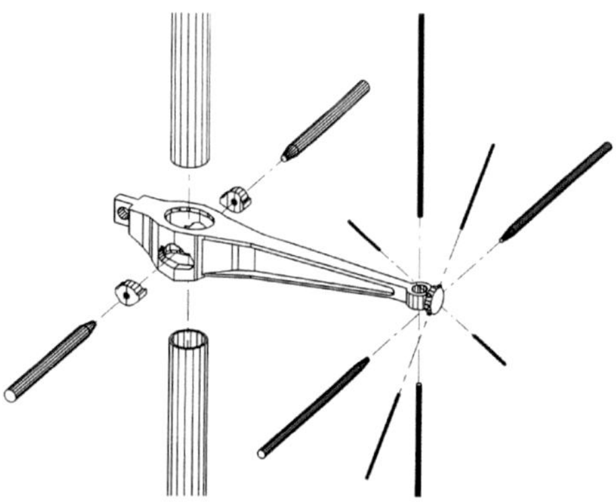

Pilar y gerbereta. Vista desglosada de los diferentes elementos.

El sistema pilar-gerbereta en curso de construcción, mostrando el pilar tubular fabricado por moldeo centrífugo.

El forjado es de acero y está compuesto por diferentes entramados que se ensamblan independientemente. Su peso se transmite a los soportes situados en los extremos de las grandes vigas principales. Es por tanto fácil de concebir el modo de trasladar la carga a los soportes por intermedio de entramados individualizados. Estos – vigas primarias y secundarias –, que poseen sus propias conexiones articuladas, se modulan de acuerdo con las exigencias dictadas por la relación de cargas. Un edificio de acero es un conjunto de elementos distintos cuyas dimensiones vienen determinadas por el procedimiento de fabricación y los métodos de transporte.

Con el hormigón casi todo es al revés. El hormigón es un material fundido y existe por tanto una continuidad natural entre los elementos desde el momento en que se vierte la masa in situ. Así, cuando decidimos que el Lloyds se construiría en hormigón, me di cuenta de que la expresión de las juntas y la separación de los elementos, cosas todas ellas propias del estilo arquitectónico de Richard Rogers, iban a ser difíciles de poner en obra.

Se ha dicho a veces que el Lloyds es un edificio de acero construido con hormigón. Es verdad que habíamos previsto inicialmente realizar la estructura exterior en acero. Pero al optar finalmente por el hormigón, no podíamos limitarnos simplemente a traducir nuestras precedentes investigaciones a este nuevo material. Nuestro objetivo era explotar las calidades naturales del hormigón, intentando conservar el tipo de articulación y la legibilidad que habitualmente se asocian al acero. El proyecto es una exploración del material, pone en obra a la vez elementos moldeados in situ y elementos prefabricados, sin rechazar por ello el empleo de otros materiales allí donde sean susceptibles de ofrecer alguna ventaja. Y así, el acero, que permite efectuar rápidamente uniones sólidas y precisas, interviene en los elementos prefabricados de todos los satélites. Se han utilizado también tubos de acero recubiertos de hormigón para reducir el diámetro de los contravientos del edificio principal, lo que permitió despejar el espacio necesario para el paso de los puentes que comunican las torres de servicio. En fin, para las losas de forjado del edificio principal se emplearon unos paneles de acero como encofrados perdidos para conseguir que la construcción fuese más fácil y más rápida, con la ventaja adicional de que constituían un soporte ideal para las redes de servicios que colgaban por debajo.

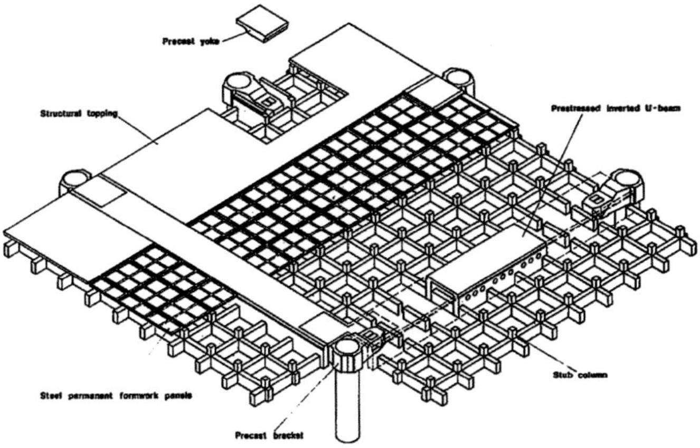

Diagrama axonométrico mostrando la estratificación de los forjados del Lloyds. Estos últimos apoyan de forma autónoma sobre los modillones.

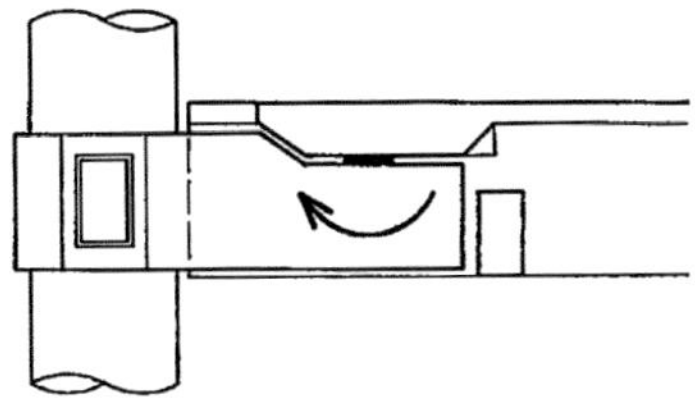

El forjado de cajones hormigonado in situ estaba inspirado en la Art Gallery de la Universidad de Yale, de Louis I. Kahn. El arquitecto quería unificar el espacio en su totalidad con ayuda de una trama de vigas que quedaba vista: este imperativo arquitectónico debía aplicarse igualmente al Lloyds Room, idéntico, en este aspecto, a cualquier otra oficina. El damero uniforme era la solución evidente, podía utilizarse en todo punto de su perímetro. Los pilares portantes se disponen cada seis metros ochenta entre ejes en todo el contorno de los forjados. La forma de la planta es la de un peristilo rectangular organizado alrededor de un atrium, lo que permite un contacto visual entre todas las partes del edificio.

En cuanto se coloca el hormigón in situ el punto crítico es el control de calidad. Es fundamental evitar las juntas, en particular las situadas en el interior del encofrado destinado a recibir el hormigón en estado fluido, cuyo comportamiento no puede controlarse. Las juntas situadas en los encofrados o en los moldes siempre suponen un problema, por el hecho de que el hormigón, todavía fluido, puede escapar en curso de ejecución y dañar el trabajo final. Por ello nos esforzamos en disminuir su número y en concebirlas de forma que se redujesen los riesgos al mínimo. El sistema de encofrado de la cubierta mediante cajones se concibió de forma que se asegurase la calidad de las juntas, mientras que estas últimas, a su vez, servían para fraccionar visualmente las superficies de hormigón, reflejando así los métodos constructivos empleados.

Las juntas eran también un elemento clave en el diseño del soporte y sus modillones, que son un poco equivalentes a la pareja pilar-gerbereta de Beaubourg. El pilar soporta los modillones que se despliegan como manos hacia el interior del edificio para sostener los forjados. El ensamble entre soporte y modillón es un ejemplo perfecto de una junta de encofrado muy delicada. Por diferentes razones que hacen a la función del modillón, a la calidad del aspecto y al control del ensamble, decidimos prefabricar el modillón, el cual tenía la forma de un cilindro hueco desde donde se proyectaba la "mano". El cilindro se colocaba en obra en el vértice de la parte de soporte ya colada y luego se rellenaba de hormigón para permitir la unión. El soporte circular, así como el modillón prefabricado, podían ejecutarse con la suficiente precisión como para que el ensamble presentase un escaso riesgo de fuga.

El Lloyds. La carga se transmite del forjado al soporte por medio de un modillón. La articulación entre el forjado y el modillón permite que el uno rote respecto al otro. Abajo, ensamblaje de un modillón en curso de construcción.

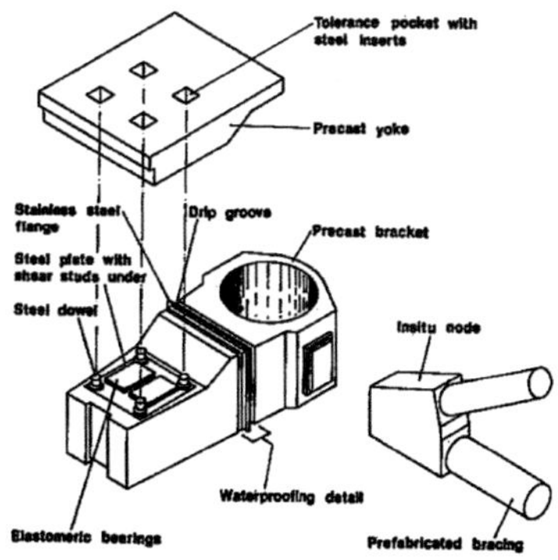

El Lloyds. Modillón, soporte y contraviento, ensamblaje final (condición atípica).

El soporte de hormigón toma sin ninguna dificultad el momento flector debido a la presencia del modillón. Como además va armado con acero, puede resistir también eventuales esfuerzos de tracción. De este modo se puede añadir acero selectivamente, allá donde resulte necesario, para reforzar el soporte. Es una actuación comparable a la que consistía en aumentar el espesor de pared de los pilares en Beaubourg. Además, el peso del propio edificio, transmitido hasta el suelo por los soportes, contribuye a equilibrar la tensión debida a la flexión de los modillones.

En este sentido, la unión entre el modillón y el soporte en el Lloyds es un reflejo directo de lo que es, por naturaleza, la construcción en hormigón; y esa unión juega el mismo papel que el de la gerbereta con su rótula de acero en Beaubourg. Tenemos ahí un ejemplo de dos materiales diferentes que, en lo esencial, juegan un papel idéntico.

Estructura de la fachada de piedra del Pabellón del Futuro en fase de ejecución.

11

Piedra: Pabellón del Futuro, Sevilla

En 1988 el arquitecto anglo-español David Mackay, asociado de Martorell Bohigas Mackay (MBM) en Barcelona, me preguntó si quería participar con su agencia en el diseño del Pabellón del Futuro. El lugar, situado en la Isla de la Cartuja, tenía veinticinco metros de ancho y trescientos metros de largo. Estaba enfrente de la ciudad antigua, del otro lado del Guadalquivir, y bordeaba el jardín en el que tendrían lugar numerosos acontecimientos nocturnos en el curso de la Exposición. El cliente, el Comité Expo-92, demandaba explícitamente una solución espectacular.

Una vez en Barcelona, a donde fui para trabajar con los arquitectos, me acordé del palacio de Ajuda de Lisboa, edificio que yo había visitado el verano anterior. Construido alrededor de un patio cuadrangular, quedó inacabado en uno de sus lados. Según parece, Napoleón había atacado Lisboa cuando el edificio estaba en construcción, los trabajos tuvieron que detenerse y no se volvieron a retomar. Uno de los lados de la plaza no era más que una gran fachada, completa pero abierta, provista de todas sus aberturas pero sin ventanas ni edificio atrás. En aquel momento me pareció sorprendente que hubiese quedado en pie, pero su presencia zanjaba toda duda. Esta fachada no dejaba de evocar las ruinas de iglesias medievales, tal y como se las puede ver por todas partes en Europa. Unas estructuras así son manifiestamente estables, cosa que me interesó hasta el punto de pensar que algún día yo mismo construiría algo de ese género. Y cuando empecé a preguntarme qué hacer para Sevilla me vino a la cabeza el recuerdo de Lisboa y propuse construir un muro, una fachada vuelta hacia el parque que separaba el espacio libre de la maraña de pabellones internacionales que se encontraban detrás. La idea sedujo al arquitecto y nos lanzamos.

En un primer momento el proyecto adoptó una forma directamente derivada de lo que lo había inspirado. Pensamos construir una larga fachada de obra, como si fuese a haber un edificio detrás. Visto con más cuidado, la idea parecía difícil de justificar y, además, era muy cara, así que reemprendimos nuestras investigaciones. Volví a pensar entonces en la experiencia de los invernaderos de cristal de La Villette porque en aquella ocasión nos dimos cuenta de que se podrían utilizar las mismas técnicas para construir en piedra. La piedra y el cristal tienen características físicas similares y nos parecía que las técnicas desarrolladas para el cristal podrían también utilizarse para tratar la piedra de forma estructural. La piedra, como el

Palacio de Ajuda, en Lisboa. Vista de la fachada autoestable.

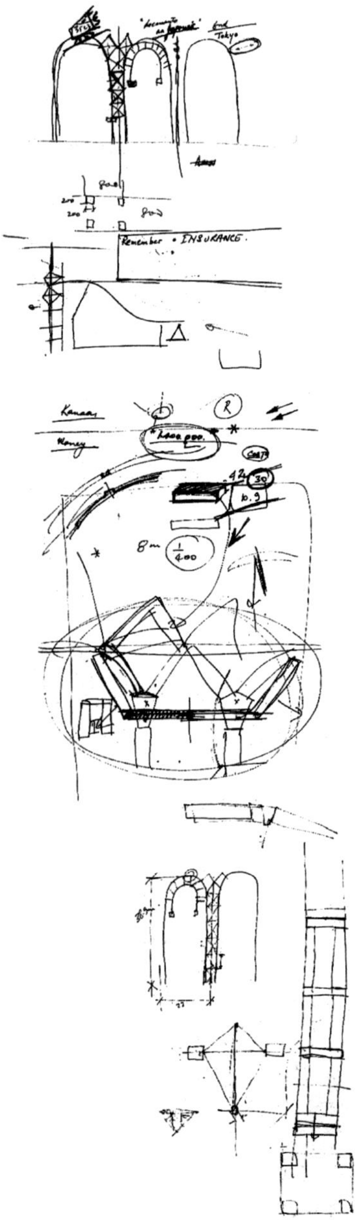

Bocetos de trabajo para la fachada.

cristal, es muy resistente a la compresión pero es frágil y fisurable. Si pudiéramos preservarla de esfuerzos de tracción y de cargas demasiado bruscas, entonces quizás podríamos construir nuestra pantalla utilizando la piedra como material estructural principal pero de una forma más sofisticada que de costumbre.

La posibilidad de trabajar con piedra me llevó a interesarme por lo que se construía entonces en piedra. Estaba claro. Los arquitectos y los constructores que construían empleando la piedra engrapada trabajaban con márgenes de tolerancia muy estrechos y con un alto nivel de precisión. Si se consigue tallar la piedra con la exactitud requerida para obtener las grandes losas de fachadas postmodernas, entonces los módulos de piedra podrían utilizarse como se hace con los bloques en una construcción a base de elementos de hormigón prefabricado. Entonces discutimos con algunos especialistas en piedra que tenían costumbre de trabajar en proyectos de fachadas y ellos confirmaron nuestras intuiciones. Sí, dijeron, era posible tallar la piedra con márgenes de error inferiores a medio milímetro. Más todavía, algunos talladores de piedra entre los mejores y más abiertos a la innovación eran empresas internacionales que fabricaban regularmente elementos para fachadas complejas. Las diferentes facetas de una solución empezaban a combinarse.

La etapa siguiente fue la elección de la piedra. El granito del noroeste de España, de color interesante y muy homogéneo, se impuso con toda evidencia. Habíamos pensado de entrada que debíamos utilizar granito porque, como roca ígnea, presentaba una constancia apropiada para garantizar la calidad de la ensambladura.

En seguida se planteó la cuestión de la forma de la fachada. De origen habíamos establecido como principio que, para justificarse, la fachada debería servir también para soportar la cubierta del pabellón que iba colocado detrás. En el plano filosófico, deseábamos que fuese captada como una ruina moderna: el fragmento de un viaducto o de un acueducto que habríamos encontrado allí, en el sur de España. Esa imagen del acueducto nos dio la idea de silueta, con lo que nuestra pantalla adquirió, lógicamente, la forma de una serie de arcos.

En aquella misma época supimos que los productos estándar de las canteras eran bloques de piedra de veinte centímetros por veinte por un metro cuarenta de altura. Decidimos combinarlos uniéndolos con epoxi – una técnica bien conocida en la industria de la piedra del noroeste de España – para obtener elementos prefabricados

Peter Rice (de espaldas a la cámara) inspecciona un prototipo de piedra en un taller cerca de Vigo.

Un módulo de columna abierta en granito Rosa Porina.

La fachada en fase de construcción. Vista sudoeste.

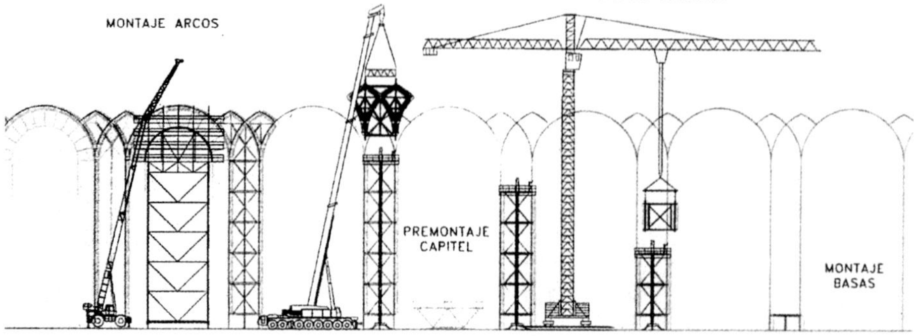

Dibujo del contratista mostrando su propuesta para la secuencia de montaje.

de sección cuadrada, de cinco metros de longitud y de ochenta centímetros de lado. Estos últimos debían ensamblarse enseguida para conservar la fachada del mismo modo que podría hacerse con elementos de hormigón prefabricado.

El perfil de los arcos se dedujo de la forma más adecuada para soportar la carga de cubierta. El sistema portante de la cubierta se concibió según una geometría similar a la de los arcos de piedra y se ligó a estos últimos mediante grapas radiales. De esta forma estábamos seguros de que todo cambio en la forma de los arcos de piedra iría acompañado del correspondiente cambio en la forma del sistema portante. Así, el sistema que tomaba las cargas era permanentemente el funicular de las mismas, es decir, presentaba la misma forma que la piedra cuando se ve sometida a cambios geométricos causados por el viento o por otras cargas no simétricas, paralelas al plano de los arcos.

La última fase de las decisiones de concepto concernía al ensamblaje y al sistema de contraventeado. Las piezas que componían los arcos iban unidas con juntas de mortero, como se hubiera hecho de tratarse de bloques de hormigón prefabricado. Una vez preensambladas, se trataba a estas unidades como bloques macizos y se analizaba el granito para asegurar que las subunidades de veinte centímetros por veinte no tendrían que soportar una tensión demasiado fuerte durante el ensamblaje o después. El sistema de contravientos en acero, destinado a soportar las cargas que no actúan en el plano de fachada –es decir, cargas perpendiculares a ese plano– se concibió de tal modo que las columnas de piedra eran como elementos de una ménsula vertical, mientras que la resistencia a cortante la proporcionaba el propio sistema de contravientos. La forma y la geometría de este sistema se concibieron de forma que produjesen el mínimo impacto visual sobre la fachada de piedra. Al colocarlo entre las columnas de piedra y no en el plano de fachada, evitamos dar la sensación de una fachada contraventeada en su plano vertical.

El último capítulo de la aventura fue el método de análisis que pusimos a punto para prever el comportamiento de los arcos de piedra. Estudiamos de forma teórica la forma en la que trabajan los arcos de puentes de piedra, especialmente a partir de los métodos desarrollados por el profesor Jacques Herman de la Universidad de Cambridge. En su modelo, las dovelas de los arcos de piedra,

Inspección de una unidad de piedra en el taller.

Unidad de arco abierto un vez ensamblado en el taller de piedra.

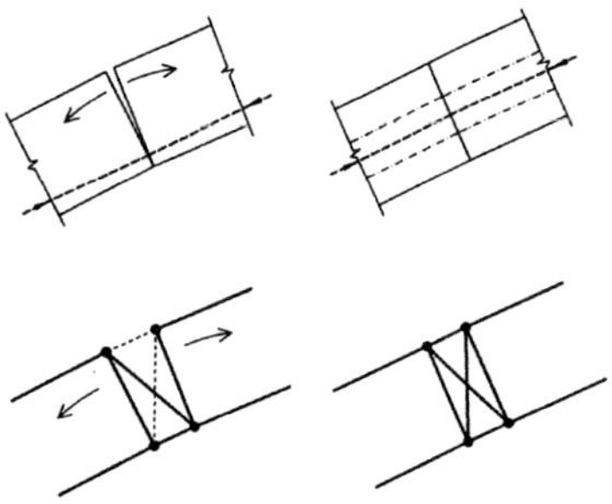

Modelización informática mostrando el efecto "flip-flap" en las juntas de las piedras que constituyen los arcos del Pabellón del Futuro.

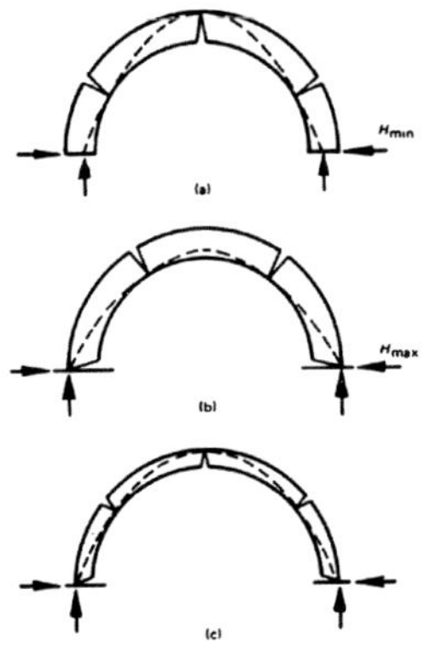

Diagramas sacados del libro del profesor Jacques Herman *El arco de fábrica*, mostrando la aparición de diversas deformaciones en los arcos, según el ángulo de las fuerzas actuantes.

cuando se ven sometidas a esfuerzos a la altura de sus juntas, se abren por el lado traccionado, sea este el extradós o el intradós. Normalmente, en los puentes de piedra, el peso propio del arco es suficiente para garantizar la estabilidad del puente bajo la presión de las distintas cargas asimétricas y, especialmente, de las más habituales que son las de tráfico. En nuestro caso, como las juntas principales entre los subelementos preensamblados no poseen ninguna capacidad de resistencia a la tracción y la carga inicial principal era el peso de la cubierta, las condiciones eran muy similares a las de los arcos estudiados por Herman. Por consiguiente, pusimos a punto un sistema de modelización informática que simulaba la abertura de las juntas cuando se ejercía un esfuerzo de tracción en el intradós o en el trasdós. A este comportamiento mecánico no lineal lo denominamos "flip-flap"; el flip-flap puede engendrar cambios geométricos en la cohesión mecánica de los arcos cuando la dirección del empuje se aparta sensiblemente del eje central de estos últimos. Con la ayuda de ese programa analizamos el comportamiento del arco bajo diversos estados de carga, incluidos el viento y el sismo.

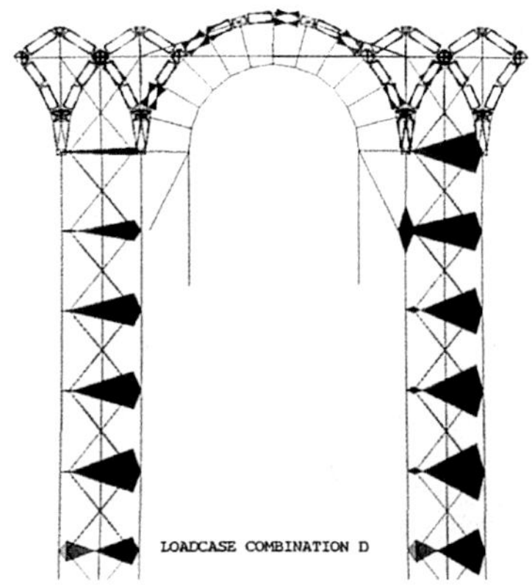

Resultados gráficos del análisis de los arcos sometidos a cargas desiguales que provocan un momento flector en los tirantes de acero de las estructuras portantes.

Este método retomaba, pero con mayor amplitud, el sistema de análisis que habíamos utilizado ya ampliamente para estudiar otras estructuras de comportamiento no lineal, como las celosías y las estructuras traccionadas. Este sistema de programación, denominado "relajación dinámica" y originalmente inventado por Alistair Day – uno de los miembros de nuestro equipo – es una herramienta extraordinariamente poderosa para estudiar el comportamiento de sistemas geométricamente variables.

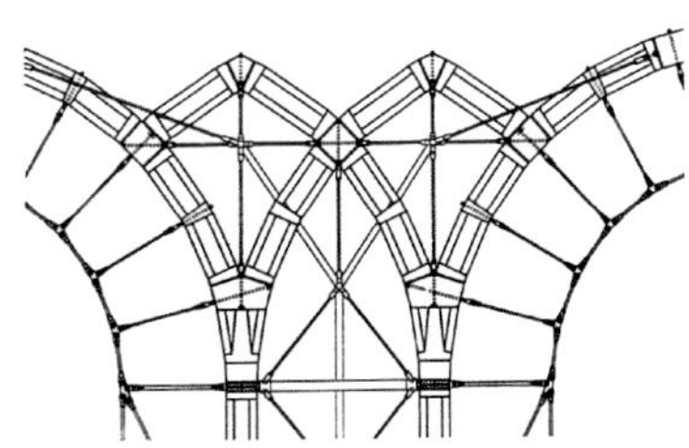

Detalle en alzado de la fachada de arcos.

Volviendo ahora a nuestra innovadora fachada y al modo en que pusimos en obra la piedra, se da uno cuenta de que, en cada fase, el impulso nos venía dado por la idea de algo que existía ya. Cada etapa vino originada por una realización similar que nos sirvió entonces de guía. La innovación, si la había, era el desarrollo de ideas existentes, fundado sobre la convicción de que tales ideas eran pertinentes para la estructura que estábamos explorando.

Yo creo que lo que más falta hace es valor. Hay que tener el valor de empezar. Una vez en marcha, cada una de las fases exige un seguimiento minucioso y puede evolucionar naturalmente. Pero el valor de empezar, así como una confianza inquebrantable en nuestra capacidad para resolver los problemas que puedan presentarse,

Modelo de construcción en estudio de la fachada mostrando la unidad de montaje estándar, una torre de cinco metros.

Izado de la unidad capitol en lo alto de la torre de fachada.

Detalle de una junta entre los módulos de piedra de las columnas, mostrando la inserción del sistema de contravientos de acero.

Alzado de la fachada con la unidad capitol colocada antes de izar el arco.

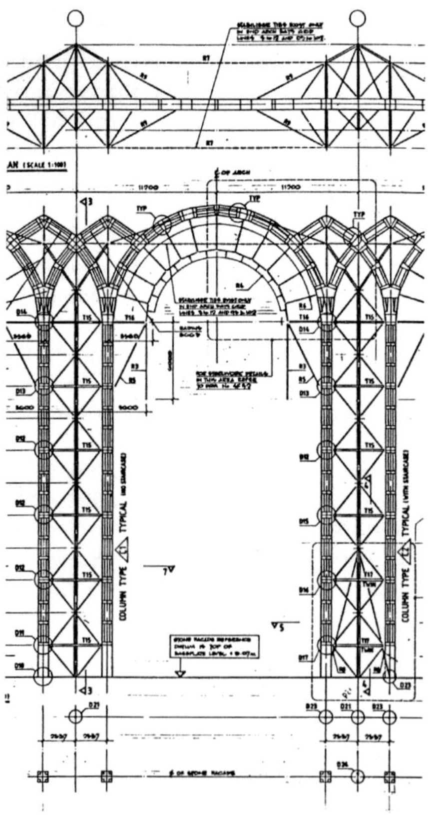

Extractos de los planos de trabajo de la estructura de la fachada.

son datos esenciales. Importa subrayar aquí que un equipo debe comprender al menos tres o cuatro miembros capaces de intervenir en todas las etapas del proyecto. Cada una de estas personas debe ser minuciosamente examinada por parte de los ingenieros responsables del proyecto. Nada debe quedar al azar. También deben ser invitados a examinar el proyecto, a cuestionar las hipótesis y a pedir explicaciones, quienes no están directamente involucrados en el mismo. Todo esto, por supuesto, es más fácil si se tiene un equipo de ingenieros con talento y experiencia, como es el caso en Arup. Pero eso se puede encontrar también en grupos más pequeños, como sucede con RFR en París. En este aspecto, es también muy importante la presencia de una autoridad de control competente, escrupulosa y crítica.

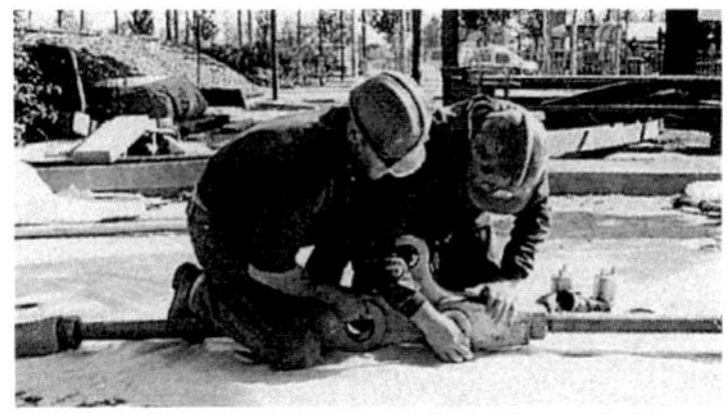

Ensamblaje de las componentes del anillo de atado del arco.

Ensamblaje terminado mostrando el anillo de atado del arco.

En esta historia el estadio último es la empresa. Cuando se trabaja en terreno conocido no es difícil convencer a las empresas acerca de la viabilidad del proyecto. Pero esta vez estábamos en España, un país en el que yo no había construido nada antes.

Para convencer a la empresa y al cliente pusimos a su disposición todos nuestros cálculos y luego propusimos un procedimiento muy detallado para construir el sistema de arcos. La empresa, seguida por el cliente, comenzó por decir que ese procedimiento era demasiado complicado y que no funcionaría nunca: una reacción clásica. Entonces, presentaron su propia propuesta, que les pareció muy buena hasta que aparecieron unas fisuras en uno de los grandes módulos de piedra, durante una de las primeras fases de la ejecución. Por nuestra parte, propusimos hacer un ensayo en el que habrían podido detectarse todos los problemas, pero, como siempre, faltaba tiempo.

Normalmente, tras un primer periodo de duda sobre la viabilidad del proyecto, la empresa empieza a relajarse y comete todos los errores que tanto temía al comienzo. Por ello, si se quiere que el diálogo con la empresa pueda avanzar y que no corra peligro la confianza en el proyecto, es fundamental efectuar previamente un análisis detallado de todo lo que podría torcerse. En esta etapa es esencial tener mucha calma y una gran capacidad para examinar los problemas con cuidado y de forma lógica, lo que normalmente facilita el diálogo; porque, cuando las cosas van mal, lo que teme la empresa antes que nada es quedarse sola y tener que asumir toda la responsabilidad, financiera y técnica, de una obra que excede su capacidad de comprensión.

Primer plano del elemento de acero que atraviesa la junta de columna.

La cuestión de la responsabilidad última es absolutamente vital, en particular cuando el proyecto se sale de lo ordinario y se emplean materiales como el vidrio y la piedra, pero de un modo no convencional. Nosotros los proyectistas no debemos olvidar nunca que nosotros no construimos nuestros proyectos; si tal fuera el caso, las cosas serían bastante más fáciles. Nervi, el gran ingeniero italiano, o Prouvé, que eran también emprendedores, eran capaces de corregir todos los errores que podían presentarse. Por nuestra parte, nosotros tan solo disponemos de nuestra capacidad de raciocinio para anticipar y evitar los problemas. Pero si llega a cometerse un error, debemos asegurarnos de estar allí para asumir nuestra parte de responsabilidad y continuar estando disponibles, cuidando de que nuestro trabajo se ejecute correctamente.

Eso a veces resulta difícil, en la medida en que las disposiciones contractuales, en ciertos países, no prevén la presencia de los proyectistas en el proceso de ejecución. En tal caso, ¿cómo convencer al cliente de que debe pagarles por su asistencia en obra, sobre todo si el constructor no la considera necesaria? No obstante, debemos perseverar para evitar catástrofes. Es esencial no perder nunca la confianza en la idea de que el trabajo se puede llevar a cabo correctamente, y estar allí para contribuir a resolver los problemas antes de que pueda surgir la menor duda es vital.

Inútil decir que todos estos problemas aparecieron en Sevilla. Pero como estábamos presentes in situ, pudimos captarlos muy pronto, antes de que hubiesen comenzado a socavar la confianza de la gente. Por otra parte, no todos los imprevistos son necesariamente malas noticias. A veces, por el contrario, algunos de los problemas que uno se esperaba no aparecen porque las personas con las que se trabaja se implican y se comportan extraordinariamente bien. Por ejemplo, en Sevilla, el trabajo de los canteros que cortaban y ensamblaban las sub-unidades de elementos de piedra excedió todas nuestras esperanzas, con lo que resultó que no tenían fundamento algunos de nuestros temores respecto a tolerancias y ensambles. Inversamente, siempre aparece al menos un problema donde uno no se lo espera. En Sevilla esto ocurrió a cuento del plano natural de fractura de la piedra. El granito, por la manera en que se forma enfriándose, tiende a no ofrecer resistencia más que en una dirección. Por eso tratamos de encontrar una calidad de piedra tan homogénea como fuese posible. Tras haber examinado diferentes canteras, optamos finalmente por una de ellas. Pero cuando la piedra, ya extraída casi por completo, llegó finalmente para ser sometida a ensayos, su resistencia, desde un punto de vista direccional, no era tan uniforme como deseábamos. Resultó entonces que los planos de falla se habían escogido de tal forma que las piedras ofreciesen la máxima diferencia en su resistencia direccional, porque de este modo la piedra es más fácil de extraer y ello no afecta para nada a su empleo habitual. Inútil decir que nadie había pensado en eso antes de los ensayos, hasta que resultó evidente para todo el mundo. Por fortuna, en Sevilla, las diferencias no eran tan grandes y pudimos servirnos de la piedra. Nos bastó, simplemente, con redoblar la atención y multiplicar los ensayos durante el ensamblaje. Pero la moraleja de esta historia edificante es que hay que estar dispuesto a todo en todo momento.

Espero que esta breve descripción del proyecto de Sevilla demuestre que el proceso de innovación no tiene nada de misterioso. Tan solo hace falta valor, esmero y gusto por el detalle; y sobre todo hay que creer en lo que se hace y tirar para adelante.

12

El crítico y el fotógrafo

Como ingeniero que ha trabajado siempre con arquitectos, siempre me ha sorprendido ver hasta qué punto la fotografía domina la forma en la que el público – así como numerosos arquitectos, por supuesto – ven y perciben la arquitectura. En el mejor de los casos, la fotografía es la representación hábil y sorprendente de un edificio, hecha por un fotógrafo competente. Sin embargo, el edificio en sí mismo, visto en su realidad tridimensional y en su contexto, es siempre algo mucho más sutil y complejo que lo que puede mostrar una fotografía. La fotografía es una forma de tiranía, obliga al arquitecto o al proyectista a expresar su obra en forma de algunos ángulos especialmente escogidos, susceptibles de fijar una imagen memorable pero no de hacer justicia al edificio ni a sus variados juegos de luz y sombra.

La fotografía establece así una discriminación respecto a lo que el ingeniero aporta a la arquitectura. Se encuentra el mismo tipo de simplificación en la necesidad de reducir a unas pocas fórmulas la apreciación de una obra de arquitectura. Pero la verdadera presión viene de la fotografía que, cualquiera que sea su calidad, tan solo puede registrar lo que se ve.

Desde hace algún tiempo me pregunto cuál puede ser el papel de la fotografía en materia de arquitectura, cuestión particularmente significativa para el ingeniero. Una gran parte de nuestra actividad no puede mostrarse por la fotografía, especialmente esa calidad específica que el ingeniero de talento puede aportar al proyecto. Al no ser más que una imagen en dos dimensiones, le es muy difícil restituir la naturaleza tridimensional y la jerarquía de los elementos estructurales e ingenieriles.

El hecho de que la primera imagen (y normalmente la última) que la gente ve de un edificio sea, a menudo, una fotografía, no facilita la aprehensión de esos datos más fugaces y más sutiles que son la luz y la textura de los materiales. El público, incluso profesional, se forja ante todo una opinión examinando imágenes publicadas en las revistas de arquitectura.

Esta simplificación de un organismo tan complejo como es una obra de arquitectura ha tenido profundas repercusiones en el desarrollo de las tendencias actuales de la disciplina. De ahora en adelante, desde los primeros estadios de un proyecto, el arquitecto busca las cualidades fotogénicas del edificio, porque sabe que si no consigue resumir sus rasgos esenciales en una imagen impactante, su

Fábrica Fleetguard en Quimper, Francia.

obra será sin duda ignorada por el gran público. Introducir en este panorama conceptos tales como la textura y la esencia del material puede ser muy difícil y a veces resulta contraproducente.

Para tomar una fotografía el fotógrafo necesita la superficie de una masa. Esto me resultó evidente cuando construímos nuestra primera cubierta suspendida, la de la fábrica Fleetguard en Quimper, Francia. Cuando se ve la fábrica en la realidad el ojo capta un detalle –por ejemplo, la articulación situada al extremo de uno de los elementos en compresión– y ve el resto de la estructura en la perspectiva de ese detalle. El ojo, que capta la multiplicidad de los valores visuales, por una parte; y la fotografía, que busca el juego gráfico uniforme de los diversos elementos y articulaciones, por otra parte, ofrecen perspectivas muy diferentes del proyecto.

A partir de una fotografía es sencillamente imposible comprender y juzgar un edificio como la fábrica Fleetguard, al perderse inevitablemente la naturaleza tridimensional del edificio. La fotografía capta las superficies pero no el espacio entre los elementos ni las variadas relaciones que mantienen las piezas unas con otras.

El Centro Georges-Pompidou es otro edificio que ha sufrido mucho por ser imposible fotografiarlo. Visto desde la plaza, el edificio consiste en una serie de planos definidos por la trama estructural y por la presencia de visitantes en la fachada. En vez de eso, el fotógrafo prefiere generalmente escoger un detalle característico, que presentará como la imagen del edificio entero. Es así como la gente pierde poco a poco la costumbre de intentar comprender la complejidad de las relaciones entre los elementos y la manera como se armonizan entre ellos.

Por lo dicho, es casi imposible ilustrar un edificio aportando un elemento de sorpresa, sobre todo si posee una imagen tan fuerte como la del Centro Georges-Pompidou. Ese elemento es, sin embargo, una característica vital: es él quien hace tan apasionante la visita atenta de un edificio. Pero no resiste la búsqueda de la imagen definitiva por parte del fotógrafo.

La otra característica crítica que nos concierne a nosotros ingenieros – la que, en cualquier caso, se encuentra en el corazón de lo que yo creo es mi propia contribución – es el sentido de la materia. La textura es algo imposible de restituir con ayuda de la fotografía. Para aprehender en su materialidad una obra de arquitectura hay que pasar por la experiencia directa del edificio y del modo en que se han empleado sus materiales.

En otro tiempo, el tradicional dibujo de una fachada o de un elemento constructivo jugaba el papel que hoy juega la fotografía. Eso también permitía transformar a la vez el color y la perspectiva de lo que se representaba, con objeto de subrayar o de poner en evidencia tal efecto particular. Pero su importancia va disminuyendo hoy en favor de la fotografía y, cada vez más, se reemplaza por una foto de la maqueta.

A todos los niveles, pues, el desarrollo de la fotografía se efectúa en detrimento de la arquitectura y de su apreciación por parte del público. Hoy día, hasta tal punto está omnipresente la fotografía en la vida moderna que, a la vista de un objeto, sobre todo si es de una cierta envergadura, la gente tiende instintivamente a componer una fotografía en su interior en vez de observar la realidad.

La fotografía es uno de los rasgos dominantes de la vida moderna y eso no tiene visos de cambiar. A fin de cuentas, como forma de arte y como medio de exploración de la naturaleza de las cosas, es evidente que la fotografía tiene su propia validez. Lo que me preocupa es ver de qué manera la fotografía ha transformado, por no decir suplantado, la confrontación directa con la arquitectura. Por todas partes reina la idea de que se puede fotografiar todo, a poco que se sepa encontrar el ángulo bueno. Las verdaderas apuestas de ciertas soluciones, que no se descubren más que apreciando directamente sus cualidades de equilibrio y los medios para llegar a ellas, son imposibles de traducir claramente por medio de la fotografía.

La forma en la que se construye una estructura, el trabajo de detalle, todo eso puede utilizarse para subrayar tal efecto particular.

Fábrica Patscenter en Princeton, Estados Unidos.

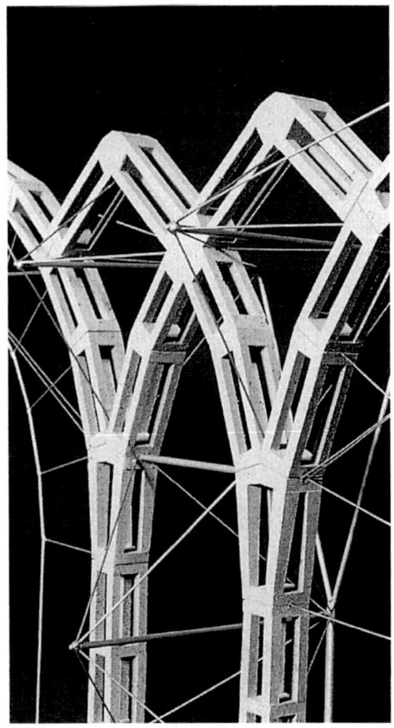

Maqueta del pabellón del Futuro, en Sevilla.

Un ejemplo: la fábrica Patscenter en Princeton, New Jersey, y la forma en la que el detalle – en particular, el empleo de anillos planos para los ensambles en el vértice de los pórticos en A – atrae la atención sobre la naturaleza bidimensional y no contraventeada de la estructura, tanto en fotografía como en la realidad.

Es verdad que el concepto arquitectónico del proyecto Patscenter venía dictado por la idea de que fuese fácil de fotografiar. Consiste en una serie de armazones bidimensionales, repetidos a intervalos regulares todo a lo largo del edificio, que confieren a este una estructura modular que le permite ser ampliado si ello fuese necesario.

El Pabellón del Futuro en Sevilla, otro proyecto que se basa en el mismo principio de una estructura contraventeada por la geometría del sistema que sostiene los soportes, tampoco es fácil de captar mediante la fotografía. Más ligero y más audaz, pide ser visitado para comprenderlo verdaderamente; incluso hay que examinarlo desde todos sus ángulos antes de que pueda apreciarse su pleno impacto.

Esta manera que tiene la fotografía de condicionarnos, de empujarnos a buscar tal visión, tal disposición del edificio y de sus elementos, hace de la fotografía un tirano al que es muy difícil resistirse, tanto para los arquitectos como para todos aquellos que participan en el diseño de un edificio. Hasta el punto que a veces me pregunto si la fotografía no estará a punto de encerrar a la arquitectura en esa camisa de fuerza que es la necesidad de ser fotogénico o, por lo menos, comprehensible mediante fotografías.

Tomemos por ejemplo el estilo postmoderno y las fachadas espectaculares y fácilmente comprensibles que le caracterizan. ¿Cabría pretender que no están dictadas por el hecho de que la mayor parte de la gente percibe ante todo un edificio a través de sus fotografías?

Me viene a la memoria un inmueble en Houston diseñado por un eminente arquitecto postmoderno, en el que resulta imposible percibir la composición de la fachada a causa de otro edificio rectangular más pequeño que se ha construido justo enfrente. En Houston no existe el menor control de planificación. Nosotros fuimos a ver ese edificio y tuvimos que hacer no sé cuántas maniobras para gozar por fin de una vista sin obstáculos sobre la majestuosa composición. El inmueble tiene treinta pisos. Esta costumbre muy americana, que consiste en hacer del edificio una entidad separada, hace que sea muy difícil para el ingeniero aportar una contribución, aparte de la de "que el edificio se tenga en pie". Los rasgos esenciales de la obra son puramente fotogénicos y por ello no tienen la menor relación con las calidades propias de la ingeniería.

Si he incluido la crítica en el título de este capítulo es porque creo que también la crítica, por su forma de privilegiar la imagen del edificio, contribuye a minimizar la comprensión del papel del ingeniero y de su aportación real. La búsqueda de la fórmula, un defecto en el que incurrimos todos cuando escribimos, es la responsable del simplismo que se manifiesta en el debate público que concierne a la arquitectura. Por otra parte, encuentro esa forma de ver las cosas mucho más extendida en Gran Bretaña que en Francia, a juzgar por lo que puedo leer en los periódicos. Esas diferencias reflejan, sin duda, el papel que juega la lengua en el pensamiento y el desarrollo de las ideas de cada país.

En Francia, en la discusión de un proyecto a medida que va evolucionando, el empleo de las palabras y de la lengua toda es, me parece, muy importante. Eso facilita la comunicación al ingeniero, porque puede discutirse sobre tal o tal dirección de trabajo incluso antes de haber establecido ninguna forma precisa. En Francia, el proceso de elaboración de un proyecto buscará siempre aproximarse al concepto tal y como se ha expresado, siendo el uso del lenguaje la clave para comprender lo que está sucediendo.

En Gran Bretaña, por el contrario, la comunicación pasa con más frecuencia por un croquis o por un plano. Eso me parece muy reduccionista, de entrada porque yo no dibujo bien y, sobre todo, porque el dibujo, al igual que la fotografía, tiende a simplificar, fuera de toda medida, la percepción de la realidad.

Para resumir en pocas palabras esta complicada discusión, diré que el empleo de la fotografía, si bien populariza la arquitectura, dificulta la tarea de los ingenieros que se sienten comprometidos por el uso de los materiales, la estructura y la expresión de las funciones de un edificio, todo lo cual debe ser entendido y explicado.

Creo que una reflexión sobre estos temas, por parte de quienes explican la arquitectura al público, podría ser muy productiva: no solamente, por supuesto, porque eso me iluminaría en mi trabajo, sino también porque permitiría que el público percibiese con más claridad la realidad de la edificación.

13

Trabajar con la industria

Todo lo que nosotros dibujamos es, en definitiva, fabricado, ensamblado y construido por la industria. En los países occidentales la construcción es una de las ramas más potentes de la industria. Es evidente que la construcción moderna es mucho más el resultado del desarrollo de técnicas industriales que el producto del trabajo de proyectistas, arquitectos, inventores o ingenieros. Por otra parte, esto es verdad en todos los aspectos de la vida moderna. Hablar del poder de la industria a finales del siglo XX es evocar la vida misma.

Mientras estoy sentado escribiendo tengo a la vista un jardín de la campiña inglesa, uno de esos lugares por excelencia que uno pensaría están al abrigo del gigantismo industrial... y sin embargo, no. El propio jardín rebosa de productos de nuestra sociedad industrial, desde los más evidentes como la cortadora de césped hasta las plantas mismas, ya que cada una es el resultado de una elaboración específica: se trata, por todas partes, de especies concebidas para tener un color más bonito, un mejor sabor, para ofrecer una cosecha más abundante o permitir una plantación más temprana.

Ya nada es el puro producto de una selección natural. Hasta las flores silvestres se recolectan, identifican y clasifican, si bien, cuando yo busco en los mercados, no tengo ninguna manera de saber si algunas de ellas han crecido naturalmente o si todas ellas fueron plantadas, o al menos potenciadas de algún modo, por algún aficionado entusiasta, preocupado por la belleza de la campiña.

Cuando miro por encima de la valla de mi jardín hacia la granja veo pastos muy cuidados y campos cultivados en los que crece la cebada, el centeno y el trigo allá donde, si no se hubiesen utilizado masivamente los abonos químicos, se tendría, en el mejor de los casos, una hierba rasa buena para los corderos. Pero la presión de la eficacia y de las políticas agrícolas, nacionales y europeas, implican que para sobrevivir y, sobre todo, para prosperar, hay que sacar de cada metro cuadrado su máximo potencial. Es como una competición de velocidad cada vez más loca, en la que a cada giro aparece un nuevo objetivo.

Si escribo a cuento de la situación de la agricultura es por analogía con la industria de la construcción. Las flores silvestres son los artesanos cuya producción, rica y variada, es aplastada por efecto de la apisonadora de las decisiones corporativas, cuya contribución a la producción del ambiente construido está desapareciendo a ojos vistas.

Tokyo.

La analogía puede llevarse aún más lejos. La construcción, como la agricultura, son sectores enormes, poderosos, muy políticos, que trabajan continuamente en modificar las reglas a su conveniencia. De hecho, lo primero que hay que comprender respecto a la industria de la construcción es su naturaleza eminentemente política. La autorización para construir es siempre una decisión política y, en casi todos los países, los grandes grupos tienen una enorme influencia sobre la forma en que se toman esas decisiones.

La industria de la construcción comprende dos ramas bien distintas: la fabricación de elementos de construcción y el trabajo sobre el propio terreno. Este último tiende a evolucionar muy rápidamente. Las técnicas ultrarrápidas puestas a punto por la industria americana tienen una enorme influencia en la evolución de nuestro medio ambiente. Barrios enteros pueden reconstruirse en un tiempo muy corto. Se dice a menudo, para relativizar ese poderío, que el Crystal Palace, así como otras edificaciones victorianas, fueron construidos igualmente muy aprisa. Pero en aquella época, una obra de ese tamaño movilizaba por sí sola a un gran número de personas, de tal suerte que muy pocas de esas grandes construcciones podían realizarse simultáneamente. Hoy en cambio, con la mecanización, pueden construirse ciudades enteras en plazos muy cortos. La industria tiene, a partir de ahora, capacidad suficiente para reconstruir la totalidad del ambiente edificado y eso sería lo que haría, probablemente, si se la abandona a sí misma.

Eso es lo que ha sucedido en Japón, donde el poder político de la industria es aún mayor que en Occidente. En Japón ha habido siempre una tradición constructiva efímera, probablemente debido a la vulnerabilidad de las construcciones antiguas frente a los terremotos. Cuando se visita el país se tiene la sensación de que la industria de la construcción no ha sido objeto del menor control, que la edificación es un artículo de moda al igual que los vestidos; los solares privados originan cada año, o casi, un nuevo edificio, y este ritmo increíble se acelera sin descanso. La única vía para absorber y controlar este poder es la complejidad. Para absorber nuestras energías y ocuparnos por completo, será necesario, inevitablemente, que le construcción se haga cada vez más compleja.

14

La experiencia Fiat

En 1978, tras una emisión de televisión sobre la flexibilidad en el hogar que habían visto algunos miembros importantes del estado mayor de Fiat, fuimos invitados por Fiat a estudiar el diseño de un automóvil. En aquella época yo estaba asociado con Renzo Piano, dentro de una estructura denominada Piano & Rice, que comprendía también a Shunji Ishida, Noriaki Okabe, Bernard Plattner, Mike Dowd y Reiner Verbizh. Este grupo era una prolongación de la estrecha colaboración que nos había unido en el proyecto Centro Georges Pompidou. Su intención era abordar la construcción y los proyectos bajo el ángulo de la ingeniería.

Por aquel entonces Fiat intentaba renovar una reflexión acerca de su programa de desarrollo a largo plazo. Cabe preguntarse qué podían tener que ver, con la concepción de un coche, un arquitecto y un ingeniero empapados de la tradición de la industria de la construcción. La respuesta a esta pregunta sería, sin duda, que "no mucho". Pero era justamente ese "no mucho" lo que interesaba a los miembros de la dirección de Fiat. ¿Cómo encontrar –se preguntaban– gentes que tengan ideas y sean capaces de llevarlas a cabo, que estén totalmente libres de los prejuicios propios de la industria del automóvil, para que examinen los problemas y nos digan lo que piensan?

Ni Renzo ni yo sentíamos una gran atracción por los coches. A diferencia de gran parte de nuestros contemporáneos, ese mundo no nos apasionaba y, por mi parte, yo no tenía la menor opinión sobre el asunto.

Por consiguiente, abordamos el proyecto con el espíritu abierto y la actitud de examinar los datos con toda objetividad. Como pronto descubrimos eso era una ventaja, ya que los demás, en su mayoría, pensaban conocer ya la respuesta antes de haber estudiado la cuestión. Nos encontrábamos de cara a una industria y a una forma de trabajar que eran casi el polo opuesto a lo que conocíamos.

En la arquitectura y en la construcción el problema que hay que resolver es casi siempre nuevo y la solución, de una u otra forma, es siempre única. Nosotros estábamos acostumbrados a plantear los problemas, seleccionar los puntos esenciales y buscar una solución capaz de resolverlo todo. ¿Y qué hay de raro en todo eso, me diréis? Lo raro es que, como cada problema tiene sus particularidades, se necesita efectuar cada vez un estudio objetivo de los hechos.

Peter Rice y Renzo Piano trabajando en un modelo estructural.

En la industria de la automoción todo es diferente. De entrada, el vehículo debe respetar un gran número de criterios y de reglas que son siempre las mismas. Y luego hay numerosos antecedentes, en Fiat y en la competencia. En una palabra, más que concebido, un coche es desarrollado. Todo nuevo coche comienza con sus predecesores. A este respecto, la palabra *diseño* aplicada al automóvil no es más que un eufemismo para designar el estilismo: hay poco que ver con la mejora de las prestaciones o de las calidades de la ingeniería de un coche. Lo que hace que el asunto sea tan complejo es, precisamente, todo lo que está ligado con las prestaciones: hacen falta muchos años de trabajo para crear un nuevo modelo.

Era evidente que nosotros no estábamos pertrechados para concebir un nuevo coche, pero sí estábamos en condiciones de hacer propuestas conceptuales y aportar ideas nuevas susceptibles de ser integradas más tarde en el proceso de producción. Esta forma de proceder era en sí misma una novedad para una casa como Fiat. Es un papel que normalmente incumbe al departamento de investigación, pero incluso dentro de tal departamento la gente está impregnada de los hábitos de la empresa: pretenden saberlo todo y su respuesta instintiva a cualquier sugerencia comienza por "Pero...".

¿Qué podíamos ofrecer nosotros? Habíamos empezado por intentar comprender lo que se estima son las características de un buen coche. Ante todo, se nos dijo, es la rigidez torsional. "Ah, pensé yo, eso debe tener relación con sus prestaciones al conducir". Pues bien, nada en absoluto. Se nos explicó que era algo mucho más fundamental que eso. Es sabido que un coche que no posee una rigidez torsional suficiente entre el eje delantero y el trasero – al menos cien mil kilos por metro cuadrado para una distancia entre ejes de dos metros cuatrocientos cuarenta y ocho – presentará serios problemas de desgaste durante su utilización. Y se nos mostró un diagrama y algunos gráficos que demostraban que todos los fabricantes de coches respetaban esa cifra mágica.

Ensayo del Fiat Ritmo en carretera.

He aquí, a cuento de lo dicho, otro aspecto del método industrial. Una empresa como Fiat no está anclada únicamente en sus propias tradiciones: conoce y comprende también las de los otros. Lo primero que hace cuando alguien de la competencia produce un nuevo modelo es comprar cincuenta ejemplares y desmontarlos para ver si hay algún elemento nuevo o poco corriente que pudiera hacer evo-

Frank Stella: Museo Groningen.
Unos sofisticados gráficos de ordenador permitieron a Stella participar directamente, trasladando las formas libres de su modelo al desarrollo de las formas geométricamente disciplinadas necesarias para construirlo. El proyecto consiste en dos hojas que se intersecan flotando sobre el piso de la galería. Cada hoja tiene la misma geometría ondulada y cada una se deduce de la otra mediante una rotación y una traslación.

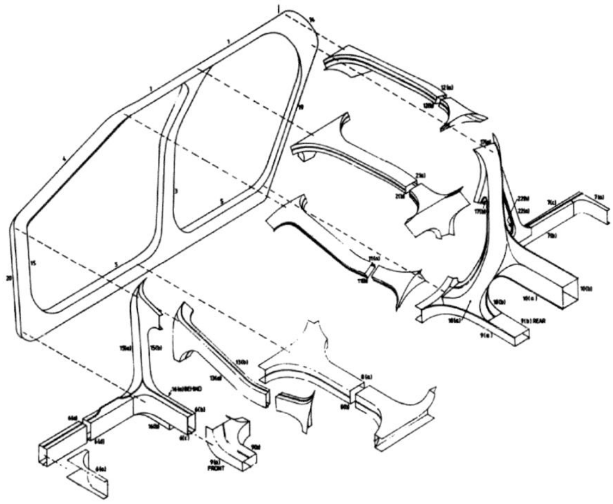

lucionar sus propias prácticas. Para cada propuesta hay que efectuar toda una historia comparativa.

Diagrama del ensamblaje de la estructura mostrando cómo encajan las diversas piezas estampadas.

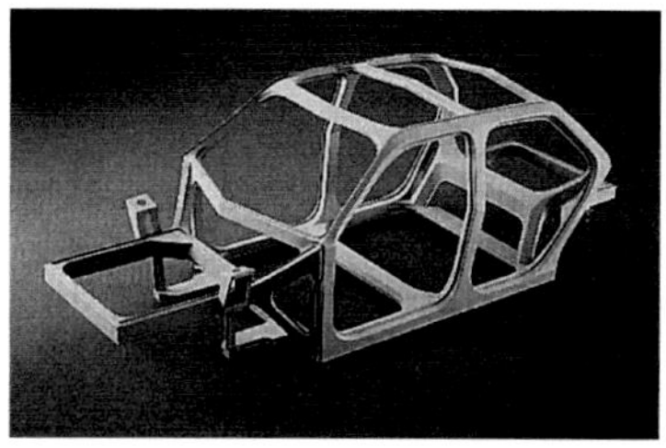

Ensamblaje de los estampados para formar un armazón de acero.

Uno no debe creer que las decisiones de diseño o de ingeniería relativas a tal o tal vehículo son testimonio de la capacidad del fabricante para concebir o fabricar correctamente cada detalle. El fabricante tiene ya un conocimiento detallado del trabajo de todos los demás. El simple hecho de no hacer algo supone que se tiene ya una idea de lo que el público espera de un Fiat. Esta imagen de marca, la idea que los clientes o el público en general se hacen de la naturaleza del producto, es un elemento clave de la estrategia de elaboración de un coche. Fiat es una empresa que marcha, de modo que no hay la menor duda acerca de la calidad de sus productos. Pero la dirección se daba cuenta de que la época estaba a punto de cambiar y querían estar a la vanguardia de toda nueva tendencia susceptible de desarrollarse. Quería dar la impresión de que toda decisión relativa a los nuevos productos se había tomado por considerarla buena y no por la necesidad de seguir a los demás.

La necesidad de estudiar la cuestión del automóvil en aquel momento fue consecuencia de la crisis de la energía. En aquella época solo se hablaba de consumo de combustible. Además, las grandes compañías japonesas y americanas representaban una amenaza creciente para los mercados automovilísticos europeo e internacional. Y Fiat quería estar en vanguardia.

Cuando examinamos el coche y su rigidez torsional descubrimos muchas cosas inesperadas. En primer lugar, que la rigidez teórica y la rigidez práctica no eran lo mismo. El valor teórico era muy superior, representaba cuatro o cinco veces la rigidez real medida a través de ensayos. Por supuesto que eso dependía de qué se medía y qué se ensayaba. El valor teórico se calculaba a partir del esqueleto del coche, sin las puertas ni las ventanas. La diferenta entre el valor teórico y el real venía de la ineficacia de los ensambles: el montante vertical de la puerta y el contorno de la ventana estaban sabiamente perfilados pero su contacto constituía un ensamblaje muy imperfecto. Sin embargo, por el hecho de que los cálculos efectuados sobre juntas reales con placas colocadas en planos diferentes eran muy difíciles y de valor limitado, los cálculos teóricos los suponían sin defectos. Había, pues, que efectuar muchos ensayos. Decir de un coche que consume poco remite a considerar su peso. En aquella época, la opinión corriente era que reemplazando los

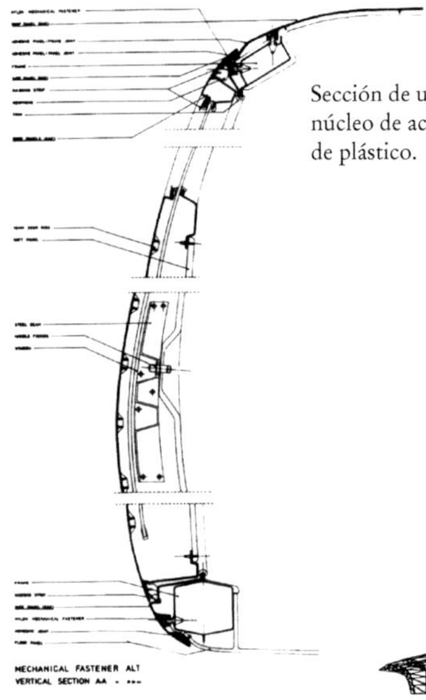

Sección de una puerta con núcleo de acero recubierto de plástico.

Planta y alzado del prototipo Fiat. Esquema del esqueleto de acero mostrando la posición del motor y los ejes de las ruedas.

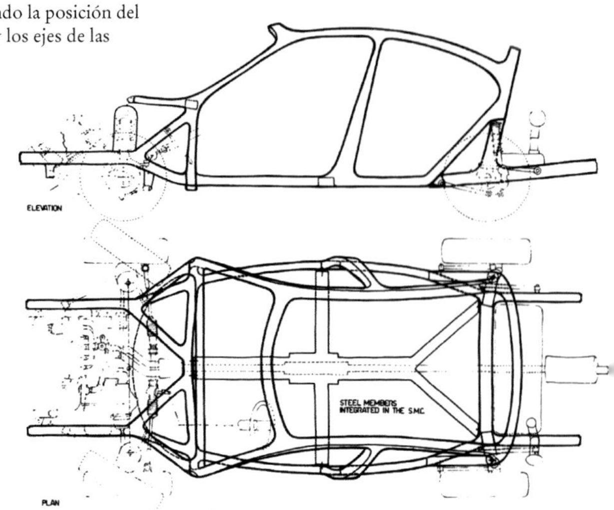

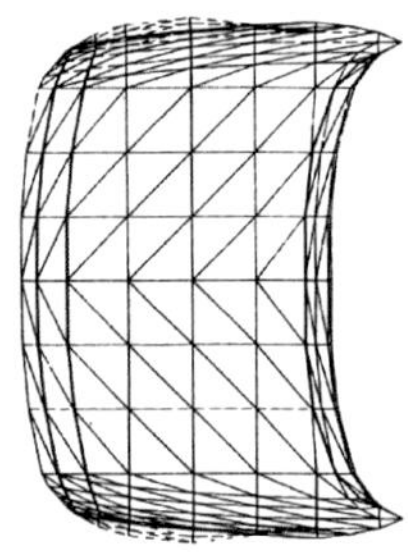

Estudio estructural de las deformaciones posibles del capot.

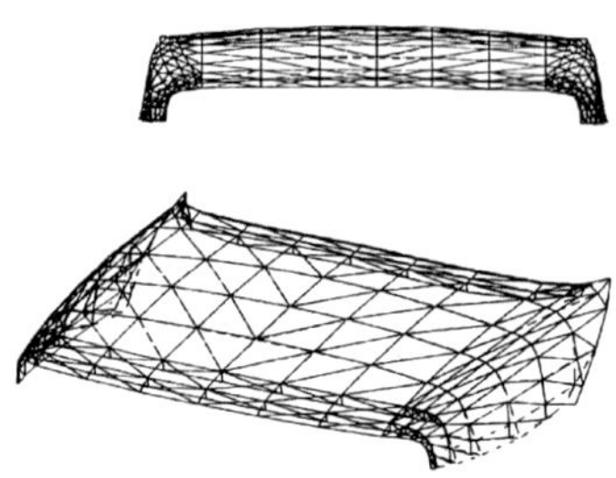

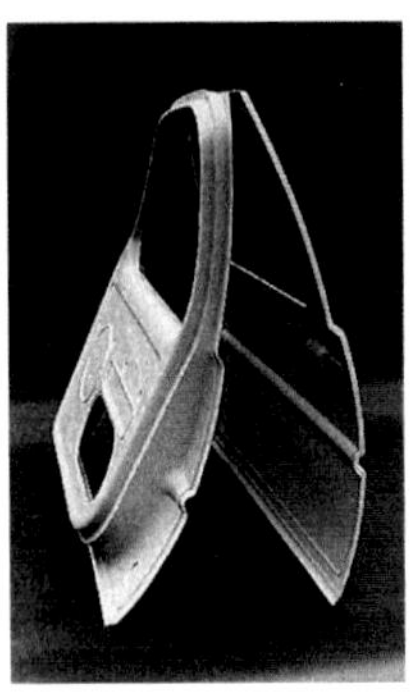

Componentes de plástico de la puerta.

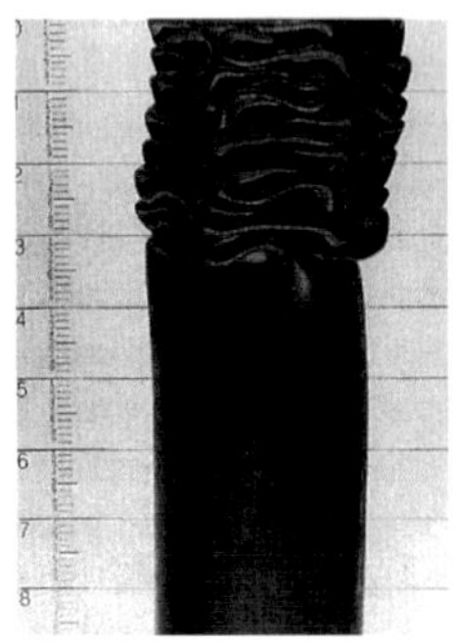

Ensayo de aplastamiento de un puntal de acero pretensado.

Detalles de la fijación de la lámina de plástico a la estructura de acero.

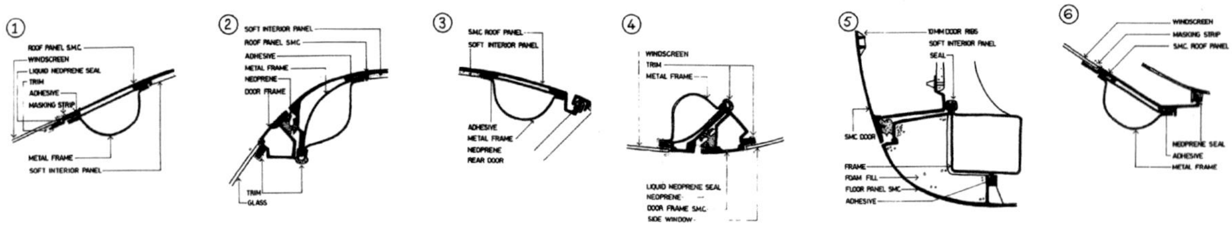

grandes paneles de acero de la carrocería por plástico, se disminuiría sensiblemente el peso, mejorando así las cifras de consumo de gasolina.

Nuestra propuesta consistió en fabricar un nuevo chasis con una mejor prestación, que sería revestido enseguida por paneles de plástico. Sería él, por tanto, el que aseguraría toda la rigidez torsional. Para que eso fuese posible propusimos modificar los perfiles, de tal suerte que la zona de puertas fuese distinta de la estructura. Una vez vestido el chasis por completo, estructura y carrocería establecerían una relación análoga a la que tienen en un edificio.

A nadie le gusta compartir con otros sus fortalezas básicas. En el seno de la Fiat, la transmisión de información entre departamentos era muy limitada. Yo creo que sucede lo mismo en la mayor parte de las grandes empresas y no solo en la Fiat. La elaboración y la difusión de la información se efectúan muy a la defensiva. Se da a la gente el mínimo de detalles posible, lo que hace muy difícil que penetren ideas nuevas. Salvo que se esté en condiciones de proponer una con la certeza de que va a funcionar, es muy difícil hacer progresos. Por nuestra parte, nosotros no teníamos esas tensiones: con las maquetas simplificadas que utilizábamos, podíamos hacer por nosotros mismos los ensayos y los cálculos. La técnica, en sí misma, no tenía nada de excepcional. Había programas informáticos estándar para la mayor parte de los trabajos que teníamos que llevar a cabo, de manera que pudimos elaborar una propuesta y mostrar que, en principio, respetaba los imperativos de seguridad y demás criterios estructurales.

Al principio, cuando Fiat nos propuso el proyecto, nos dieron seis meses para buscar ideas. Pasado ese plazo, los de Fiat pensaron que el interés de nuestras propuestas justificaba un estudio prolongado. Para eso crearon un centro de investigación especial llamado IDEA (Instituto para el Desarrollo de la Ingeniería del Automóvil) colocado bajo el control general de Francesco Mantagazza, un hombre que gravitaba en la nebulosa Fiat, conocido por los miembros de la dirección. Renzo era el presidente y yo el vicepresidente.

La sede de IDEA era una villa situada sobre una colina, al norte del Po, en la parte oriental de Turín. Esta villa era como un remanso para el trabajo, el ambiente profesional más sublime que jamás haya yo conocido. Al exterior, el parque que rodeaba la villa, rebosante de huertos y de viñas, comprendía una vasta extensión cubierta de

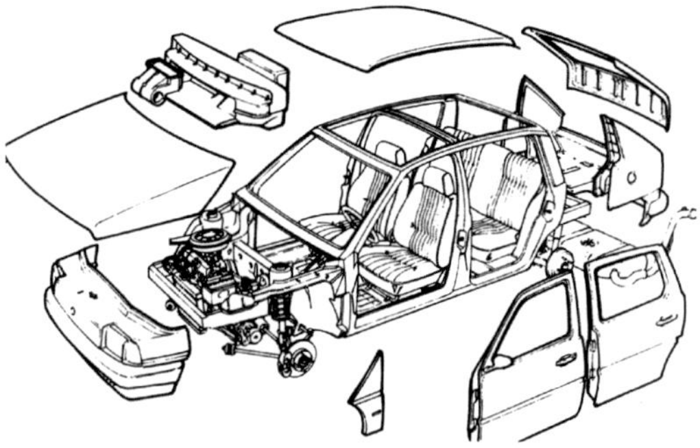

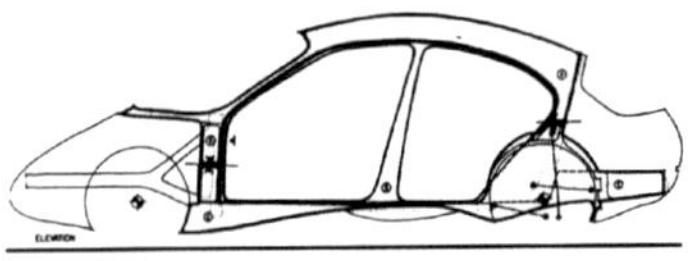

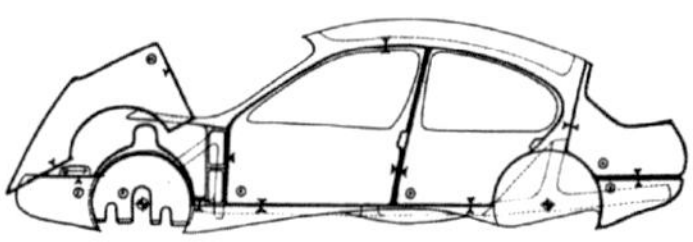

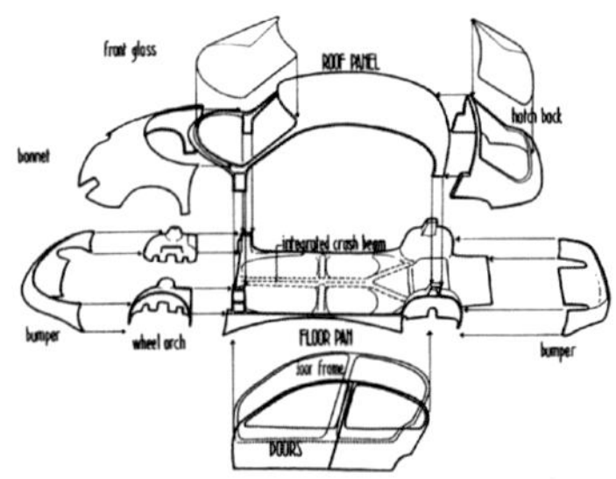

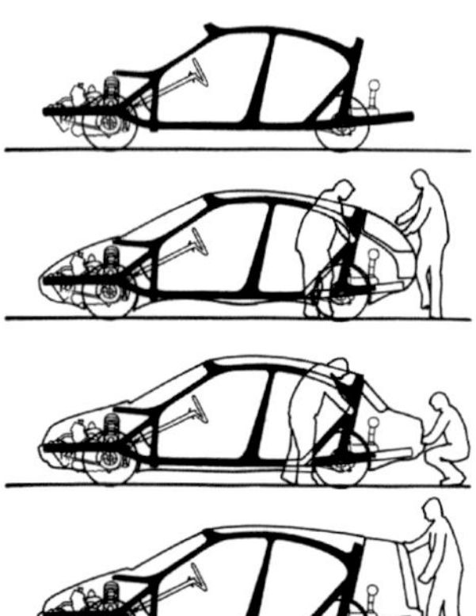

SHAPE VERSATILITY / VERSATILITA DI FORMA

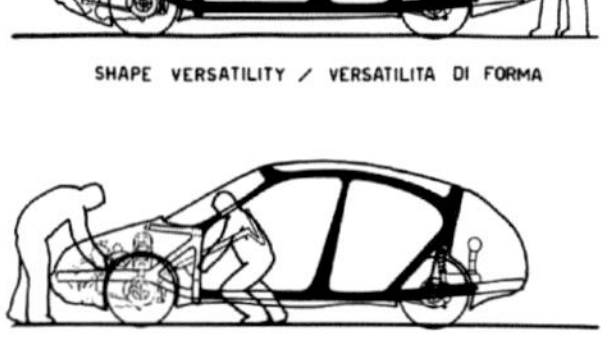

higueras. De todos modos, nunca he tenido grandes dificultades en abandonar Londres...

Fiat envió a IDEA un equipo de especialistas para aconsejarnos sobre los aspectos del proyecto que no nos eran familiares. Por nuestra parte, reunimos alrededor nuestro un grupo de personas, reclutadas en las universidades y escuelas de ingeniería, capaces de ayudarnos en materias tales como la aerodinámica o la acústica, pues, como suele decirse, un saber incompleto es más peligroso que ninguna otra cosa. Ese grupo, que reforzaba a los especialistas reclutados por Fiat e IDEA, estaba compuesto en su mayoría por jóvenes curtidos en el trabajo y motivados, que deseaban abrirse camino en la profesión.

Nuestra propuesta no se limitó a la estructura y a la carrocería. Uno de los principales problemas en un automóvil es la variedad de funciones que debe asumir la pintura: garantizar el acabado exterior y resistir a la corrosión. Pero esas dos funciones son ampliamente incompatibles, ya que la calidad requerida para obtener un aspecto bello resiste mal a la corrosión. Por otra parte, hay que pintar de una sola vez el conjunto del automóvil, porque es visible cualquier diferencia de color, incluso ínfima, entre las diferentes partes del coche. De hecho, el porcentaje de fracasos, al pasar la revista final de los coches recién pintados, era realmente alarmante, cosa que, por lo visto, era común a toda la industria. Nuestra propuesta, a cambio, preveía que el chasis y la carrocería se pintasen por separado, ya que esta última no tenía necesidad de ser protegida frente a la corrosión.

Todavía hubo otros aspectos que suscitaron interés. Todas nuestras innovaciones se referían al chasis y a la carrocería, y algunas de ellas afectaban incluso a la fase de producción, la cual, a su vez, presentaba también serias anomalías. Una de las cosas más sorprendentes, para aficionados como nosotros, fue descubrir que el asiento de delante podía costar tan caro, incluso más caro, que el motor, por el simple hecho de que contiene una pieza artesanal de gran tamaño que debe instalarse una vez aplicada la pintura, es decir, después de haber colocado las puertas. Eso aumenta considerablemente los costes, pues instalar esa pieza en un espacio tan confinado resulta muy caro. Nuestra propuesta parecía permitir que se evitase eso – aún cuando no estábamos absolutamente seguros – en la medida en que podían pintarse los paneles todos juntos antes de ensamblarlos.

Estudio del coche concebido como un objeto evolutivo. Un armazón de base al cual el propietario puede fijar diferentes formas de carrocería, para adaptar el vehículo a las exigencias de su estilo individual de vida.

Presentamos nuestra propuesta a Fiat al cabo de un año de estudios. Algunos detalles parecían curiosos a primera vista y sin embargo presentaban ventajas con certeza. Por ejemplo, la relación del chasis con la carrocería lograba que el coche fuese más silencioso. En tiempo normal, el ruido interior del coche viene producido por la vibración de los paneles de la carrocería –debido al contacto directo entre éstos y el motor – así como por la vibración de los neumáticos transmitida por intermedio de las suspensiones. Pero nuestro principio de conectar partes autónomas suprimía toda transmisión de vibraciones directas, como demostraron los ensayos realizados sobre prototipo. En Fiat, sobre todo los ingenieros, calificaban nuestro coche de "casa sobre ruedas" y en cierto sentido, eso era exactamente lo que habíamos buscado. Porque mientras yo estudiaba por mi parte un concepto de estructura y de carrocería, Renzo trabajaba en el uso del coche como "unidad de vida flexible". Él propuso que se pudiera revestir el chasis de base de diferentes maneras, para permitir al propietario cambiar la forma y la disposición interior de su coche según las ocasiones. El chasis de base, muy resistente, era al igual que el motor un elemento permanente del coche, mientras que todo el resto sugería un planteamiento muy flexible en función del estilo de vida.

Bien entendido, entre estas ideas interesantes pero un poco ingenuas y la realidad de un automóvil, había que franquear un buen número de etapas. La dirección de Fiat decidió continuar pero decretó que eso, en aquel estadio, se transformaba en un proyecto que solo concernía a Fiat y, por tanto, ya no éramos necesarios.

Fue una lástima detenernos allí pero, al mismo tiempo, era claro que nuestra tarea, si hubiéramos tenido que afrontar la realidad del desarrollo, se habría vuelto muy difícil. Hubo un día en que eso nos pareció evidente, poco tiempo antes de que nuestra misión llegase a su fin.

Tuvimos en IDEA un equipo de diez a doce personas, con un responsable para cada gran línea del proyecto. Para el empleo del plástico Fiat había decidido trabajar con un gran productor, la compañía General Electric de Holanda. La dirección nos informó de que iba a organizar una reunión con este grupo para empezar a estudiar el empleo eventual de piezas de plástico. Se fijó el encuentro para un martes por la mañana a las diez. Llegaron las gentes de GE, Renzo y yo entramos en la habitación pensando presidir la reunión como otras veces, ya que la disposición de la mesa parecía indicarlo así. Pero nos encontramos en el puro centro de una gran discusión en la que cada uno tenía ya su interlocutor, el responsable parachoques de GE frente al responsable parachoques de Fiat. Todos se conocían ya y era evidente que tenían muchas cosas que decirse. Nosotros éramos los *outsiders*. Había en total diecisiete representantes de cada empresa disputando unos partidos singulares por parejas, como en el tenis. Y mientras intercambiaban sus proyectiles nos dimos cuenta con cierta indiferencia de que nuestro papel sería difícil de asumir, por no decir imposible. Un grupo de diez personas no puede hacer frente a un grupo diez veces más numeroso formado por expertos de cada aspecto diferente del proyecto. En la fase de reuniones informativas preliminares sería, en rigor, posible; pero en fase de ejecución eso era claramente imposible. Nuestros días estaban contados. Habíamos aportado nuestra contribución. Se lanzó el diseño de un prototipo. Nuestro papel había terminado.

De hecho, Fiat continuó con el trabajo y construyó el prototipo, que a su vez fue considerado suficientemente alentador como para llevar más lejos el estudio de ciertas ideas, algunas de las cuales han comenzado a aplicarse en la producción.

La enseñanza más importante que hemos obtenido Renzo y yo de esta experiencia ha sido la forma en la que trabaja Fiat u otra empresa del mismo tamaño. A esa escala, la estructura interna de la empresa y el lugar que en ella ocupa el individuo son más importantes que la confrontación. Cada producto se desarrolla a lo largo de mucho tiempo. Se compara cada decisión con las que toman sus competidores. El hecho de expresar las cuestiones específicas de la empresa en la fabricación del producto viene de una decisión colectiva de todos los participantes, en presencia de la dirección y con la colaboración de alguno de sus miembros. De este modo la responsabilidad resulta compartida. En los departamentos técnicos, la fortaleza básica descansa en el saber y la pericia. Y la fortaleza básica es algo que se protege celosamente.

Se examina minuciosamente cada una de las decisiones para ver si es realmente defendible. Las grandes empresas, dotadas de enormes capitales, son la presa favorita de los hombres de leyes y del gran público en general. Pero su actitud defensiva es algo de lo que, en el fondo, nos beneficiamos todos. Se les debe la fiabilidad y la seguridad de los coches tal como las conocemos hoy día. No obstante, esa atmósfera inhibe la libre circulación de las informaciones.

En un momento de nuestro trabajo nos preguntamos si la rigidez torsional debía ser diferente entre un coche de tracción trasera y otro de tracción delantera. Saberlo era muy importante para nosotros porque proponíamos un concepto en el que el criterio de desgaste era menos central. ¿Era eso razón suficiente para modificar la rigidez? Jamás recibimos respuesta. Está claro que ni Fiat ni ningún otro constructor había intentado nunca disminuir la rigidez de los coches. Intentar algo parecido equivaldría a incurrir en un riesgo enorme e innecesario en la batalla de la responsabilidad.

Esta actitud defensiva conduce a que introducir cambios sea difícil si no imposible, en particular para todo aquello que no esté directamente ligado al mercado y al estilismo. Los cambios relativos al papel de la industria en la sociedad, que nuestras naciones occidentales, Japón incluido, tendrán que acometer más pronto o más tarde, serán muy difíciles de efectuar. La industria no es responsable más que con respecto a sí misma. El cambio solo puede producirse como consecuencia de la reglamentación, o bien por una evolución del público y de su percepción de los valores. La primera hipótesis, tanto a escala nacional como internacional, está destinada al fracaso, pues no conseguirá más que reforzar la estructura actual de las empresas al exigirles cada vez más pericia, favoreciendo cada vez más una estrategia que tan solo considera el cambio como un desarrollo muy lento, una ampliación sosegada del abanico de productos ya existentes.

Pero lo que necesitamos es la creatividad inspirada de un Alex Issigonis con el Mini. Hay que dejar que los ingenieros piensen libremente y de forma inventiva, debemos encontrar una manera de introducir más individualidad y más especificidad artesana en la realización de un coche, para que dé testimonio de que ha sido hecho por hombres, para el bien de todos nosotros. En cuanto a la forma que debe adoptar ese testimonio, puede variar mucho en los detalles.

Consideremos el mundo, ensuciado por la polución e invadido por nuestras construcciones, cada vez más saturado de productos hasta que un día no haya sitio para sus habitantes originales. Es patente que la toma de conciencia y la educación son las claves del futuro. No podemos esperar que la industria se transforme por sí sola, porque, en el marco de la legislación, no hay nada hecho para incitarla a que emprenda un cambio.

Otra característica importante de la industria es su programa de inversiones por turnos. Cualquiera que sea el momento que se considere hay siempre grandes sumas de dinero invertido en créditos o en los métodos de producción, sumas que hay que amortizar. Por eso ningún momento es bueno para empezar, hay siempre algo en marcha que hay que terminar. Esta inercia, combinada con las complejas relaciones que mantienen la patronal y los trabajadores, hace siempre que sea muy difícil la llegada del cambio.

Pero llegará la ocasión. Los ordenadores, ya que pueden ayudarnos a gestionar situaciones cada vez más complejas, lo hacen inevitable. Es importante no desperdiciar esta posibilidad, atendiendo a retos que solo conducen a beneficios a corto plazo, en lugar de perseguir los intereses reales que nos afectan a todos tan desesperadamente. Si la sociedad consigue identificar estos últimos, si los ingenieros se sienten autorizados a emplear su cabeza para inventar y para innovar, entonces me parece que no todo está perdido. Pero eso exige una reforma considerable del modo de pensar. Como decía Ove Arup en su última conferencia, los ingenieros deben aceptar la idea de que la responsabilidad del cambio les incumbe a ellos también. Deben arremangarse y emplear su inventiva en estimular los cambios que solo ellos son capaces de llevar a buen término.

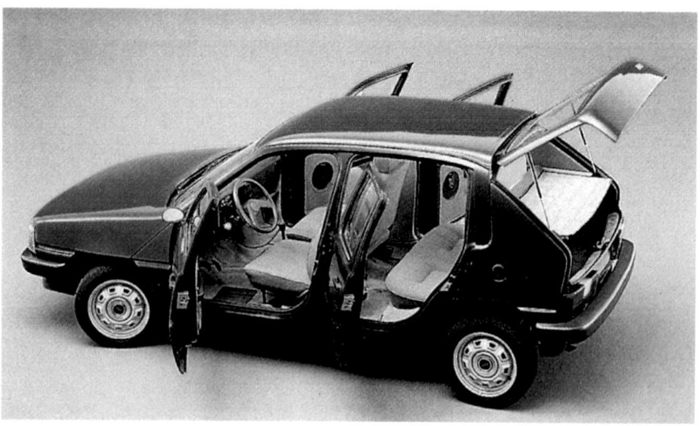

El prototipo Fiat acabado.

Vista de los grandes invernaderos en la Ciudad de las Ciencias y la Industria de La Villete, en París.

15

El factor camaleón

A menudo me he preguntado cómo he llegado a trabajar, con igual fortuna, con arquitectos tan diferentes. De hecho, me sucede con frecuencia que trabajo en el mismo día con dos o tres arquitectos, siendo así que cada uno de ellos encontraría muy difícil de aceptar la arquitectura de los otros dos.

Al principio, cuando empecé a reflexionar sobre este problema, me pregunté con perplejidad cómo podía funcionar bien la cooperación entre el ingeniero y el arquitecto. Ya lo hemos visto, el ingeniero trabaja con las prestaciones físicas de los materiales, con la estructura o con la luz, o incluso con las cualidades acústicas de un espacio, en tanto son características físicas medibles de la arquitectura.

Pero observo hasta qué punto me apasiona comprender las posiciones estéticas respectivas de arquitectos diferentes y explorar lo que eso significa en términos de cómo uno se encamina hacia una solución.

En la filosofía de un arquitecto hay siempre una dimensión sentimental. Normalmente los arquitectos, cuando elaboran un proyecto, se atan de forma apasionada a ciertas características. Hoy día, si nos implican en un proyecto, es porque sienten que nosotros podemos, mi equipo y yo, mejorar, o al menos realzar de algún modo toda su arquitectura en su conjunto.

Los arquitectos con talento tienen habitualmente una visión muy clara de la forma en que les gustaría que se perciba nuestra intervención. Se comprenderá mejor con algunos ejemplos. Tomemos dos muy diferentes, ambos situados en La Villete: por una parte los invernaderos, que ocupan la fachada del edificio proyectado por Adrien Fainsilber; y por otra las galerías, en el parque diseñado por Bernard Tschumi.

Con Fainsilber el objetivo arquitectónico era la exploración precisa y refinada del empleo del vidrio con objeto de poner de manifiesto sus propiedades físicas, en primer lugar su solidez y su transparencia. Una parte de nuestra respuesta consistió en concebir una estructura de acero inoxidable, así como una serie de rigidizadores en forma de cables de acero pretensados, destinados a mantener el vidrio en su sitio frente a las ráfagas de viento. Estos cables rigidizadores poseen, por su geometría, dos centros de rotación opuestos. Pero un cuerpo no puede girar alrededor de dos centros al mismo tiempo: es esta astucia geométrica la que procura su esta-

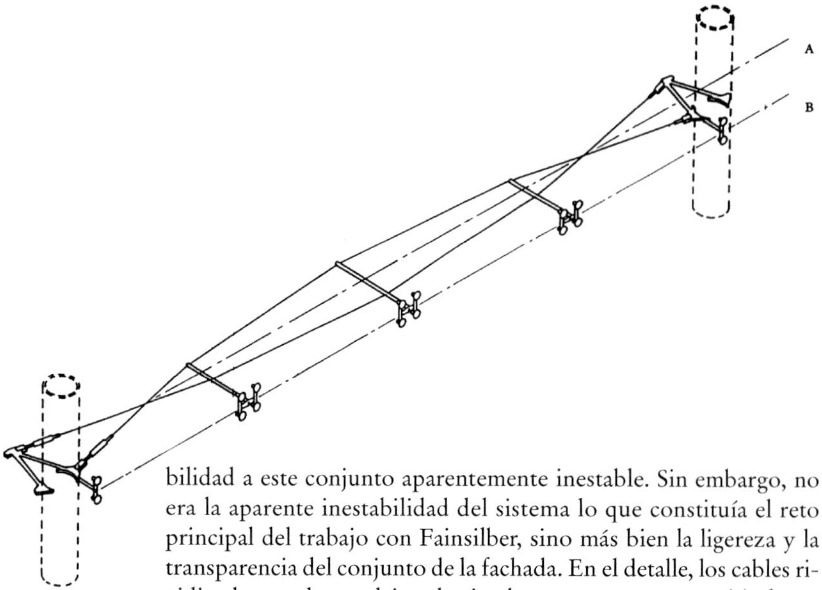

Diagrama de los cables rigidizadores utilizados en los grandes invernaderos, mostrando que el equilibrio del sistema resulta del empleo de dos centros de rotación diferentes. Es su combinación la que permite al cristal estabilizar los cables rigidizadores.
A Eje de rotación del cable rigidizador.
B Eje de rotación de los soportes situados en el plano del cristal.

Vista de través de los grandes invernaderos, mostrando la ligereza y la transparencia de las fachadas.

bilidad a este conjunto aparentemente inestable. Sin embargo, no era la aparente inestabilidad del sistema lo que constituía el reto principal del trabajo con Fainsilber, sino más bien la ligereza y la transparencia del conjunto de la fachada. En el detalle, los cables rigidizadores y los anclajes, destinados a mantener en su sitio la estructura principal de los invernaderos, se habían concebido para reducir al mínimo su impacto visual, de forma que se acentuase la ligereza y homogeneidad del conjunto. Si la impresión general es la de una solución un poco acrobática debida en particular a los cables rigidizadores, en ningún caso se siente que haya un conflicto jerárquico entre estos últimos y el resto de la estructura; se trata, más bien, de un desafío lanzado a nuestra percepción de la estabilidad, que nos impulsa a tratar de comprender la estructura.

Un elemento crítico de todo lo que intento hacer es la búsqueda, en presencia física de la forma estructural, de un elemento que provoque a quien lo mira y lo lleve a verlo desde más cerca, para impulsarle a examinar la naturaleza de las cosas. De este modo el observador ve la naturaleza de la estructura más que su imagen, pasando del estado de perplejidad al de satisfacción una vez que ha comprendido el fenómeno.

Los invernaderos de Fainsilber contrastan absolutamente con las estructuras de la galería diseñadas por Bertrand Tschumi. Este último busca afectar al espectador de una manera más directa. El reto aquí consiste en la forma en sí misma, con sus yuxtaposiciones. Contrariamente a los invernaderos, nada aquí es regular ni está bien ordenado. Se ha concebido la geometría, y los detalles, para originar choques, intersecciones no convencionales allí donde se encuentran los diversos elementos. La estabilidad es un reto aquí también, pero esta vez se trata del equilibrio general del conjunto. Se coloca en voladizo a los diferentes elementos para crear un sentimiento de distorsión y de asimetría. La sensación de inestabilidad viene de la impresión de que el conjunto puede bascular en cualquier momento, lo que procura una leve sensación de malestar a quien se pasea bajo la marquesina. Además, los diversos elementos están dispuestos de modo que se provoquen deliberadamente conflictos geométricos que hay que resolver. Todo esto se hace de una forma suficientemente evidente para que no haya ninguna duda sobre el carácter intencional de estos conflictos. Tomemos, a título de ejemplo, el lugar en que el tirante que sostiene la viga de la galería intenta pasar a través del pilar portante principal. Ha habido que concebir un detalle que permita al tirante contornear el soporte.

Estas dos formas diferentes de abordar el detalle de los ensambles de acero, así como la percepción de la estabilidad, eran para mí interesantes y estimulantes. El hecho de que representen dos visiones opuestas de la arquitectura añadía interés al trabajo de ingeniería en vez de disminuirlo. Yo estaba fascinado por la yuxtaposición de estas dos estructuras de acero en el mismo lugar. Ambas exigían inventiva e incluso innovación. El interés para el ingeniero reside en el hecho de que, cada una de estas soluciones, tomada individualmente, sugiere una actitud específica en cuanto a la forma de utilizar el acero.

Encuentro el enfoque de Bernard Tschumi muy interesante, porque cuestiona de una manera muy deliberada todas las convenciones sobre las que uno se apoya habitualmente cuando se concibe una estructura de acero. Su estructura privilegia los conflictos, busca las soluciones más inestables y pone el acento en la asimetría en vez de la simetría que caracteriza las soluciones convencionales.

Debo decir aquí cuán excitante es todo esto para un ingeniero estructural como yo. Porque, si la mayor parte de las estructuras – en particular, las que se conciben buscando un efecto arquitectónico– son simétricas, las principales cargas ambientales – terremotos, viento, nieve y todas las llamadas cargas de explotación– son esencialmente asimétricas. Se puede discutir si esta costumbre de la simetría es la herencia de una época en la que los materiales de construcción, muy pesados, anulaban por su propio peso el efecto de las otras cargas, o bien si son los arquitectos que, de forma natural, prefieren las formas simétricas. Baste con decir lo apasionante que resulta estudiar una estructura en la que se ha puesto como objetivo la asimetría.

Estos dos ejemplos muestran bien a las claras que a los ojos del ingeniero el desafío de un proyecto puede ser independiente de las preferencias del arquitecto, lo que no impide para nada encontrar un terreno de colaboración. En la situación que acabo de describir yo sentí un placer real poniendo en cuestión las hipótesis del proyecto de invernaderos.

Cuando se trabaja con diferentes arquitectos la actitud y las opiniones de cada uno de ellos formas parte de los datos del problema a resolver. Y puesto que este último comporta, como es el caso casi

Galería del Parque de La Villete mostrando la inestabilidad visual del conjunto.

Galería del parque de La Villete mostrando el detalle del tirante que contornea los pilares.

siempre, un desafío técnico –trátese de la naturaleza de los materiales, de la estructura, de la luz o de cualquier otro fenómeno físico– el ingeniero no debe temer la pérdida de su identidad o de su independencia.

Naturalmente, yo tengo mis ideas sobre la forma en la que yo me desenvolvería si trabajase por mi propia cuenta, ideas que, por otra parte, están patentes en alguno de los proyectos que menciono en este libro. Pero, incluso en ese caso, mi objetivo consiste siempre en explorar los materiales, la estructura y cualquier otro fenómeno físico. Y debo añadir que la estructura de los invernaderos y la de la galería, que parecen tan diferentes, cuadran ambas muy bien con mi filosofía de la ingeniería.

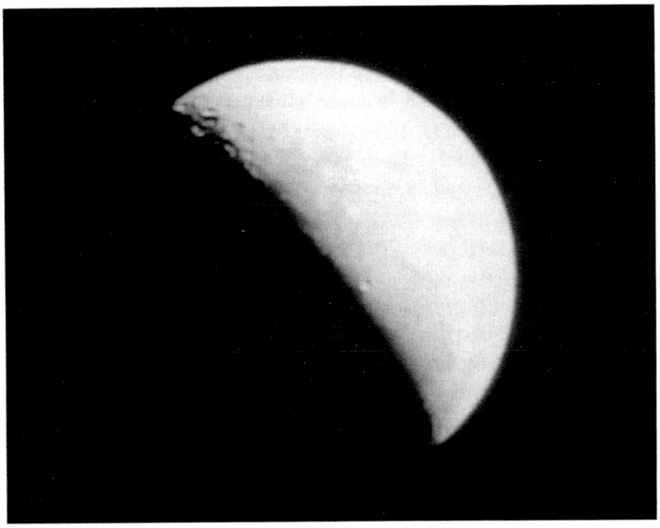

En uno de esos lugares a preservar, que esmaltan Francia y Europa, nació el proyecto de construir, sobre el territorio de Artemio, un teatro a cielo abierto, destinado a la creación y a la investigación previa al trabajo profesional. Gracias al clima de Gourgoubès y a la belleza del lugar en plena naturaleza, la luz de la luna llena se ha revelado como el instrumento de una nueva iluminación teatral.
Fue en el otoño de 1987 cuando por primera vez, a la escala de una simple maqueta de teatro, mi esposa y yo descubrimos la belleza mágica de los colores nocturnos puestos de manifiesto por la luz de la luna llena. Al día siguiente llamé a Peter, comprendiendo inmediatamente que debíamos compartir el hervidero de ideas y de cuestiones a resolver. Su entusiasmo inmediato selló nuestro acuerdo. Gracias a su espíritu poético el ingeniero pudo debatir con el hombre de teatro. Juntos recorrimos los primeros caminos difíciles pero apasionantes de esta aventura y con la ayuda de algunos otros amigos creamos la herramienta, que sigue siendo única, que es "el teatro de la Luna Llena". Peter nos ha abandonado demasiado pronto pero su espíritu ilumina para siempre nuestras reflexiones y nuestros trabajos.

Humbert Camerlo, Gourgoubès, noviembre 1998.[12]

[12] Esta nota del creador del Teatro de la Luna Llena no figura en la edición inglesa (NdE francés).

16

El Teatro de la Luna Llena

El Teatro de la Luna Llena es un intento de intervención mínima. El mito, el fantasma y la realidad se combinan en él bajo la presencia, poderosa y ritual, de la propia luna.

El teatro está iluminado completamente por la reflexión de la luz lunar. Los cálculos que permiten seguir la trayectoria de la luna y definir la geometría de los reflectores que aseguran las diferentes funciones teatrales – proyectores, iluminación lateral, iluminación rasante, etc. – se enviaron a Londres y a París en compañía de Humbert Camerlo. El resto es obra de artesanos locales. Los ingenieros jóvenes no se limitaron a proyectar en sus oficinas sino que todos ellos, un día u otro, pasaron por el lugar para participar, de cuerpo y de espíritu, en el desarrollo del teatro.

De este modo, se puso a punto un espejo especial, extremadamente ligero, cuyo elemento principal es un vidrio templado de un milímetro y medio de espesor. En efecto, este lugar es y debe seguir siendo el de una experimentación sobre el teatro, la psicología de la luz y el mito de la luna. El comité de talleres de Gourgoubès tiene la vocación de ser un marco de investigación pluridisciplinar: reúne a físicos, artistas, músicos, escritores, coreógrafos y bailarines, directores de cine y grandes productores de televisión, así como a mí mismo, un ingeniero. Todo el trabajo debe efectuarse en el propio lugar. El proyecto está ahora en sus comienzos.

El Teatro de la Luna Llena se encuentra en el dominio privado de Gourgoubès, al norte de Montpellier. Constituye una parte de los talleres de Gourgoubès, un lugar de actividades teatrales y musicales dirigido por Humbert Camerlo, quien define como sigue las intenciones y objetivos del Centro:

> El Centro de Gourgoubès se basa en una filosofía transdisciplinar. Los proyectos, los talleres, las experiencias y las nuevas realizaciones son dirigidas por artistas y por científicos de diversas disciplinas, que colaboran teniendo a la vista objetivos comunes. Se exploran los dominios de la investigación técnica o científica y de la creación artística hasta el punto en el que los diferentes modelos, de las artes y de las ciencias, pueden encontrarse, completarse, confrontarse o evolucionar en paralelo en un ambiente amable. Trabajar en el seno de una red tal, multidisciplinar, es objeto de demanda por parte de artistas, de científicos y de filósofos desde hace mucho tiempo. El Centro es una respuesta a esa necesidad. El

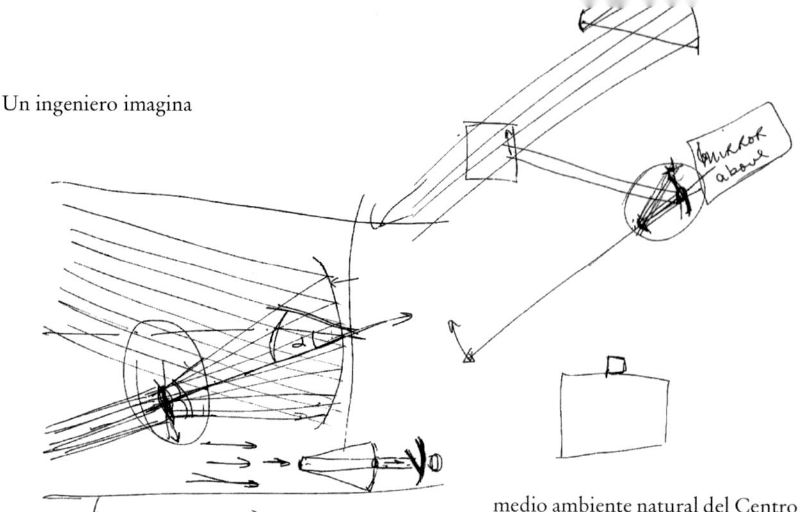

medio ambiente natural del Centro de Gourgoubès, preservado de la polución, lejos de la tensión y de la agitación propias de la ciudad, es un elemento esencial para la armonía y el éxito de ese intento de integración. Cada uno de los proyectos emprendidos en el Centro determina su propia forma de evolución.
Uno de los equipamientos más originales, actualmente en construcción en el Centro de Gourgoubès, es el Teatro de la Luna Llena, el primero de este tipo en el mundo hoy día. Constituye el elemento central del Centro y de su funcionamiento, al tiempo que es un símbolo de integración de las artes, de las ciencias y del medio ambiente.

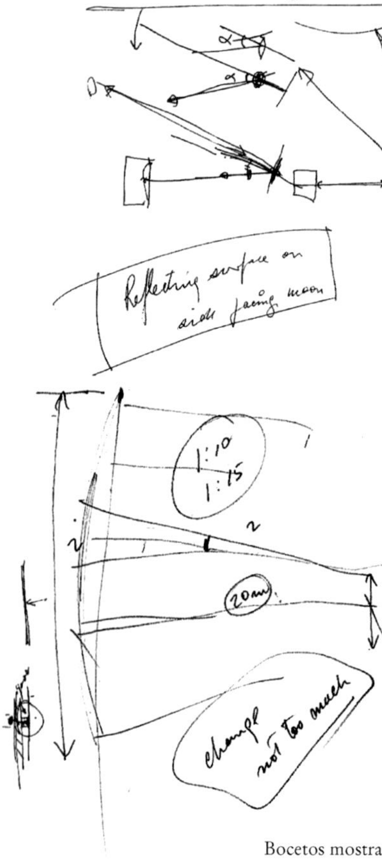

Bocetos mostrando el principio de la reflexión de la luz de la luna en las superficies parabólicas de espejo.

Mi papel en el Centro es estudiar y colaborar en la realización del Teatro de la Luna Llena, un anfiteatro natural completamente iluminado por la luz lunar. Pero, incluso en las noches de luna llena, la luz es muy débil y debe ser fuertemente amplificada para que pueda tener lugar un espectáculo teatral.

En tales condiciones, resulta que el papel del ingeniero es el contrario de lo que es habitualmente. Aquí se trata de permitir a los miembros del Centro de Gourgoubès, que pongan a punto y realicen ellos mismos los diferentes equipamientos necesarios para el funcionamiento del teatro. El proyecto debe ser natural, en armonía con el lugar y sus vibraciones espirituales. Toda intervención demasiado técnica altera este equilibrio. Evidentemente, tales intervenciones son necesarias – la técnica de los espejos es un ejemplo – pero deben ser lo más discretas posible.

Lo que me parece esencial en el Teatro de la Luna Llena, y de un modo general en el proyecto de Gourgoubès, es que todo lo que allí suceda debe estar enraizado en el lugar, producido por la propia mano de los que lo habitan y trabajan en él.

Se trata de una evolución natural. La idea no es sacar partido de nuestra situación contemporánea: para mí, sin duda alguna, el Teatro de la Luna Llena podría haberse construido hace trescientos años, desde que se supo cómo fabricar espejos. Lo que me asombra, dado que la luna ha tenido siempre un signifiado mítico enorme, es que los inventores y los astrónomos de los siglos XVII, XVIII y comienzos del XIX, que tanto se interesaban por los fenómenos naturales – como Lavoisier y Bufón – no hayan hecho ningún intento en ese sentido.

El dominio
de Gourgoubès.

Inicialmente, Humbert Camerlo ensayó su principio de captura y control de la luz lunar en septiembre de 1987, con ayuda de espejos cóncavos.

Las leyes físicas de la luz son conocidas desde la Grecia antigua. No del mismo modo que hoy, ni incluso que en el siglo XIX, pero suficientemente ya para que las gentes hayan conocido los efectos que se pueden producir con ayuda de una superficie reflectora que intercepta los rayos del sol (durante el sitio de Troya, Arquímedes prendió así fuego a toda la flota griega con ayuda de escudos de cobre)[13]. Los hombres han buscado siempre poner a punto métodos, técnicas y rituales para conocer y amplificar el poder del sol. La luna jugaba el mismo papel pero a la inversa. El sol es la energía mientras que la luna es el mito.

En el corazón del proyecto se encuentra la voluntad de comprender cómo favorecer el desarrollo natural de sus elementos; no se trata, en absoluto, para alguien como yo, de inclinarse sobre el problema, aportar técnicas industriales, organizar la construcción, y decir luego: "Señor Director, he aquí su teatro, haga lo que quiera con él". Todo lo contrario, debe proceder del lugar y de las gentes que lo habitan.

Es posible, e incluso probable, que las evoluciones posteriores del proyecto sean de naturaleza mucho más mecánica. Pero lo esencial, para este primer teatro, es el empleo inventivo, por parte de la gente que vive en el lugar, de su capacidad artesanal.

Si se recapitulan los progresos de los reflectores lunares en el curso de su primera temporada de utilización, se comprende muy bien la filosofía del proyecto y su evolución. Los principales reflectores que se pusieron a punto fueron los "Kepler" y los "Arquímedes", concebidos por mi equipo en Londres y en París, así como los "Copérnico" creados por Humbert Camerlo. Los Kepler son grandes reflectores parabólicos concebidos para concentrar la luz de la Luna en una zona del orden de un metro por dos. Se definió su geometría con la ayuda de una armadura de madera, una celosía de cincuenta centímetros de trama cuya forma venía

[13] Peter comete aquí un error. Arquímedes concibió sus máquinas de guerra para rechazar a los romanos que sitiaban Siracusa (NdE francés).

determinada por la longitud de cada barra de la celosía. El conjunto se recubría de una hoja fina de contrachapado de tres milímetros de espesor, despiezado según plantillas establecidas en Londres. Finalmente, la superficie de contrachapado se recubría con un espejo de plástico reflejante, para formar un reflector completo. Al principio, los carpinteros que fabricaban esos reflectores tenían dificultades para realizarlos con la precisión requerida, pero tras dos o tres ensayos consiguieron construir grandes reflectores de una calidad razonable.

Reflectores Copérnico en construcción en el Teatro de la Luna Llena, verano de 1991.

Esta mejora gradual constituía la esencia misma del proceso de aprendizaje, en la medida en que la fabricación de reflectores estaba en manos de las gentes de Gourgoubès. En el plano técnico el defecto mayor era que los reflectores, muy grandes y muy ligeros, eran por tal motivo muy sensibles a las borrascas. Era algo que no habíamos previsto. Normalmente no hace viento en Gourgoubès, pero a veces, al crepúsculo, se levantan ráfagas bruscamente, soplan durante treinta segundos y luego se paran tan bruscamente como aparecen. Los alrededores son muy accidentados. Como Gourgoubès está situado en un valle, las corrientes de aire se enfrían muy deprisa y de forma muy sensible, con lo que pueden sobrevenir golpes de viento brutales. Esos enormes reflectores se comportaban entonces como simples velas. Humbert había subestimado la fuerza del viento. Un día, justo antes del comienzo de un espectáculo, se levantó el viento y luego desapareció en menos de diez minutos. Todo estaba listo, habíamos colocado algunos reflectores suplementarios en previsión de que llegase la noche, y apareció ese maldito viento allí donde no se le esperaba. Todo esto es el producto de factores locales muy complejos. Es un problema pendiente de resolver; lo remediamos parcialmente instalando unas peanas de cierta solidez; ciertamente, en detrimento de la flexibilidad, pero es una solución algo pesada y que quedará. Pero en el fondo no acaba de

Vista del Teatro de la Luna Llena en 1991, con prototipos de reflectores Kepler y Copérnico colocados en diferentes niveles para evitar sombras y maximizar el área de superficie reflectante.

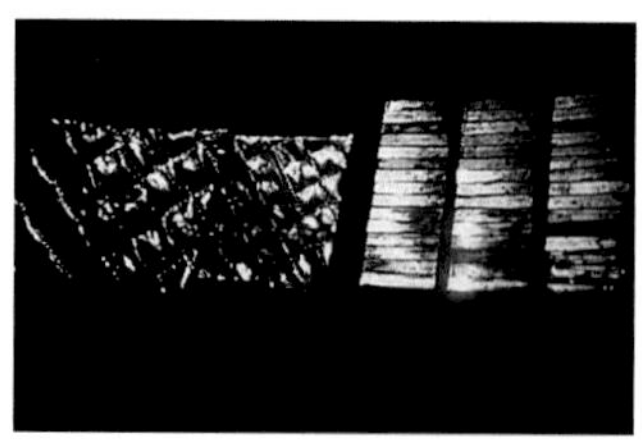

1991: Vista desde las gradas hacia el escenario y el valle, hasta la falla entre las colinas, al sur, situada sobre el trayecto de la Luna.

1991: Construcción in situ del prototipo de un reflector Arquímedes, cuyo paraboloide se forma a partir de una estructura radial.

1991: La estructura se recubre enseguida de contrachapado y luego se reviste con espejos. Este reflector fue concebido para emplearlo en el escenario.

1991: Construcción in situ de un reflector prototipo Kepler usando un enrejado de madera de pino para formar la curvatura parabólica. Se cubrió primero con una capa de contrachapado y luego con una capa de papel para suavizar las imperfecciones de la superficie, más una superficie final de papel de aluminio.

1991: Suspendidos en un marco de madera, los reflectores Kepler (a izquierda y derecha) pueden pivotar tanto horizontal como verticalmente para seguir a la luna y la acción del escenario. El Kepler se diseñó para usarlo dentro del Teatro.

1991: Un prototipo de reflector Copérnico en construcción. Un chasis de acero soporta unas láminas reflectantes que pueden orientarse independientemente las unas de las otras. Toda la estructura puede girar para seguir la luna y la acción que tiene lugar en escena.

1991: Vista del Teatro de la Luna Llena. Gradas de piedra seca en los lugares cubiertos de hierbas; al fondo los Copérnico formando una alta muralla reflectante y en último plano las montañas.

1991: Vista de los Copérnico que conforman un muro destinado a reflejar la luz de la luna. Están situados en la última grada, de cara a la escena.

Izquierda 1991: Cuerdas de control de los Copérnico individualmente etiquetados con una tablilla en cada espejo.
Derecha 1991: Reflexiones de ángulo múltiple de los Copérnico.

1991: Los reflectores Copérnico, Kepler y Arquímedes vueltos de espaldas para evitar que reflejen la luz del sol y ocasionen un fuego en el bosque, al prender en los arbustos secos que hay alrededor del teatro.

disgustarme: toda nuestra brujería tecnológica no podrá cambiar para nada el hecho de que el lugar es el lugar.

Y las únicas personas verdaderamente capaces de comprender un lugar son quienes lo habitan. Los visitantes que vienen a participar de la experiencia no poseen ese tipo de instinto, no se les ocurre la idea de salir para sentir el viento. Necesitan un aprendizaje para comprender lo que pasa realmente.

Algunos otros elementos del Centro se elaboraron totalmente in situ. El teatro mismo fue construido en ocho semanas, bajo la dirección de Humbert, por un grupo de seis albañiles marroquíes venidos especialmente de las montañas del Atlas. Todo el equipamiento lo realizaron carpinteros, albañiles y obreros del metal de la localidad, a partir de directrices geométricas que proporcionaban Humbert y mi equipo de Londres. Los miembros del Centro, en su mayoría, entendían muy bien esta forma de actuar, especialmente los que vivían en el lugar, lo que no era el caso de los visitantes, en particular los profesionales de la televisión y del teatro. La propia idea de los reflectores imperfectamente construidos les parecía difícil de admitir, acostumbrados como estaban a herramientas industriales de alta tecnología de comportamiento previsible.

Hay otro problema, que viene del hecho de que, hoy día, pensamos a una escala demasiado grande. Cuando empezamos a trabajar sobre el escenario y las gradas, me pareció que el escenario que habíamos construido era demasiado grande. Su tamaño había venido determinado por las necesidades de una compañía de ballet, pero era evidente que no llegaríamos nunca a iluminar una superficie como esa. Los reflectores lunares son muy grandes: deben captar toda la luz para enseguida concentrarla en un punto. Para iluminar un metro cuadrado multiplicando por cinco la intensidad del rayo de luna hace falta un reflector de unos seis metros cuadrados y

Detalle de las gradas y los escalones de piedra seca.

Albañil marroquí construyendo la pared de piedra seca del anfiteatro.

Ensayo diurno de un espectáculo en el Teatro de la Luna Llena, por la compañía americana Momix.

Bailarín nocturno iluminado por un foco reflectante, necesario cuando las nubes oscurecen la luna.

medio, lo que no es nada cuando se trata de orientar correctamente cada uno de los elementos con ayuda de pequeños mecanismos.

Todo esto resultó bien ilustrado cuando se emitió por televisión *La noche de las estrellas fugaces*, transmitida desde el Centro en agosto de 1991. Tras dos noches de luna llena que precedieron a la emisión, los equipos de televisión vinieron a Gourgoubès para filmar representaciones teatrales, una de las cuales era un espectáculo de Monix, una compañía de bailarines americanos cuyo director, Moses Pendleton, es miembro del comité del Centro. La dificultad de obtener una luz suficiente en el escenario siguiendo la Luna con los reflectores exasperaba a los técnicos. Pasado algún tiempo hubo por fin suficiente luz para filmar, pero todos los que estaban allí a malas penas entendieron lo que se esperaba de ellos, a saber, un trabajo manual manipulando y ajustando los reflectores. Es una tarea muy cansada y que exige plena atención a cada instante. No obstante, una vez entrados en el espíritu del ejercicio, todos se encontraron recompensados.

El teatro de Gourgoubès trata de desarrollarse de forma natural, local y no tecnológica. Este principio general cubre tres objetivos diferentes: el primero, las necesidades espirituales y rituales del Centro; el segundo, la comprensión del modo en que las gentes reaccionan ante la luz de la luna, tanto en su realidad física como en su dimensión mítica; y el tercero, la experiencia teatral propiamente dicha.

La dimensión espiritual del proyecto viene favorecida por el propio lugar. Gourgoubès se encuentra en el camino de Santiago y, justo más abajo del Teatro de la Luna Llena, hay una fuente en la que se detienen los peregrinos para refrescarse y renovarse espiritualmente. Este lugar con todo su pasado significa que uno tiene conciencia permanente de que hay una presencia extra cuando se está en el Centro.

La casa que alberga hoy el Centro, al menos en su parte original, data del siglo IX más o menos. Era una granja en la que se criaban corderos y se cultivaban olivos, árboles frutales y cereales. En el siglo XVII se fabricaba seda allí. El sótano estaba acondicionado para criar gusanos de seda y lo esencial de la vegetación estaba constituido por moreras. Yo supongo que pronto las gentes se orientarían masivamente hacia la seda de Oriente: a principios del siglo

La casa y el taller de Gourgoubès.

XVIII el comercio de la seda empezó a declinar, si bien aún subsiste en algunas regiones de Francia.

Este vasto dominio ha obtenido siempre de la agricultura lo esencial de su subsistencia. La vegetación presenta una mezcla de pinos y abetos, pero el árbol más común aquí es una variedad de robles verdes muy antiguos. Todo aquí es muy antiguo y está muy seco. Los árboles crecen muy lentamente, el respeto a la vegetación viene casi obligado por el lugar: si se tala un árbol, hay que esperar trescientos años para que sea reemplazado dignamente, cosa que, por otra parte, constituyó un problema para el Teatro de la Luna Llena. Necesitábamos un espacio despejado para recoger la luz y lo primero que nos pareció que había que hacer era desembarazarse de esos arbolitos raquíticos. Pero la decisión de cortar el menor arbolito debía ser objeto de una reflexión muy madura.

Yo llegué a Gourgoubès a comienzos del verano de 1991, cuando se estaba preparando el teatro para un espectáculo que iba a retransmitirse por televisión. Quienes estaban allí experimentaron toda la dificultad que conlleva el construir dispositivos ópticos precisos con ayuda de un contrachapado, madera y plástico reflectante. Los reflectores se habían construido in situ pero algunos de ellos no funcionaban perfectamente y quienes los habían construido se sentían culpables, extremadamente inquietos. Las gentes implicadas – un grupo de veinte personas pertenecientes a distintas disciplinas, que comprendía a un realizador, un compositor, un ritualista, un responsable de Antena 2 y toda su cohorte, que, en principio, no realizaban ningún trabajo físico – se agitaban, se atropellaban, para llegar a que funcionase el sistema, mientras que las cámaras rodaban. Uno de ellos me confesó no entender por qué no funcionaban los reflectores (yo tenía fama de saber lo que yo hacía). Tuve enormes dificultades para hacerle entender la filosofía subyacente al proyecto. Los carpinteros y los diferentes artesanos lo comprendían mucho mejor porque estaban acostumbrados a trabajar de ese modo. Pero los demás, que habían hecho bonitas carreras, tenían grandes dificultades para comprender nuestro empeño en fabricar aquí esos grandes reflectores que estaban tan lejos de ser perfectos. Yo intenté explicarles la estrategia. Como eran franceses e intelectuales, se notaba que comprendían lo que se les decía, que sentían que allí había una verdadera cuestión... pero enseguida bajaban la cabeza y preguntaban: "¿Cómo?". Habían olvidado el breve mo-

Al mirar desde la casa se ve a través de los árboles el borde del Teatro de la Luna Llena.

mento de comprensión y volvían a caer en la morosidad. En cierto sentido, esa fue probablemente mi primera contribución al proyecto: comprenderlo.

Seguir la luna, obtener una buena convergencia de rayos, estimar correctamente la cantidad de luz requerida y controlarla, todo esto requería el empleo de modelos matemáticos. Además, había que hacer una buena cantidad de cálculos previos para obtener los efectos que buscábamos. Yo tenía conmigo gentes de Arup, en particular Andy Sedgwick. Todos estos resultados se reunían en forma de un conocimiento, pero la realización concreta del proyecto se confiaba por completo a las manos de quienes vivían allí, con lo que la obra resultaba ser fruto de su propia competencia y no un producto industrial más.

Aparte del hecho de que el Teatro de la Luna Llena se apoya sobre bases filosóficas sanas y claras, creo que su realización puede estimular las energías de los participantes. Su deseo de llevarlo a buen puerto es tan grande que casi se convierten en locos. Pero sobre todo, es el lugar mismo lo que permite tocar al fantasma, sencillamente porque es un lugar fantástico.

Otra característica fundamental del Teatro de la Luna Llena es que funciona al contrario de la experiencia teatral normal. En el teatro tradicional uno entra en una caja negra, desconecta sus convicciones y se prepara para algún tipo de impacto visual inédito, mientras que, en el Teatro de la Luna Llena, el simple hecho de acceder y de estar allí constituye la experiencia. Es la inversión de los parámetros habituales del teatro lo que se convierte en un espectáculo. Ciertamente, no se trata en verdad de lo que se considera como un acontecimiento teatral: se trata más bien aquí de utilizar el teatro como el lugar de una mejor comprensión de lo que es la comunicación. Esta inversión de la experiencia habitual, y el hecho de saber de dónde viene la luz del ambiente, implican que todo se convierta en una parte del propio espectáculo. El proceso que permite asegurar la iluminación de la escena durante los espectáculos en lugar de disimularse, como en el teatro, tras una pantalla mixtificadora – "¡Oh, Dios mío! ¿Pero cómo lo han hecho?" – aquí se hace patente. Cada uno se implica en la ejecución de cada cosa y eso también forma parte de la experiencia.

El otro gran interés del proyecto es la reacción de la gente a la luz de la luna. Muchos creen que experimentan la influencia de las fases

El inmenso paraboloide teórico en el que se despiezan todos los Kepler. Su eje va del escenario a la luna, siendo la escena el punto focal de la figura.

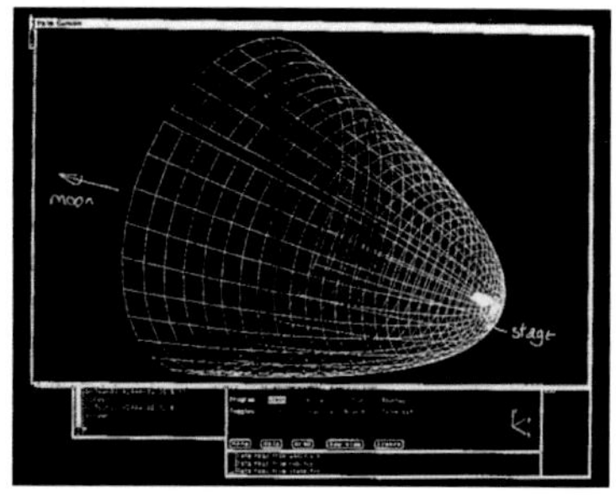

El Teatro de la Luna Llena visto del lado de la luna para verificar que no hay superposición de espejos. Se hace una comprobación similar desde la escena.

Comprobación del punto focal de un reflector Kepler.

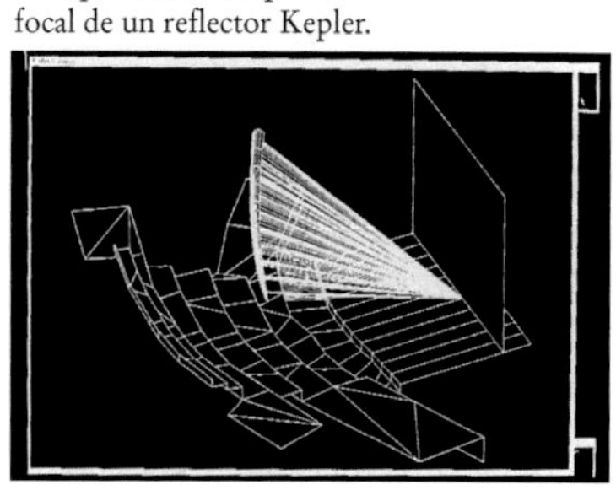

de la luna, y la luna llena representa para ellos un periodo muy especial; en consecuencia, reaccionan de un modo muy particular ante objetos dispuestos para ser percibidos bajo esta luz de luna llena. Esta luz, además, ilumina objetos que nos son familiares, puesto que se les ha visto ya a la luz del día. De hecho, se ven objetos que, sin esto, si por ejemplo estuvieran iluminados con la misma intensidad en una caja negra, sería imposible percibirlos.

Hay en efecto interacción entre la gente, el claro de luna y la forma en que la gente reacciona anta lo que perciben bajo esa luz. Si se integra todo eso con la experiencia teatral, que nos depara la sorpresa de lo que se va a ver, la combinación acaba siendo realmente apasionante. No es solo el hecho de ver que los árboles son verdes porque se sabe que los árboles son verdes. Hay una verdadera ósmosis entre lo científico y lo psicológico, que se hace patente a través de las reacciones de cada uno.

Lo que, de una manera general, podría llamarse la agudeza, es decir, la capacidad de distinguir las imágenes y los colores, es diferente a la luz de la luna de lo que dejan prever las respuestas teóricas. No soy un experto en la materia, pero no hay ninguna duda – yo mismo he hecho la experiencia – de que la luz lunar procura una visión notablemente clara de las cosas que, en teoría, no deberíamos ser capaces de percibir. Eso en una claridad de alrededor de dos décimas de lux, mientras que la exigencia mínima de lux que se requiere para poder leer es de veinte a veinticinco lux. Pero, con cuatro o cinco lux (veinte veces la claridad de la luna) la precisión de los colores y de las imágenes que se llega a distinguir es realmente notable.

Es cierto que se puede pensar que esta luz es muy débil. Pero la escala a la cual estamos acostumbrados a ver las cosas hoy día – un concepto que los franceses llaman *spectacle* – con toda naturalidad y como a pesar nuestro, nos mueve a sobredimensionarlo todo en nombre de argumentos altamente filosóficos del tipo “Si lo hacemos demasiado grande no utilizaremos más que la mitad”. Pero esto contradice, por su propia naturaleza, el equilibrio y la simetría. Se llega así invariablemente a querer disponer de todo y la única forma de no utilizar más que la mitad es limitarse a la parte central, cosa que tampoco es muy satisfactoria. Pasamos el tiempo luchando contra nuestras malas costumbres pero no parece que seamos capaces de desprendernos de ellas.

1992: Experimentos teatrales sobre el escenario.

1992: Dibujo informático de los nuevos prototipos de reflectores, concebidos para aumentar la cantidad e intensidad de la luz lunar sobre el escenario.

Otra cosa interesante es la calidad de la luz lunar en sí misma. Su espectro es casi perfecto. Es una luz muy pura porque no tiene más que unos pocos rayos infrarrojos y ultravioleta, de tal suerte que ni brilla ni decolora. Cuando miramos un objeto a la luz de la luna, lo que vemos son sus verdaderos colores. Claro que un concepto como éste de color verdadero es un concepto dudoso porque, como cada cosa tiene que ser iluminada por otra, no se ve más que lo que se refleja. No obstante, desde el punto de vista psicológico es interesante saber, en el absoluto, que tal color es el color verdadero. Si, de una manera o de otra, se encontrase el medio de transferir sin alterarlo una pintura iluminada por la luz de la luna sobre un negativo, entonces se obtendría una reproducción asombrosa de su verdadero color, al haberse eliminado la mayor parte de las distorsiones habituales del color. Sucede como con la innovación, hay que lanzarse y ver luego qué calidad de fotografía, sin distorsión, se llega a obtener.

Hay, no obstante, un peligro real. El interés mismo que tienen estos problemas hace que se empiecen a comprender las potencialidades del sistema de reflectores. Pero es importante que el Centro no se convierta en un centro de investigación para explorar las posibilidades de la luz y la forma en que la gente reacciona ante tales posibilidades. Eso equivaldría a negar todo el proyecto. Si los científicos desembarcaran y se pusieran a medir el Teatro de la Luna Llena, éste se transformaría en un instrumento más, un producto nuevo de nuestro poder industrial. Pero en lugares como éste en el que todavía es posible pensar y conversar, lo importante es dejar que las cosas vayan a su ritmo.

El director, Humbert Camerlo, le llama un *Teatro de Esbozo*, un teatro experimental, un teatro para "intentar ideas nuevas", un teatro de experiencias cruzadas entre los intérpretes y las diversas disciplinas artísticas y científicas. Por definición, no es un lugar destinado al gran público, sino que está concebido para los profesionales de las artes escénicas. Su tamaño, determinado por su vocación de laboratorio, corresponde a la superficie escénica mínima requerida por la propia naturaleza de la luz lunar. Un teatro para el gran público necesitaría reflectores enormes, desproporcionados con un lugar así. Por ello este teatro no puede acoger en forma conveniente más que a doscientas o doscientas cincuenta personas. Se pueden hacer allí bastantes cosas pero, claramente, no es cuestión de

Verano de 1992: Antares en curso de instalación. Pólux, Altair, Vega, Deneb y Polaris aguardan su turno. Los chasis de madera, que aún no están revestidos del todo con los espejos para que no sean tan pesados a la hora de manipularlos en los escalones de arriba, cuelgan en posición en el andamiaje.

Vista general del anfiteatro con los prototipos de reflectores de 1992 en posición.

1992: Los reflectores prototipo usan todos paneles planos de cristal de espejo que pueden ajustarse de dos modos, individualmente y como un conjunto total de pórticos que viaja por curvas independientes por las pistas superior e inferior. Las filas de pared de piedra seca se modifican para adaptar la nueva posición de cada año a los requisitos.

1992: El público bajo los reflectores. Obsérvense las pistas de acero curvo a lo largo de las cuales se mueven los reflectores manualmente a un metro por hora. El locus definido por las pistas superior e inferior asegura la inclinación y el foco correctos.

pedir "¿Por favor, podría usted girar un poco la luna por aquí?" La característica esencial de esta experiencia es que es necesariamente exclusiva. Está fuera de cuestión que nosotros podíamos construir mejor y más grande, como se hace hoy día por todas partes. Desde que un avión puede transportar a cuatrocientas personas a través del Atlántico, siempre hay alguien que diga: "Por qué no trasportar setecientos, eso sería más eficaz". Henos aquí en el corazón de la contradicción. Cuanto más interesante deviene una cosa hay más gente que desea participar en ella. Pero la luna solo brilla tres o cuatro noches al mes durante la fase de luna llena; y en esta fase la luna queda oculta tres o cuatro veces al año por las brumas de invierno. Por consiguiente, es materialmente imposible aumentar el número de actuaciones.

Se trata de una invención, un instrumento que debe ser experimentado y utilizado por las propias gentes. Habida cuenta de la naturaleza del teatro lunar, habrá que encontrar nuevos lugares si otros, a su vez, quieren poder satisfacer su entusiasmo. Pero eso solo podrá hacerse a una escala comparable y siempre de esta manera porque no hay otra forma de proceder. Fue por todas estas razones por lo que el proyecto me pareció tan apasionante. Uno se puede sumergir en él por completo para dejar que genere su propia dinámica.

La idea no es mía sino de Humbert Camerlo. A este efecto, otro punto sobre el que hay que estar especialmente vigilante en un proyecto como este es, precisamente, el de no usurpar el papel del director. Por ahora, nuestras tareas no se interfieren; en este sentido, somos buenos socios, cada uno tiene sus propias maneras y sus cualidades. Pero la energía del lugar es Humbert, sin él todo esto no existiría.

Muchos problemas técnicos quedan por resolver: el viento, el sistema de orientación de los reflectores, la luz para los músicos… por no citar más que algunos. Son cuestiones que no pueden resolverse más que lentamente, habida cuenta de los medios del Centro. Vivimos hoy en un mundo de soluciones inmediatas, pero eso no es posible aquí; y no basta con que Humbert y yo lo comprendamos, es necesario también, y sobre todo, que lo comprendan quienes están aquí permanentemente.

El proyecto no es un problema de esos que se resuelven rápidamente. No se somete a esa falsa opinión, tan extendida hoy, según

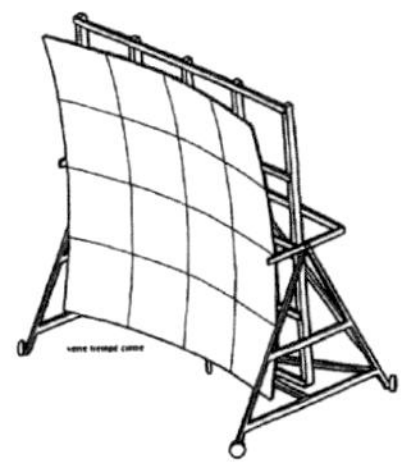

Propuesta para el prototipo Kepler de 1993, empleando espejo de vidrio templado y curvo, con espesor de 1,3 a 1,6 milímetros.
La disminución de peso del vidrio resultante debe facilitar el movimiento de la estructura que soporta los reflectores y permitir que se siga con mayor facilidad el curso de la luna y la acción que se desarrolla en escena.

la cual, puesto que tenemos tan poco tiempo de vida, no vale la pena ocuparse de una cosa si no puede ser resuelta al día siguiente. El Teatro de la Luna Llena es un proyecto de varias vidas.

Una parte de las dificultades actuales viene de que la idea es extremadamente seductora. Pero, como todo, requiere dinero y la gente no invierte si no puede ver resultados; y también hace falta producir. Ahora bien, muy pocos tienen la paciencia de esperar treinta años para ver que aparecen los primeros resultados. Este es un dilema fundamental. Este proyecto tiene que ir adelante despacio, si no todo se hará mal. Hay una lección que sacar de toda experiencia. De manera que su evolución deberá parecerse al modo de crecimiento tradicional de una cultura indígena, integrando los elementos modernos que caracterizan nuestra propia reflexión y utilizando todo lo que pensaron nuestros predecesores.

El Teatro de la Luna Llena es un laboratorio maravilloso. Todo lo que podemos esperar es que su ejemplo sirva de estímulo a otros, no para copiarlo sino para buscar a su vez un lugar con sus características, experimentar sus propios mitos y encontrar su propio aliento. Y ¿por qué no imaginar, a un plazo más o menos largo, una docena de lugares alrededor del mundo con teatros lunares todos diferentes, pero procedentes todos del mismo entusiasmo y bebiendo todos de la misma fuente espiritual?

Gourgoubès, tarde o temprano, acabará siendo la patria espiritual de esa parte de mí mismo que no pertenece a Irlanda. El Teatro de la Luna Llena es un proyecto que no ha hecho más que comenzar.

Enero 1993, media noche bajo una luna llena. Escritura con luz de antorchas.

17

Arquitectura en movimiento

El espectáculo deportivo ha jugado siempre un papel importante en mi vida. Estoy fascinado por el paralelismo entre el drama del deporte y los acontecimientos de la vida real. Las carreras de caballos presentan evidentes afinidades con la arquitectura. Asistir al desarrollo de una carrera de caballos es como ver construirse una ciudad, aunque solo sea porque ambos acontecimientos se desarrollan en tiempo real. Muy a menudo, en los últimos instantes de la carrera, hay un momento en el que, a la vista de la disposición de los caballos en el espacio, el desenlace de la carrera aparece claramente. Cada caballo es un individuo aparte, al igual que los edificios de una manzana. El tiempo de la carrera tiene su paralelo con el tiempo de la construcción. Después de todo, la duración no es más que un punto o un segmento del total del tiempo, en sí misma sin límite y sin fin. Los últimos diez segundos de una gran carrera de caballos y los seiscientos años que fueron necesarios para construir Siena tienen, a fin de cuentas, el mismo significado.

Cuando vuelvo a pensar en una carrera como la English 2000 Guineas de 1984, en el momento en el que una elegante aceleración de Pat Eddery, montado sobre El Gran Señor, dio un vuelco a toda la carrera, experimento la sensación de poder tocar el tiempo. Así considerado, es como un dato físico, una parte de nuestro entorno perceptible, como lo es un edificio o cualquier otro objeto sólido.

En su nivel más elevado, una carrera de caballos es un estudio infranqueable del movimiento y de las formas del devenir. Los buenos caballos pueden acelerar sin esfuerzo aparente y uno sabe a medida que los observa cuál será el resultado. Como una imagen congelada en la mente, instante tras instante tras instante.

Ciertamente, no todos los caballos tienen la elegancia y la soltura de El Gran Señor. (Otro de los placeres de las carreras es el nombre de los caballos: El Gran Señor, Chief Singer, Northern Dancer, Dancing Brave... ¿por qué no tenemos nosotros también nombres tan evocadores como estos?).

Cuando se asiste a una carrera de caballos, los sucesivos instantes cuentan una historia diferente que refleja por completo el desarrollo del drama. Nunca he podido comprender el desdeño de la inteligentsia hacia actividades como el fútbol o las carreras de caballos. También el fútbol proporciona el sentido del instante de genio, que puede transformar o aniquilar un plan cuidadosamente elaborado. El fútbol gaélico, con su energía y su aire de inocencia

Vista aérea de la City de Londres: 1939, 1947 y 1982.

contenida, no posee la suprema calidad artística del fútbol italiano; este último, en algunos aspectos, trata de igualar la precisión planificada del fútbol americano, que a mí me gusta poco.

El espectáculo de una carrera de caballos, como toda cosa que vale la pena, hay que captarlo y estudiarlo; es una diversión, ciertamente, pero de las más gratificantes. El paso de los caballos, su aire, el estado del terreno... La forma como los caballos se desplazan y galopan puede cambiar totalmente a medida que se desarrolla la carrera, segundo tras segundo. Algunos años es un desastre: el año en que Teenoso ganó el Derby hubo demasiada lluvia.

Todo está allí, en la imagen. Todo un mundo tridimensional y escultural en movimiento. Habría que exigir a todo el mundo que estudiase carreras de caballos. Eso enseña a captar de qué forma un acontecimiento, incluso el más tenue, puede cambiarlo todo. Un caballo marcha sobre unas matas de hierba que sobrepasa un poco, hace un recorte y pierde un instante, o bien estorba accidentalmente la zancada de otro caballo. Frágiles, sensibles y elegantes, los caballos son como máquinas supremamente potentes, que deben ser conducidos con mucho tacto, teniendo conciencia de su fragilidad. El jockey transmite todo a través de la sensibilidad de sus manos, capaces de influir sobre el equilibrio y el ritmo del caballo por el modo en que se colocan, siempre prestas para lo imprevisto.

La fascinación que experimento por este deporte no tiene nada que ver con la pasión del juego. Yo veo en él la combinación armoniosa de dos magníficos y muy hábiles atletas, que se alzan contra los otros en el mundo sin cesar cambiante de la carrera: una arquitectura siempre nueva, instante tras instante.

Me inicié en las carreras de caballos en compañía de Nemone, mi hija, nacida a la vez que Beaubourg. Un ojo joven capta mejor las cosas que una mirada vieja. Mientras escribo, un caballo, un campeón en potencia, aguarda el momento de entrar en liza. Las cosas solo suceden una vez. Arazi ganó la Breeders Cup Miles para caballos de dos años con un estilo incomparable. Es una suerte el estar allí cuando se revela un gran caballo de carreras. ¡Y es tal placer el verlo!

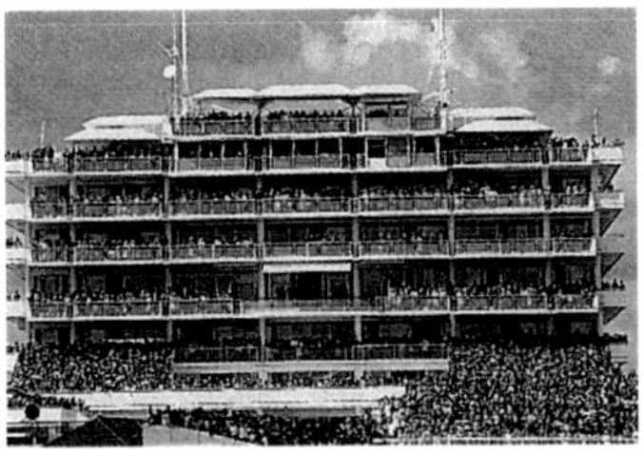

El stand Queen en Epsom.

Una secuencia del Handicap de Extel en 1981, en la que se pone en evidencia el estilo rítmico de Steve Cauthen montando al número 13 Indian Trail. Con una progresión continua por el exterior, el jockey lleva a su montura a sobrepasar a Golden Flak (Bruce Raymond) en la cuerda y a Magikin (Willie Carson). Bettyknowes (Pat Eddery) va en cuarto lugar.

Peter Rice en el Derby de Epsom, 1992.

14
13

Epílogo

Un alto en el bosque, una tarde nevada

De quién son estos bosques, creo que lo sé.
Me parece que su casa está en el pueblo.
No me verá si me detengo aquí
para ver sus bosques llenos de nieve.

Mi caballito pensará que es raro
que me pare sin que haya una granja cerca,
entre los bosques y el lago helado,
la tarde más oscura del año.

El caballito agita sus cascabeles
para preguntar si me he equivocado.
Ningún otro sonido, salvo el soplo
del viento y el rumor de los copos.

Los bosques son hermosos, sombríos y profundos.
Pero tengo promesas que cumplir
y millas que recorrer
antes de dormir.

Robert Frost

Diseñar un coche que sea tan dócil como un caballo, he aquí un desafío pendiente de llevar a cabo.

Cronología de obras y proyectos

Salvo indicación en contrario, la oficina de ingeniería es siempre Ove Arup & Partners.

1957

Ópera de Sydney, Australia.
ARQUITECTOS: Jorn Utzon (fases I y II), Hall
Todd & Littlemore (fase 3).

1967

Teatro Crucible, Sheffield, Gran Bretaña
ARQUITECTO: Renton Howard Word Associates.

1969

Residencia para niños de Amberley Road, Londres.
ARQUITECTO: Renton Howard Word Associates.
CONSULTOR: Hention Associates.

1970

Centro nacional de deportes, Palacio de Cristal, Londres.
Propuesta de nueva estructura para la cubierta del estadio.
ARQUITECTO: Departamento de Arquitectura del Greater London Council.

Circus 70, proyecto.
Victoria Embarkment, Londres.
Plaza circular cerrada semipermanente.

Centro de las Artes, Universidad de Warwick, Coventry, Gran Bretaña.
ARQUITECTO: Renton Howard Wood Levin Partnership.

Escalera helicoidal de la joyería Perpex, Jermyn Street, Londres.
ARQUITECTOS: Godfrey H. & George P. Grima.

Estación de esquí de Super Grimentz , Valais, Suiza.
Nueva ciudad.
ARQUITECTOS: Godfrey H. & George P. Grima.

1971

Centro de conferencias, La Meca, Arabia Saudita.
ARQUITECTOS: Rolf Gurbrod Architects, con el profesor Frei Otto.

Consultante para Frei Otto, entre otros, sobre proyectos de estructuras tesas y de estructuras neumáticas, entre ellas "La ciudad en el Ártico".
ARQUITECTO: Frei Otto.

Centro Georges-Pompidou, París.
ARQUITECTOS: Piano & Rogers.

1972

World Trade Center, Londres.
Reconversión de la St. Katharine's Dock House.
ARQUITECTO: Renton Howard Wood Associates.

1976

Hangar para Jumbo, Jet, Johannesburgo, África del Sur.
Proyecto.

1977

Refugio Span.
Sistema prefabricado de construcción para habitat de urgencia.
INGENIERO: Peter Rice.

Apartamentos en Fruili, Italia.
Proyecto de apartamentos modulares.
ARQUITECTO: Renzo Piano Building Workshop.

Estudio para Pilkington.
Desarrollo de un prototipo de elementos de cubierta utilizando cemento reforzado con fibra de vidrio.
ARQUITECTO: Richard Rogers & Partners.

1978

Intercambiador de Hammersmith, Londres.
ARQUITECTO: Foster Associates.

Lloyd's de Londres, barrio de la City, Londres.
ARQUITECTO: Richard Rogers & Partners.

Sistema de construcción industrializada para Fibrocemento, Perugia, Italia.
PROYECTISTAS: Piano & Rice.

Barrio Il Rigo, Perugia, Italia.
Prototipo de apartamento.
PROYECTISTAS: Piano & Rice.

Vehículo experimental FIAT VSS, Turín, Italia.
PROYECTISTAS: Piano & Rice.

Fábrica Fleetguard, Quimper, Francia.
ARQUITECTO: Richard Rogers & Partners.

Fábrica Patscenter, Princeton, Nueva Yersey, Estados Unidos.
ARQUITECTO: Richard Rogers & Partners.

1979

Centro comercial de Victoria Circus, Southend-on-Sea, Essex, Gran Bretaña.
ARQUITECTO: Alan Stanton.

Programa educativo de televisión RIA, Gran Bretaña.
Televisión: The Open Site.
IDEA: Piano & Rice.

Una experiencia de reconstrucción urbana para la UNESCO, Otranto, Italia.
PROYECTISTAS: Piano & Rice.

1980

Proyecto para la isla de Murano, Venecia, Italia.
PROYECTISTAS : Piano & Rice.

Cubierta de tela tesa, sede social de Schlamberger, Montrouge, Francia.
ARQUITECTO: Renzo Piano, taller de París.
INGENIEROS: RFR en asociación con Ove Arup & Partners.

1981

Fachadas de vidrio y cubierta del espacio central de acogida, Ciudad de las ciencias y de la industria, La Villete, París.
ARQUITECTO: Adrien Fainsilber
INGENIERO: RFR.

Pabellón itinerante IBM
ARQUITECTO: Renzo Piano Building Wokshop.

Terminal del aeropuerto Stanted, Essex, Gran Bretaña.
ARQUITECTO: Foster Associates.

Museo de la colección Menil, Houston, Texas, Estados Unidos.
ARQUITECTOS: Piano & Fitzgerald.

1982

Pabellón Alexandra, Londres.
ARQUITECTOS: Terry Farell.
INGENIERO: Ove Arup & Partners.
INGENIERO CONSULTOR para el sistema Shelter Span: Peter Rice.

1983

Torres Alton, Alton, Staffordshire, Gran Bretaña.
Edificio Jet Star 2.
ARQUITECTO: Griffin Jones Associates.

Cubierta del jardín de infancia Clifton, Covent Garden, Londres.
ARQUITECTOS: Terry Farell.

Pabellones, Tate Gallery, Londres.
ARQUITECTOS: Alan Stanton.

1984

122 St. John Street, Londres.
ARQUITECTO: Eva Jiricna.

Ambiente de vía rápida, Berlín.
Estudio de viabilidad para un sistema de protección acústica contra el ruido de una vía rápida y calefacción solar de las propiedades contiguas.
ARQUITECTO: Pascal Schöning

Estadio para deportes de balón, Berlín.
ARQUITECTO: Cristoph Langhof.

1985

North Queensferry, Lothian, Escocia.
Reconversión de un lugar de tiro en talleres-residencias, proyecto.
ARQUITECTO: Ian Ritchie Architects.

El Louvre, París.
Concepto de estructura metálica para soportar unas vidrieras destinadas a cubrir los pasajes.
ARQUITECTOS: Pei Ieoh Ming con Michel Macary.

Tribuna del terreno de cricket Lord's Mount, Londres.
ARQUITECTO: Michael Hopkins & Partners.

Edificio de acogida para Aztec West, Bristol, Gran Bretaña.
ARQUITECTO: Michael Hopkins & Partners.

Roy Square, Narrow Street, Londres.
ARQUITECTO: Ian Ritchie Architects.

Cubierta de un atrium, Conflans-Sainte-Honorine, Francia.
ARQUITECTOS: Valode & Pistre.

Restauración de frescos de la colección Menil, Houston, Texas, Estados Unidos.
RESTAURACIÓN ARTÍSTICA: Laurence Morocco.

1986

Marquesina de tela, Saint-Louis/Bâle, Francia.
ARQUITECTO: Aeropuertos de París-Paul Andreu.
INGENIEROS: RFR, en asociación con Ove Arup & Partners.

"Nube ligera", La Défense, París.
ARQUITECTOS: J. O. Spreckelsen y Aeropuertos de París-Paul Andreu.
INGENIEROS: RFR, en asociación con Ove Arup & Partners.

"Nubes" de la plaza, La Défense, París.
ARQUITECTOS: J. O. Spreckelsen y Aeropuertos de París-Paul Andreu.
INGENIERO: RFR.

Pasarela Lintas, París.
ARQUITECTO: Marc Held.
INGENIERO: RFR.

Galerías, parque de La Villete, París.
ARQUITECTO: Bernard Tschumi.
INGENIERO: RFR.

Central House, Whitechapel High Street, Londres.
ARQUITECTO: Ian Ritchie Architects.

Estadio de fútbol, Bari, Italia.
ARQUITECTO: Renzo Piano Building Workshop.

Exposición itinerante IBM "Ladybird", Italia.
ARQUITECTO: Renzo Piano Building Workshop.

Apartamento para John Young, Londres.
ARQUITECTO: John Young.

Ópera Bastilla, París.
Estudios para un techo acústico.
ARQUITECTO: Carlos Ott.
INGENIERO: RFR.

Centro industrial, Épone, Francia.
Estructura metálica para el almacén de un hipermercado
ARQUITECTO: Richard Roberts & Partners.

Centro industrial, Saint Herblain, Nantes, Francia.
Estructura metálica para el almacén de un hipermercado
ARQUITECTO: Richard Roberts & Partners.

Restaurante flotante, Jubilee Gardens, Londres.
ARQUITECTO: Richard Roberts & Partners.

Sincrotrón europeo, Grenoble, Francia.
ARQUITECTO: Renzo Piano, taller de París.

1987

Invernaderos del parque André-Citröen, París.
ARQUITECTO: Patrick Berger.
INGENIERO: RFR.

Pasarelas del frente del Sena, París.
PROYECTISTA e INGENIERO: RFR.

Cubierta de tela tesa, castillo de Falaise, Normandía, Francia.
ARQUITECTO: Decaëis.
INGENIERO: RFR.

Fachada de vidrio, museo de Bellas Artes de Clermont-Ferrand, Francia.
ARQUITECTOS: Adrien Fainsilber y Gaillard.
INGENIERO: RFR.

Sala polivalente, Nancy, Francia.
Concepto de una cubierta de 70 metros de luz rigidizada por cables.
ARQUITECTOS: Foster Associates.

Yate a motor de 58 metros.
Concepto asistido por ordenador para asegurar la estabilidad del yate.
ARQUITECTO NAVAL: Martin Francis.

Sala de deportes, Ravena, Italia.
ARQUITECTO: Renzo Piano Building Workshop.

Concurso para hangares de aviones, Abu Dhabi, Emiratos árabes unidos.
ARQUITECTO: Aeropuerto de París-Paul Andreu.

Estructura Azabu y Tomigaya, Tokio, Japón.
ARQUITECTO: Zaha Hadid.

Edificio de oficinas y apartamentos, Lecce, Italia.
ARQUITECTOS: Renzo Piano Building Workshop.

Centro industrial, Massy, Francia.
ARQUITECTO: Richard Rogers & Partners.

Laboratorio para el Unesco/Building Workshop, Genes, Italia.
ARQUITECTO: Renzo Piano Building Workshop.

Atrium de las oficinas Bull, avenida Gambetta, París.
ARQUITECTOS: Valode & Pistre.
INGENIEROS: RFR, en asociación con Ove Arup & Partners.

1988

La Gran Nave, La Défense, París.
ARQUITECTO: Jean-Pierre FBI.
INGENIERO: RFR.

Estación TGV-RER, aeropuerto de Roissy-Charles-de-Gaulle, Roissy, Francia.
ARQUITECTO: Aeropuertos de París-Paul Andreu.
INGENIERO: RFR.

Las Torres de la Libertad, París.
ARQUITECTOS: Hennin y Normier.
INGENIEROS: RFR, en asociación con Ove Arup & Partners.

Fachada de la BPOA, Rennes, Francia.
ARQUITECTOS: Odile d.C. y Benoît Cornette.
INGENIERO: RFR.

Franconville, Francia.
ARQUITECTOS: Cuno Brullmann y Arnaud Fongeras Lavergnolle.

Cubierta de vidrio para la estación de autobuses y de tren, Chur, Suiza.
ARQUITECTOS: Robert Obrist y Richard Bossi.
INGENIERO: Ove Arup & Partners en asociación con RFR.

Piazza, Stage Place, Site B, Londres.
ARQUITECTO: Richard Rogers Partnership.

Sistiana, Italia
Estudios para reconvertir en centro de vacaciones un frente de mar y una cantera abandonada.
ARQUITECTO: Renzo Piano Building Workhop.

Paquebote Croun Princess, Italia.
Concepción de las superestructuras para el reacondicionamiento de un paquebote.
ARQUITECTO: Renzo Piano Building Workhop.

Museo de Arte Contemporáneo, Burdeos, Francia.
ARQUITECTOS: Valode & Pistre.

Centro industrial, Pontoise, Val-d'Oise, Francia.
ARQUITECTO: Richard Rogers Partnership.

La perla de Dubai, Dubai, Emiratos árabes unidos.
Esfera de 20 metros y proyecto de museo.
ARQUITECTO: Ian Ritchie Architects.

Harbour Museum, Newport Beach, California, Estados Unidos.
ARQUITECTO: Renzo Piano Building Workshop.

RAF Northolt, Londres.
Nueva terminal aérea.
ARQUITECTO: Property Services Agency.

Terminal internacional del aeropuerto de Kansai, Japon.
ARQUITECTO: Renzo Piano Building Workshop.

Casa de Europa, World Trade Center, Londres.
ARQUITECTO: Richard Rogers Partnership.

Terminal del aeropuerto de Marsella, Francia.
ARQUITECTO: Richard Rogers Partnership.

Gran Louvre, Paría.
Pabellones de observación.
ARQUITECTO: Michael Dowd.

Nacional Portrait Gallery, Londres.
ARQUITECTO: Stanton Williams.

Bercy 2, París.
Sistema de cubierta para el centro comercial.
ARQUITECTO: Renzo Piano, taller de París.

Estudios para la montaña de Discoveryland, Eurodisney, Francia.
ARQUITECTO: Disney Imagineering.
INGENIERO: Ove Arup & Partners en asociación con RFR.

Concurso para la pista de patinaje de Alberville, Francia.
Pista de patinaje cubierta para los Juegos Olímpicos de invierno.
ARQUITECTO: Adrien Fainsilber
INGENIERO: Ove Arup & Partners en asociación con RFR.

Teatro de la Luna Llena, Francia.
CONCEPTO Y DIRECCIÓN DEL TEATRO: Humbert Camerlo.
INGENIERO: Ove Arup & Partners y RFR.

Concepción del casco del yate Staquote British Defender, carrera Whitbread alrededor del mundo.
ARQUITECTO NAVAL: Martin Francis.

Puerta monumental, París.
ARQUITECTO: Aymeric Zublena.
INGENIERO: RFR.

1989

Marquesina en vidrio, Verdún, Francia.
ARQUITECTO: Pierre Colboc.
INGENIERO: RFR.

Vidriera inclinada, Shell, Rueil-Malmaison, Francia.
ARQUITECTOS: Valode & Pistre.
INGENIEROS: Ove Arup & Partners en asociación con RFR.

Pasarela este-oeste, galerías norte-sur y puente, parque de La Villete, París, Francia.
ARQUITECTO: Bernard Tschumi.
INGENIERO: RFR.

Fábrica L'Oreal, Aulnay, Francia.
ARQUITECTOS: Valode & Pistre.

Pabellón del Futuro, Expo'92, Sevilla, España.
ARQUITECTOS: Martorell Bohigas Mackay.

Edificios industriales, Tomaya, Japón.
ARQUITECTO: Sugimur.

Tribuna de la Reina, pista de carreras de Epson, Surrey, Gran Bretaña.
ARQUITECTO: Richard Horden Associates.

Ópera de Toronto, Canadá.
ARQUITECTO: Moshe Safdle & Associates.

El Gran Bigo, Colombo 500, Expo 92, Gênes, Italia.
ARQUITECTO: Renzo Piano Building Workshop

Escultura móvil, Colombo 500, Expo 92, Gênes, Italia.
ARTISTA: Susumo Shingu.
ARQUITECTO: Renzo Piano Building Workshop

Farmacia, Boves, Francia.
ARQUITECTO: Ian Ritchie Architects.

Helios VII.
Estudio de viabilidad para una residencia de verano basada en una escultura solar.

Proyecto de investigación sobre telas de araña.
ZOÓLOGO: Dr. Fritz Vollrath.

Edificio de oficinas, Stockley Park, Londres,
ARQUITECTO: Ian Ritchie Architects.

Kurfürstendamm, Berlín.
Estudio de fachada.
ARQUITECTOS: Zaha Hadid y Stefan Schroth.
INGENIEROS: Ove Arup & Partners y RFR.

Concurso para el forum Mitsubishi, Tokio.
ARQUITECTO: Richard Rogers Partnership.

Galería de la ecología, Museo de Historia Natural, Londres.
ARQUITECTO: Ian Ritchie Architects.

Estudio para las vidrieras de La Villete, "Espiral verde", Museo de las Ciencias y de la Industria, La Villete, París.
ARQUITECTO: Kathryn Gustafson.

Utsurchi, La Défense, París.
Escultura.
ARTISTA: Iyo Miyawaki.

1990

Concurso para la plaza de la Estación, Oberhausen, Alemania.
CONCEPTO: RFR.

Marquesina, fachada y entrada del CNIT, París.
INGENIERO: RFR.

Campanile, plaza de Italia, París.
Estructura de la torre y escultura.
ARQUITECTO: Renzo Tange.
ESCULTOR: Thierry Vidé.

Cubierta del atrium, cine Gran Pantalla, plaza de Italia, París.
ARQUITECTO: Renzo Tange.
INGENIERO: RFR.

Cine Imax y edificio del ocio, Liverpool.
ARQUITECTO: Richard Rogers Partnership.

Museo de Groningue, Países Bajos.
Estudio preliminar de la estructura de la cubierta.
ARQUITECTO: Alessandro Mendini.
ARTISTA: Frank Stella.

Iglesia de peregrinaje del Padre Pío, San Giovanni Rotonda, Pouilles, Italia.
ARQUITECTO: Renzo Piano Building Workshop.

Centro cultural de la Pierre-Plantée, Vitrolles, Francia.
Biblioteca.
ARQUITECTO: Ian Ritchie Architects.

Desarrollo de un sistema de acristalamiento con Asahi Glass, Japón.
CONCEPTO: RFR y Ove Arup & Partners.

1991

Aeropuerto de Roissy-Charles-de-Gaulle, Terminal 2F, Roissy, Francia.
ARQUITECTO: Aeropuertos de París-Paul Andreu.
INGENIERO: RFR.

Vidrieras, museo de Arte Moderno, Kirchberg, Luxemburgo.
ARQUITECTO: Pei Ieoh Ming.
INGENIERO: RFR.

Mástil luminaria, Esch-sur-Alzerte, Luxemburgo.
ARQUITECTO Y URBANISTA: Profesor Sieverts
CONCEPTO e INGENIERO: RFR.

Pirámide invertida, Gran Louvre, París.
Pirámide invertida de vidrio, suspendida por encima de una zona de circulación pública subterránea.
ARQUITECTO: Pei Ieoh Ming.
INGENIERO: RFR.

Japan Bridge, París. ARQUITECTO: Kisho Kurokawa. INGENIEROS: RFR, en asociación con Ove Arup & Partners.

Piscina, Levallois-Perret, Francia.
ARQUITECTO: Cuno Brullmann.
INGENIERO: RFR.

Rampa R4/T4, parque de La Villete, París.
ARQUITECTO: Bernard Tschumi
INGENIERO: RFR.

Pasarela, Mantes-la-Jolie, Francia.
ARQUITECTO: Michel Macary.
INGENIERO: RFR.

Línea Meteor, París.
Estaciones situadas en la nueva línea de metro prevista de la estación Saint-Lazare a la plaza de Italia.
ARQUITECTO: Bernard Kohn.
INGENIERO: RFR.

Terminal de Luxemburgo.
ARQUITECTO: Bohdan Paczowski.
INGENIERO: RFR.

Hotel Módulo de intercambios, Roissy, Francia.
ARQUITECTO: Aeropuertos de París-Paul Andreu
INGENIERO: RFR.

Fachada de la catedral Notre-Dame-de-la-Treille, Lille, Francia.
ARQUITECTO: Pierre-Louis Carlier.
ARTISTA: L. Kinjo.
INGENIERO: RFR.

Estación fluvial de autobuses, Lyon, Francia.
ARQUITECTOS: C. Charignon, D. Comilliar y P. Levy.
INGENIERO: RFR.

Vidrieras, Tecnocentro Renault, Guyancourt, Francia.
ARQUITECTOS: Valode & Pistre.
INGENIEROS: Ove Arup & Partners, en asociación con RFR.

Estación de TGV, Lille, Francia. Concepción de la cubierta.
ARQUITECTO SNCF: Jean-Marie Duthilleul.
INGENIEROS: Ove Arup & Partners, en asociación con RFR.

Museo de la imagen animada, tienda desmontable, Londres.
ARQUITECTO: Future Systems.

Torre Brau & Brunnen, Berlín.
ARQUITECTO: Richard Rogers & Partners.

Atrium, 50, avenue Montaigne, París.
ARQUITECTO: Olivier Vidal
INGENIERO: RFR.

Gran Louvre, museo del Louvre, París. Dispositivo de iluminación natural para el nuevo museo.
ARQUITECTOS: Pei Cobb Freed & Partners.

Aeropuerto de Ajaccio, Córcega, Italia.
ARQUITECTO: Aeropuertos de París-Paul Andreu
INGENIERO: RFR.

Vidriera para la sede social de Digital, Ginebra, Suiza.
Asistencia Técnica a SIV, fabricante de vidrio, Italia.
INGENIERO: RFR.

Escultura textil, Sainsbury's, Plymouth, Devon, Gran Bretaña.
ARQUITECTO: Dixon Jones.

1992

Fachada para la ampliación del Palacio de Congresos, París.
ARQUITECTO: Olivier-Clément Cacoub.
INGENIERO: RFR.

Pasarela, Levallois-Perret, Francia.
ARQUITECTO: Henri Caubel.
INGENIERO: RFR.

Nave del museo de Arte Moderno, Estrasburgo, Francia.
ARQUITECTO: Adrien Fainsilber.
INGENIERO: RFR.

Centro cultural, Albert, Francia.
ARQUITECTO: Ian Ritchie Architects.

Western Morning News, Plymouth, Gran Bretaña.
ARQUITECTO: Nicholas Grimshaw and Partners.

Bibliografía

PUBLICACIONES DE PETER RICE

P. Rice: "Notes on the design of cable roofs". *Arup Journal*, vol. 6, nº 4, 1971, p. 6-10.

E.F. Happold y P. Rice: "Introduction", *Arup Journal*, número especial sobre el centro Georges-Pompidou, vol. 8, nº 2, junio 1973, p. 2-3.

P. Rice y L. Grut: "Main structural framework of the Beaubourg Centre, París". *Acier, Stahl, Steel*, vol. 40, nº 9, septiembre 1975, p. 297-309.

P. Rice y R. Peirce: "The barrettes of Centre Georges-Pompidou". South African Institution of Civil Engineers, Fifth Quinquennial Regional Convention Stellenbosch University, 28-30 septiembre 1976 (comunicación presentada a un coloquio sobre innovaciones en ingeniería civil).

P. Rice y A. Day: "Lagoon barriers at Venice", *Arup Journal*, vol. 12, nº 2, 1977, p. 21-22.

P. Rice: "Material in Use: Fire Protection and Maintenance at the Centre Pompidou", *Riba Journal*, vol. 84, nº 11, noviembre 1977, p. 476-477.

P.B. Ahm, F.G. Clarke, E.L. Grut y P. Rice: "Design and Construction of the Centre National d'Art et de Culture Georges-Pompidou", *ICE Proceedings*, parte 1, nº 66, noviembre 1979, p. 557-593; parte 1, nº 68, agosto 1980, p. 499-505.

P. Rice: "The Structural and Geometric Characteristics of Lightweight Structures", Ove Arup Partnership: Arup Partnership, Seminar: *Lightweight Structures*, Marzo 1980, 8 páginas.

P. Rice: "Lightweight Structures: Introduction", *Arup Journal*, vol. 15, nº 3, octubre 1980 p. 2-5.

P. Rice: "Long Spans and Soft Skins", *Consulting Engineer*, vol. 45, nº 7, 1981, p. 10-12.

P. Rice, T. Barker, A. Guthrie y N. Noble: "The Menil Collection, Houston Texas", *Arup Journal*, vol. 18, nº 1, 1983, p. 2-7.

J. Young y J. Thornton: "Design for better Assembly: (5) Case Study: Rogers' and Arup's", *the Architect' Journal*, vol. 180, nº 36, 5 septiembre 1984, p. 87-94.

A.A. Tassel y P. Rice : "Master of the Hi-Tech Style, Britain's Peter Rice », *SA Construction World*, abril 1985, p. 54-61.

P. Rice: "Rogers Revolution", *Building Design*, nº 807, 10 octubre 1986, p. 32-33.

P. Rice y J.A. Thornton: "Lloyd's Redevelopment", *Structural Engineer*, vol. 64A, nº 10, octubre 1986, p. 265-281.

A, Day, T. Haslett, T. Carfrae y P. Rice: "Buckling and Non-linear Behaviour of Space Frames", International Conference on Lightweight Structures in Architecture, Sydney, nº 1, agosto 1986, p. 775-782.

P. Rice: "Menil Collection Museum Roof: Evolving the Form", *Arup Journal*, vol. 22, nº 2, verano 1987, p. 2-5.

P. Rice: "The Controlled Energy of Renzo Piano", *Renzo Piano: The Process of Architecture*, catálogo de exposición, 9 H Gallery, Londres, 1987.

P. Rice, J.A. Thornton, A. Lenczet: "Cable Stayed Roofs for Shopping Centres at Nantes and Epone", *Structural Engineering Review*, nº 1, 1988, p. 133-140.

Entrevista con Peter Rice, *Le Moniteur*, nº 4453, 31 marzo 1989, p. 46-47.

P. Rice: "A Celebration of the Life and Work of Ove Arup", RSA Journal, junio 1989, p. 425-437, reproducido en *Arup Journal*, vol. 25, nº 1, primavera 1990, p. 43-47.

P. Rice: "Building as Craft, Building as Industry", *Guggenheim Museum Proceedings*, Nueva York, 1989, p. 87-89.

P. Rice: "Constructive Inteligence", *Arch+*, nº 102, enero 1990, p. 37-52.

C. Gabato y P. Rice: "Bari", *Architektur Akwell*, vol. 24, nº 139, octubre 1990, p. 82-85.

P. Rice: "Unstable Structures", *Columbia Documents of Architecture and Theory*, Rizzoli, Nueva York, vol. 1, 1990, p. 71-90.

P. Rice y H. Dutton: "*Le verre structurel*", Ediciones Le Moniteur, París, 1990.

P. Rice, A. Lenczner, T. Carfrae y A. Sedgwick : "The San Nicola Stadium, Bari", *Arup Journal*, vol. 25, nº 3, otoño 1990, p. 3-8.

P. Rice, A. Lenczner y T. Carfrae : "The San Nicola Stadium, Bari", *Steel Construction Today*, vol. 5, nº 4, julio 1991, p. 157-160.

P. Rice: "Practice and Europe", *The Structural Engineer*, vol. 69, nº 23, 3 diciembre 1991, p. 400-401.

P. Rice: "Architecture Now, Arcan Pocket", capítulo "Peter Rice-Gran Bretaña", *Architectura & Natura*, 1991, p. 127-128.

P. Rice: "Materials and Design Using Timber as a Model", International Timber Engineering Conference, Londres, 1991.

P. Rice: "Menil Collection Museum Roof: Evolving the Form", *Offramp*, vol. 1, nº 4, 1991, p. 117-119.

P. Rice: "Dilemma of Technology", en A. Tzonis y L. Lefaivre: *Architecture in Europe since 1968: Memory and Intervention*, Thames & Hudson, Londres, 1992, p. 36-41.

P. Rice: Discurso para la entrega de la medalla de oro de Riba 1992, *Riba Journal*, septiembre 1992.

ARTÍCULOS SOBRE PETER RICE

"Entrevista con el Arquitecto John Young y los Ingenieros Peter Rice y John Thornton". *The Architect's Journal*, vol. 180, nº 361, 5 septiembre 1984, p. 87-94.

"La naturaleza de los materiales", entrevista con Peter Rice", *L'Architecture d'aujourd'hui*, nº 237, febrero 1985, p. 10-17.

"La Villete: Ciudad de las ciencias y la industria", *Techniques et Architecture*, nº 364, febrero-marzo 1986, p. 60-129.

"Il Punto de Vista di Piter Rice", *L'Arca*, nº 5, abril 1987, p. 70-75.

"Soaring Aspirations: Peter Rice Talks About His Admiration for the Gothic Masons", *Royal Academy Magazine*, nº 17, invierno 1987, p. 29-30.

"Stratégie de l'araignée", *L'Architecture d'aujourd'hui*, nº 252, septiembre 1987, p. 78-79 (propuesta de una estructura tesa en La Défense).

"Pei as you learn : Exhibition Pavillon, El Louvre, París. ARQUITECTOS: Michael Doud con Peter Rice", *Building Design*, 17 febrero 1989, p. 28-29.

Building Arts Forum, Nueva York, *Bridging the Gap: Rethinking the Relationship of Architect and Engineer*, Van Nostrand Reinhold, Nueva York, 1991.

Conversation with Peter Rice, *Exposed Structures in Building Design*, McGraw-Hill, Nueva York, 1992.

D.D. Boles: "The Point of No Return", *Progressive Architecture*, julio 1987 p. 94-97 (informe sobre las obras del parquet de La Villete).

P. Buchanann: "Patscenter, Princeton", *Architectural Review*, vol. 174, nº 1037, 1983, p. 43-47 (análisis de la propuesta, con un comentario de Peter Rice sobre el concepto del proyecto).

D. Chipperfield: "Tecnologia i Arquitectura, Technology and Architecture", *Quaderns d'Arquitectura i Urbanisme*, nº 178, julio-septiembre 1988, p. 120-125 (entrevista con Norman Foster, así como extractos de una entrevista con Peter Rice).

P. Cook: "Glass Link", *Blueprint*, nº 37, mayo 1987, p. 26-27 (pasarela peatonal, quai de la Mégisserie, París).

P. Cook: "Pasarella in Vetro a Parigi", *Abacus*, vol. 4, nº 14, junio-julio 1988, p. 5, 10, 66-71.

P. D.: "Space Wagner: Project for a Re-Locatable Opera House", *Architectural Review*, vol.175, nº 1046, 1984, p. 54-56.

P. Davey: "Operation Overlord's", *Architectural Review*, vol. 182, nº 1087, septiembre 1987, p. 54-56.

C. Ellis: "Unused Abattoir Becomes a Bristling Science Museum", *Architecture*, septiembre 1987, p. 85-87 (la Ciudad de las ciencias y de la industria en La Villete, París).

J. Ferrier y A. Lavalou: "Figures britanniques: Peter Rice", *L'Architecture d'aujourd'hui*, nº 267, febrero 1990, p. 114-121 (entrevista y presentación de tres proyectos : La Défense, la pasarela Lintas y el estadio de Bari).

O. Fillion: "Peter Rice, la voie étroite des concepteurs », *Le Moniteur*, nº 4453, p. 46-47

T. Fisher : "A Non-Unified Field Theory", *Progressive Architecture*, noviembre 1989, p. 65-73, 135 (parquet de La Villete, con detalles de la galería cubierta).

P. Goulet : "La nature des materiaux : de l'acier moulé au polycarbonate. Entretien avec Peter Rice", *L'Architecture d'aujourd'hui*, nº 237, febrero 1985, p. 10-17.

S. Grôak : "Engineers as Pioneers", *The Archuitects' Journal*, vol. 180, nº 45, 7 noviembre 1984 (conferencias dadas por Tony Hunt y Peter Rice en el Riba).

L. Knobel : "Striking Through the Mask", *Domus*, nº 637, marzo 1983, p. 10-23 (sobre la alta tecnología y, entre otros, el trabajo de Peter Rice).

L. Knobel: "Tate Pavilions", *Architectural Review*, vol. 172, nº 1027, septiembre 1982.

P.C. Papademetriou: "The Responsive Box", *Progressive Architecture*, mayo 1987, p. 87-97 (la colección Menil).

M. Pawley: "The Secret Life of the Engineers", *Blueprint*, nº 55, marzo 1989, p. 34-36 (Frank Newby, Peter Rice, Tony Hunt).

A. Pélissier: "Peter Rice à La Villete", *Techniques et Architecture*, nº 364, febrero-marzo 1986, p. 134-135.

R. Piano, R. MacCormac, R. Rogers: "Royal Gold Medal Address", *Riba Journal*, vol. 99, septiembre 1992, p. 26-29.

V. Picon-Lefebvre: "Travaux d'ingénieurs", *Le Moniteur Architecture*, nº 15, octubre 1990, p. 40-49.

J. Pink : "Futur Shock", *Architectural Review*, vol. 190, nº 1144, junio 1992, p. 53-54 (Exposición de Sevilla).

A. Plowman: "Pick of the "Cover" Storeys?", *Glass Age*, abril 1985 (proyectos que utilizan el vidrio, incluido el edificio Lloyd's).

L. Relph-Knight: "Paris-Texas...", *Building Design*, 26 octubre 1984, p. 18-19.

D. Sudjic: "High Tech with a Human Face", *Architects' Journal*, vol. 172, nº 28, 9 julio 1980, p. 74-75 (el taller móvil de Piano & Rice para Otrante).

B. Sunet: "Osature des nuages", *L'Architecture d'aujourd'hui*, nº 265, octubre 1980, p. 196, 198-211 (la estructura textil suspendida en el interior del cubo del Gran Arco de La Défense).

B. Waters: "Setting the Sails", *Building*, vol. 241, nº 37, 1981, p. 32-34 (la tienda del Alexandra Palace).

NECROLÓGICAS

"Peter Rice: Tributes to a Great Structural Engineer", *The Architects' Journal*, 4 noviembre 1992.

"Nécrologie", *Riba Journal*, vol. 99, diciembre 1992, p. 64.

"Peter Rice", *The Times*, 7 noviembre 1992.

M. Dowd: "Peter Rice", *Design Week*, 6 noviembre 1992, p. 3.

J. Ferrier: "Peter Rice, le grand ingénieur *high tech* est décédé", *L'Architecture d'aujourd'hui*, nº 284, diciembre 1992, p. 26-28.

J. Glancey : "Peter Rice", *The Independent*, 29 octubre 1992.

D. Gruber: "Reflection on a Consummate Artisan", *Progressive Architecture*, diciembre 1992, p. 84-87.

M. Pawley: "Ricordo di Peter Rice", *Casabella*, nº 596, diciembre 1992, p. 21.

I. Ritchie: "Peter Rice, 1935-1992", *Building Design*, 30 octubre 1992.

C.H. Stanton: "Peter Rice, a Retrospective", *New Civil Engineer*, 12 noviembre 1992, p. 16-17.

J. Zunz: "The Master Builder", *The Guardian*, 28 octubre 1992.

CATÁLOGOS, PELÍCULAS

P. Rice: *Exploring the Boundaries of Design*, biblioteca de conferencias audiovisuales; Peter Rice habla del comienzo de su carrera y de la forma en que los materiales han influido en sus proyectos (Pigeon Audio Visual 15/8610 Londres).

Exploring Materials: the Work of Peter Rice, Royal Gold Medallist 1992, catálogo de la exposición preparada por B.A. Campbell y J. McMinn con la colaboración de Ove Arup Partnership.

P. Rice: *La Cité en luminaire, L Villete*, vídeo realizado por RFR explicando la concepción y la construcción de los grandes invernaderos.

P. Rice: *The Structural Engineer*, video de una conferencia pronunciada el 17 de enero de 1990 dentro del ciclo "Engineers in Design" presentado por Bob Emmerson. Peter Rice examina el papel del ingeniero estructural, la naturaleza de los materiales y del equilibrio, así como las matemáticas del caos.

The Late Show, BBC 1992, retrato de Peter Rice cuando recibió la medalla de oro del Riba, presentando sus principales proyectos; homenajes de Michael Hopkins, sir Richard Rogers, Nicolas Grimshaw y Frank Stella.

Créditos de las imágenes

Se nombran las imágenes de cada página de izquierda a derecha y de arriba debajo. OAP = Ove Arup & Partners

Cubierta Humhert Camerlo
Retrato de Peter Rice Michel Denancé

PÁGINAS A COLOR

Flores salvajes J Hyett;
Opera de Sydney Harry Sowden;
Centro G. Pompidou Bernard Vincent;
Nube del Cubo OAP;
La Villette RFR;
Pabellón del Futuro, Sevilla Alistair Lencznerlo/OAP;
Gourgoubès Humhert Camerlo;

p. 71 Peter Mackinven/OAP;
p. 93 Zaha M Hadid
p. 105 Jay Maisel
p. 171 Frank Stella / Steven Sloman

PÁGINAS FINALES A COLOR

Luces de calle Kira Leroy, Antoine Baz; RFR;
Esch Arbed; Rohert Champagne;
Puente japonés Kate Purver; Viry;
Lyon RFR;
Kansas Renzo Piano Building Workshop – Japan/OAP;
Lille SNCF: Michel Denancé;
Roissy Ana Maksimiuk;
Chur Hugh Dutton;
Pirámide invertida cuadernos de bocetos de Peter Rice; RFR;
CNIT Michel Denancé;
Iglesia de peregrinación del Padre Pío Renzo Piano Building Workshop/OAP;
Frescos A C Cooper/The Menil Foundation, Houston

p. 31 Renzo Piano Building Workshop
p. 34 Archivo Archigram; OAP; Shunji Ishida
p. 35 todas las imágenes, Piano & Rogers
p. 36 Renzo Piano Building Workshop
p. 37 Masao Arai (Shinkenchiku-sha)
p. 38 Dr Bill Addis; Dr Bill Addis
p. 40 OAP
p. 41 Karl Mohringer; Matthias Kutterer;
p. 42 Annalie Riches; Hugh Dutton
p. 43 todas las imágenes, OAP
p. 44 Gianni Berengo Gardin
p. 48 Bernard Vincent
p. 49 Gianni Berengo Gardin
p. 50 Gianni Berengo Gardin
p. 52 Bernard Vincent
p. 53 Bernard Vincent
p. 54 Bernard Vincent
p. 56 Shunji Ishida
p. 57 Gianni Berengo Gardin
p. 74 Jørn Utzon
p. 76 Jørn Utzon; News Limited Sydney; Jorn Utzon
p. 77 Sir Jack Zunz/OAP
p. 78 Jørn Utzon; Jorn Utzon; Jørn Utzon; Max Dupain; OAP
p. 79 todas las imágenes, OAP
p. 80 todas las imágenes, Harry Sowden
p. 81 todas las imágenes, Harry Sowden
p. 82 todas las imágenes, Harry Sowden
p. 83 Harry Sowden
p. 89 Michael Peto
p. 91 The National Motor Museum de Beaulieu
p. 92 OAP; OAP; Alain Goustard - Archipress
p. 96 Povl Ahm/ OAP; Travers Morgan Ltd y la revista The New Civil Engineer
p. 98 Biblioteca del Shakespeare Centre, colección de Joe Cocks Studio
p. 100 B Mancia, F Bodmer, FBM Studio; John James Collection, Institute of Civil Engineers; John James Collection, Institute of Civil Engineers
p. 101 Robert Champagne; Gianni Berengo Gardin
p. 102 OAP; Renzo Piano Building Workshop
p. 107 SPADEM
p. 108 todas las imágenes, SPADEM
p. 109 todas las imágenes, SPADEM
p. 110 todas las imágenes, SPADEM
p. 111 Michel Denancé; RFR; RFR; SPADEM
p. 113 Ben Smusz
p. 116 Renzo Piano Building Workshop; cuadernos de bocetos de Peter Rice; Renzo Piano Building Workshop; cuadernos de bocetos de Peter Rice
p. 117 todas las imágenes, Renzo Piano Building Workshop
p. 118 David Crossley; Shunji Ishida; David Crossley
p. 119 Renzo Piailo Building Workshop; Gianni Berengo Gardin; Gianni Berengo Gardin; Richard Bryant /ARCAID
p. 120 David Crossley; Renzo Piano Building Workshop; Gianni Berengo Gardin; OAP; OAP; OAP; Jane Reynolds; David Crossley
p. 121 Richard Bryant/ARCAID; OAP
p. 123 Richard Bryant/ARCAID
p. 125 Jay Maisel
p. 126 Catedrático Frei Otto; Catedrático Frei Otto; Catedrático Frei Otto; OAP
p. 127 Michel Denancé; OAP; Renzo Piano Building Workshop; Alistair Lenczner/ OAP
p. 128 Peter Mackinven/ OAP
p. 129 Future Systems; Future Systems; Geoffrey Beeckman
p. 130 J O Spreckelsen; Koit; OAP
p. 131 Peter Rice Sketchbooks; OAP
p. 132 RFR; RFR; RFR/ADP
p. 133 todas las imágenes, RFR
p. 134 Alan Stanton; Alan Stanton; desconocido; desconocido
p. 135 Mount Holyoke College Art Museum, South Hadley, Massachusetts; RFR; RFR; RFR; RFR; RFR
p. 136 Gianni Berengo Gardin; Shunji Ishida; Emanuela Minetti; Barbara-Ann Campbell; Ana Maksimiuk
p. 137 Gianni Berengo Gardin
p. 138 Catedrático Kurt Ackermann; Renzo Piano Building Workshop; Shunji Ishida; Gianni Berengo Gardin; Robert Kinch/ OAP; Gianni Berengo Gardin; Gianni Berengo Gardin; Gianni Berengo Gardin

p. 139 Renzo Piano Building Workshop; Catedrático Kurt Ackérmann; Robert Kinch/OAP; Gianni Berengo Gardin; Gianni Berengo Gardin; Catedrático Kurt Ackermann; Gianni Berengo Gardin; Gianni Berengo Gardin; Gianni Berengo Gardin
p. 140 Stéphane Couturier - Archipress
p. 141 Alain Goustard - Archipress; RFR; RFR; RFR; RFR
p. 142 RFR; RFR; RFR; OAP; Barhara-Ann Camphell
p. 143 OAP; Michel Denancé-Archipress
p. 144 Harry Sowden/ OAP; OAP
p. 145 todas las imágenes, OAP
p. 146 Renzo Piano Building Workshop; Annalie Riches/ RFR; OAP
p. 147 Richard Rogers Partnership/ OAP; OAP; Harry Sowden/ OAP; Richard Rogers Partnership/ OAP; Harry Sowden/ OAP
p. 149 David Glover/ OAP
p. 151 Alistair Lenczner/ OAP
p. 152 cuadernos de bocetos de Peter Rice
p. 153 Bruce Danziger/ OAP; Bruce Danziger/ OAP; OAP
p. 154 todas las imágenes, OAP
p. 155 OAP; Catedrático Jacques Heyman; OAP; OAP
p. 156 todas las imágenes, OAP
p. 157 todas las imágenes, OAP
p. 158 OAP
p. 162 todas las imágenes, Harry Sonden/OAP
p. 164 todas las imágenes, Otto Baitz
p. 165 OAP
p. 168 Souhei Imamura/Architectural Association Slide Library
p. 170 Shunji Ishida; Fiat Auto
p. 173 OAP; Fiat Auto
p. 174 Renzo Piano Building Workshop; Renzo Piano Building Workshop; Renzo Piano Building Workshop; Fiat Auto; Shunji Ishida; Renzo Piano Building Workshop
p. 176 Renzo Piano Building Workshop; Shunji Ishida; Renzo Piano Building Workshop; Renzo Piano Building Workshop
p. 180 Fiat Auto
p. 181 Stéphane Couturier - Archipress
p. 184 RFR; Alain Goustard - Archipress
p. 185 Luc Boegley - Archipress; Matthias Kutterer
p. 186 Matthias Kutterer
p. 187 Humbert Camerlo
p. 190 cuadernos de bocetos de Peter Rice
p. 191 Viviane Camerlo; Humbert Camerlo; Humbert Camerlo
p. 192 Humbert Camerlo; Humbert Camerlo; Humbert Camerlo
p. 193 todas las imágenes, Humbert Camerlo
p. 194 todas las imágenes, Humbert Camerlo
p. 195 Humbert Camerlo; Humbert Camerlo; Alain Virier; Jorge Damonte
p. 196 todas las imágenes, Barbara-Ann Campbell
p. 197 todas las imágenes, Andrew Sedgwick/ OAP
p. 199 Nicolas Prouvé; Viviane Camerlo; Humbert Camerlo; Barbara-Ann Campbell
p. 200 Humbert Camerlo; Humbert Camerlo; John McMinn
p. 201 Nicolas Prouvé; Humbert Camerlo
p. 204 todas las imágenes, Aerofilms Limited
p. 205 Dennis Gilbert; Ed Byrne; Ed Byrne; Ed Byrne; Patrick Lichfield
p. 206 Ed Byrne
p. 230 Mapa dibujado por Kira Leroy y Antoine Baz

Agradecimientos a:

Pauline Shirley, Jo Tomlinson, Trevor West - Ove Arup & Partners Slide Library
Isabella Carpiceci, Carla Gabato - Renzo Piano Building Workshop Archives
Karen Parker, arquitecto

APÉNDICE I

Peter Rice

Como decía Renzo Piano, el arquitecto italiano con quien Peter Rice colaboró en algunos de los edificios más innovadores de estos últimos veinticinco años, Peter proyectaba estructuras "como un pianista que toca con los ojos cerrados; comprendía tan bien su naturaleza fundamental que era capaz de imaginar, en la oscuridad, lo que sería posible, más allá de toda evidencia".

Peter Rice era uno de los ingenieros de estructuras con más inventiva y mayor rigor de su generación. Era muy querido por los arquitectos con los que trabajaba, en particular sir Richard Rogers y Renzo Piano, a quienes ayudó a realizar algunos de los edificios más sorprendentes y más aventureros de todos los tiempos. Sin Peter Rice no habría habido ni la Ópera de Sydney (el primer edificio en el que trabajó, a los veintitrés años), ni el Centro Georges Pompidou, ni el edificio del Lloyd's de Londres, ni el Pabellón del Futuro de la Expo 92 de Sevilla, el último proyecto completamente acabado sobre el cual trabajó. O por lo menos, todos esos edificios habrían sido muy diferentes sin él.

En julio de 1992 el mundo de la arquitectura inglesa rindió homenaje a Rice concediéndole la Real Medalla de Oro de la arquitectura, una recompensa raramente otorgada a ingenieros. Uno de sus predecesores, sin embargo, no fue otro que Ove Arup, el gran ingeniero danés con quien Rice comenzó su carrera, puesto que entró en la oficina de proyectos Ove Arup & Partners a su salida de la escuela de ingenieros en 1956. Aún cuando se estableció enseguida por su cuenta creando RFR en París, en compañía de Martin Francis y de Ian Ritchie, una vez acabado el Centro Georges-Pompidou en 1977, Peter Rice se quedó siempre con Arup, con base en Londres, un asociado y un director muy activos.

Gran amante de la poesía, de la filosofía, de las matemáticas, de las carreras de caballos, del futbol (era un ferviente hincha del QPR), de las flores silvestres, del vino (lo coleccionaba) y del whisky (escocés más que irlandés), Peter Rice era un poco el James Joyce de la ingeniería. La calidad poética de su inventiva, su habilidad para poner cabeza abajo las ideas recibidas y el rigor de su razonamiento matemático y filosófico, hacían de él uno de los ingenieros más buscados de nuestro tiempo, así como una fuente de inspiración para una multitud de jóvenes ingenieros que seguían sus huellas. Muy hablador, incansable y familiar, era capaz de desarmar al cliente más pretencioso y de tranquilizar al estudiante más tímido.

Peter Rice nació en Dublín pero creció en Dundalk, un lugar donde, decía él, "la arquitectura y la ingeniería, sencillamente, no existían". Dotado por naturaleza para las matemáticas, estudió primero ingeniería en la Queen's University, en Belfast, y luego en el Imperial College de Londres. Contratado por Ove Arup, su primer trabajo fue – tarea aparentemente imposible – construir la cubierta en forma de picos de gaviota de la Ópera de Sydney, concebida por el arquitecto Jorn Urzon.

Desde entonces, su carrera fulgurante tomó una dimensión internacional. Diversos encargos le llevaron a París (Centro Georges-Pompidou, con Richard Rogers y Renzo Piano), a Houston (museo de la Colección Menil, con Renzo Piano), a Bari (estadio San Incola, destinado a acoger la Copa Mundial, con Renzo Piano) y a Japón, donde trabajó con Piano en el proyecto de nuevo aeropuerto internacional de Kansai.

En Gran Bretaña, sus trabajos más famosos son la sede del Lloyd's (con Richard Rogers) y la nueva terminal del aeropuerto de Stansted (con sir Norman Foster). Su última obra fue la fachada del pabellón del Futuro en la Expo'92 de Sevilla, con sus vertiginosas arcadas de piedra. Esta pantalla filiforme que parece tenerse sola en pie, utiliza de forma audaz y totalmente nueva la piedra, un material que, para Rice, tenía tanto porvenir como el acero, el hormigón o el textil.

En el discurso que pronunció durante la ceremonia de entrega de la Royal Gold Medal en Londres, Rice explicó que se espera de los ingenieros de estructuras que jueguen el papel del Yago de Shakespeare, quien socava los fundamentos del amor de Otelo y de Desdémona llevando sistemáticamente a la razón el mundo de sus actos y de sus sentimientos. El ingeniero tiene fama de estar ahí para moderar las ideas demasiado ambiciosas o poco razonables que suelen tener los arquitectos. Pero el verdadero papel del ingeniero, según Rice, no es fijar límites sino explorar los materiales y las estructuras, como lo hicieron los grandes ingenieros de la época victoriana y los constructores de catedrales medievales, tan admirados por él.

Sin embargo, aun cuando los edificios en los que trabajó Rice (el Lloyd's, el Centro Georges-Pompidou, la fundación Menil, el aeropuerto de Stansted y la nueva estación del tren TGV para la SNCF) fueron construidos con el mismo arte, la misma lógica y la misma humanidad que hacen de las catedrales de Beauvais o de Chartres y del puente colgante de Clifton obras tan impresionantes, Peter Rice y los arquitectos con los que trabajó mano a mano tuvieron muchas dificultades para convencer a los promotores, el príncipe y el público británico, escépticos, de que las estructuras honradamente expresadas y altamente imaginativas que ellos crearon eran superiores a todos esos edificios ordinarios pero vestidos con lindas ropas postmodernas o pseudohistóricas.

Peter Rice vivía a un ritmo desenfrenado. Los últimos días de su vida pasaba un día en París y un día por quincena en Gênes con Renzo Piano. Un tumor cerebral le obligó a moderar su actividad al final de su vida y debió suspender sus idas y vueltas al Japón, donde trabajaba en la construcción del aeropuerto de Kansai. Pasó el último año de su vida trabajando en su casa, en Shepherd's Bush, al oeste de Londres. Era un marido y un padre muy querido, un hombre que se ocupaba de su vida de familia, que siempre supo mantener su hogar al abrigo de sus obligaciones profesionales. Como podía esperarse de él, continuó trabajando, soñando y explorando nuevas ideas hasta el día de su muerte.

Jonathan Glancey, *The Independent*, 29 de octubre de 1992.

Peter Rice, ingeniero estructural, nació el 16 de junio de 1935, Ove Arup & Partners 1956-92, Director 1978-92, socio (RFR) París 1982-92, Hon Fellow RIBA 1988, Real Medalla de Oro para la Arquitectura 1992, autor de Le Verre Structurel (con Hugh Dutton) 1990, casado en 1960 con Sylvia Watson (un hijo, tres hijas), murió en Londres el 25 de octubre de 1992.

Reproducido con autorización de *The Independent*. Necrológicas, 29 de octubre de 1992.

Apéndice 2

RFR

RFR se creó en 1982 para responder a una situación muy precisa. Después de Beaubourg Renzo y yo fundamos Piano & Rice para intentar una asociación a partes iguales de un arquitecto y un ingeniero. Aquello no funcionó, en parte porque casi todos los encargos eran de naturaleza exclusivamente arquitectónica, sin que hubiese lugar a recibir encargos independientes de ingeniería; y en parte por problemas de domiciliación. Por todo tipo de razones, en efecto, es imposible utilizar prácticas profesionales independientes en países que tienen, en materia de impuestos y de responsabilidad legal, reglas tan diferentes como Italia e Inglaterra; de manera que decidimos poner fin a nuestra asociación.

Fue en ese momento cuando me propuse trabajar con Adrien Fainsilber, que acababa de ganar el concurso del proyecto de los grandes invernaderos de LaVillete, en París. Como se trataba de invernaderos de vidrio, invité a Martin Francis para que se uniera a mí; y él a su vez invitó a Ian Ritchie, un arquitecto a quien había conocido cuando trabajaba con Foster Associates. Así fue como se formó el equipo de RFR.

Una vez ubicados, empezó a precisarse la naturaleza del equipo y el carácter de lo que podría llegar a ser. Primero contratamos a Henry Bardsley, un ingeniero joven, y luego a Hugo Dutton, un joven arquitecto. El proyecto de La Villete tuvo mucho éxito: de hecho, era evidente que el equipo funcionaba bien. Después de La Villete Ian Ritche se retiró, mientras que Martin Francis se quedó, a título de simple asociado[15]. RFR continuó su carrera como laboratorio, jugando el papel de interfaz entre la arquitectura y la ingeniería.

En aquel momento nos pareció que sacaríamos ventaja si nos orientábamos hacia una estructura de grupo pequeña, capaz de inventar e innovar, para completar y salir al paso de los modos tradicionales de pensar propios de estructuras más importantes como la de Arup. Nos pareció también que los proyectos de obras en Francia podrían realizarse mejor por una empresa instalada en Francia y abocada de todas formas a ser francesa. Como irlandés, yo me sentía, por supuesto, más europeo que británico. En cuanto al resto, en realidad no tuve que adaptarme a la vida francesa porque aquello era una simple prolongación del tiempo que ya había pasado en Francia con motivo del proyecto Beaubourg.

[15] Martin Francis retomó su participación activa en el seno de RFR cuando Peter Rice cayó enfermo en 1991.

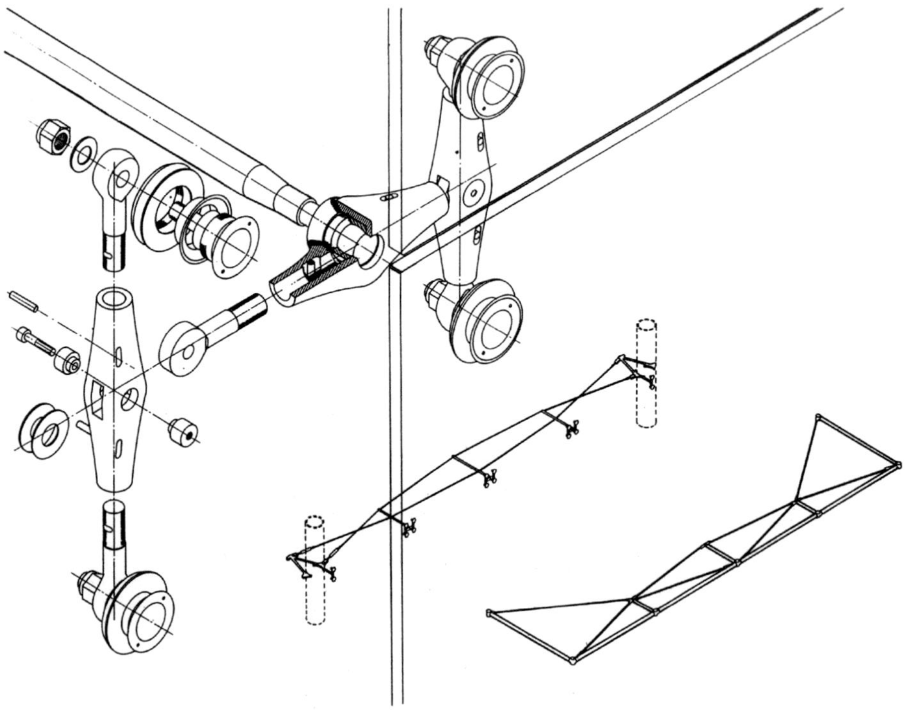

Una vez instalada RFR, el equipo devino esencialmente francés, con la firme convicción de que trabajaría en toda Europa; y con esa idea en la cabeza buscamos los quehaceres y los llevamos a buen fin. RFR es un grupo de ingenieros con base en París, pero la gran implicación de los arquitectos orienta su actividad hacia el diseño, como testimonian las fachadas de La Villete. Nos dimos cuenta de que mucha gente, arquitectos u otros, buscaban ese tipo de asistencia. La ingeniería continuaba siendo nuestro punto fuerte y nosotros poníamos el acento, siempre que era posible, en la invención y la innovación, en particular, al principio, cuando trabajábamos con el vidrio.

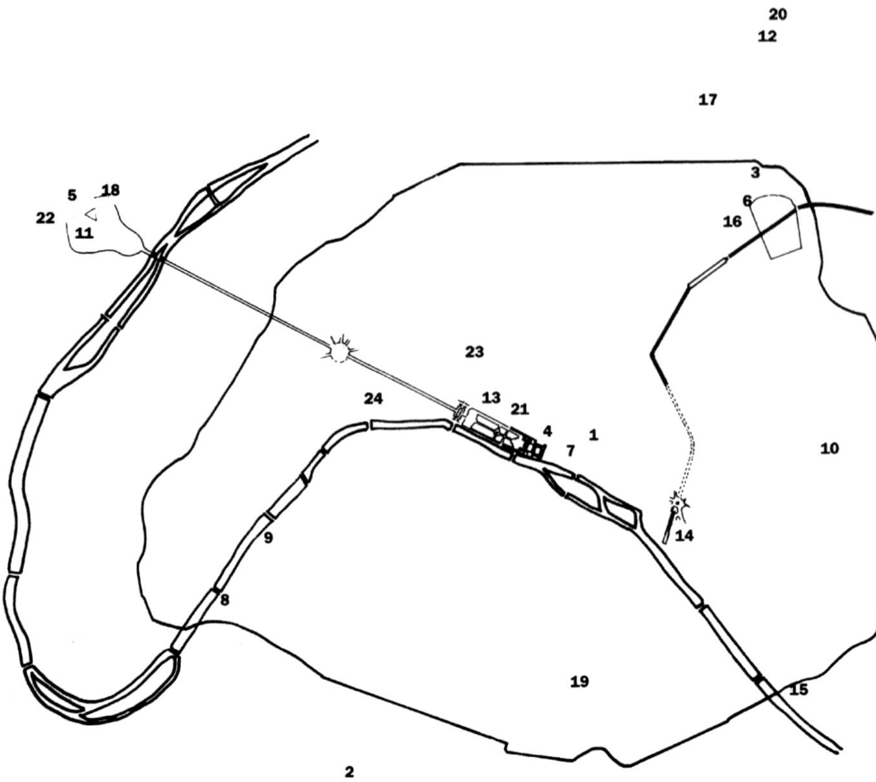

1 Centro Pompidou, 1971
ARQUITECTO: Piano & Rogers
INGENIERO CONSULTOR: OAP

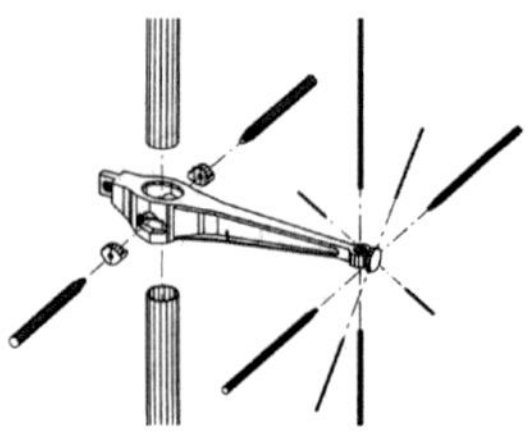

2 Cubierta de la Sede Central de Schlumberger, Montrouge, 1980
ARQUITECTO: Renzo Piano Taller de París
INGENIEROS CONSULTORES: RFR en asociación con OAP

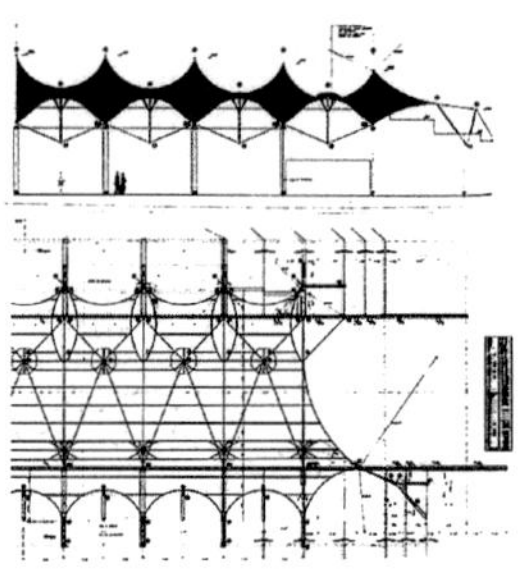

3 Invernaderos y Cubierta de Acogida, Ciudad de las Ciencias y de la Industria, La Villete, 1981
ARQUITECTO: Adrian Fainsilber
INGENIERO CONSULTOR: RFR

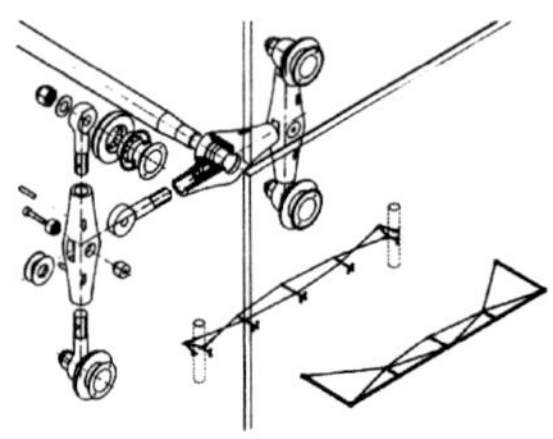

4 Cubierta del patio del Louvre, 1985
ARQUITECTO: I M Pei con Michael Macary
INGENIERO CONSULTOR: OAP

5 Nube Ligera, La Defensa, 1986
ARQUITECTOS: J O Spreckelsen y Aeropuertos de París/Paul Andreu
INGENIEROS CONSULTORES: RFR en asociación con OAP

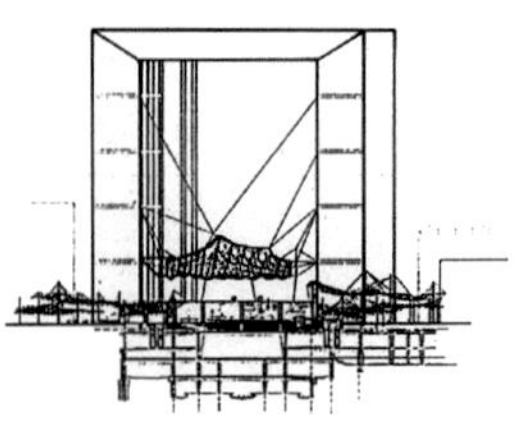

6 Galerías, Parque de la Villete, 1986
ARQUITECTO: Bernard Tschumi
INGENIERO CONSULTOR: RFR

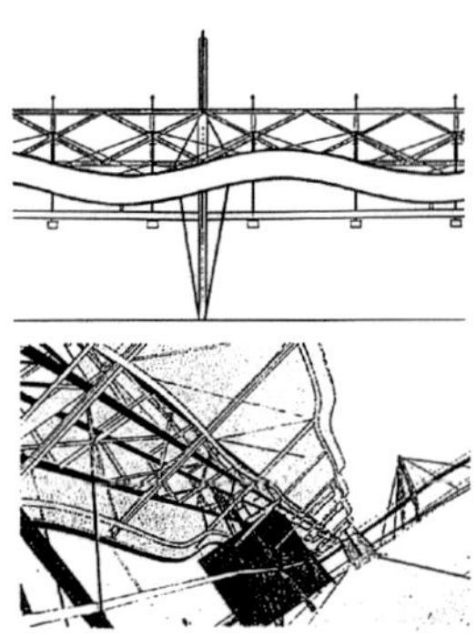

7 Pasarela Lintas, 22 Quai de la Magisserie, 1986
ARQUITECTO: Marc Held
INGENIERO CONSULTOR: RFR

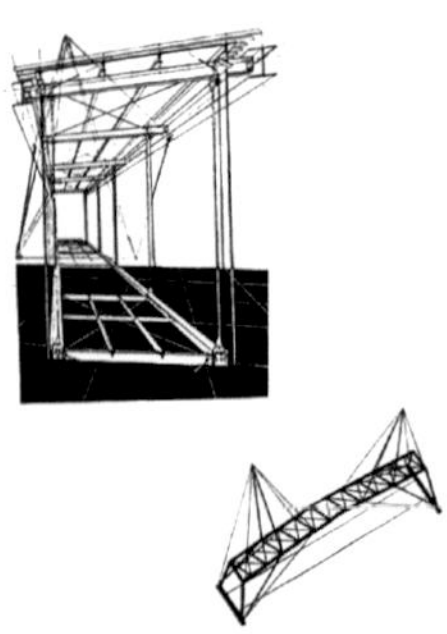

8 Parque Citroën Cévennes, invernaderos, 1987
ARQUITECTO: Patrick Berger
INGENIERO CONSULTOR: RFR

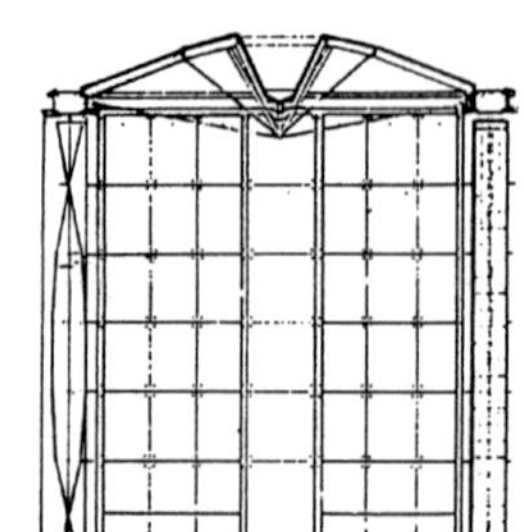

9 Pasarelas del Frente del Sena, Beaugrenelle, 1987
PROYECTO Y CONSULTA DE INGENIERÍA: RFR

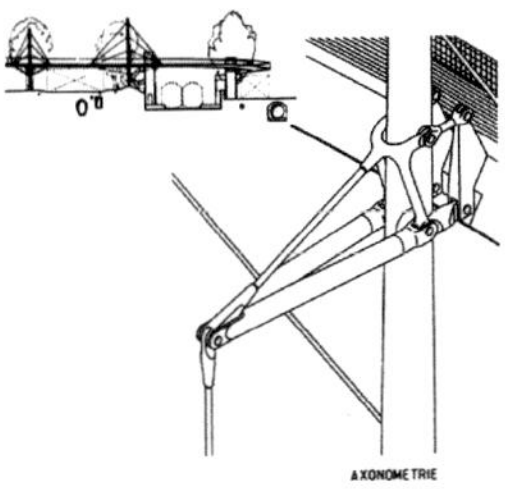

10 Atrium, Oficinas de la Bull, Avenida Gambetta, 1987.
ARQUITECTO: Valode y Pistre
INGENIEROS CONSULTORES: RFR en asociación con OAP

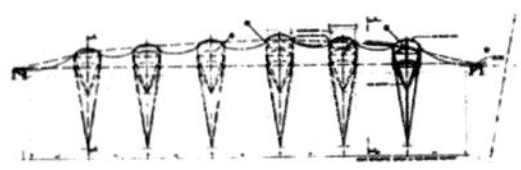

11 La Gran Nef, La Defensa, 1988
ARQUITECTO: Jean-Pierre Buffi
INGENIERO CONSULTOR: RFR

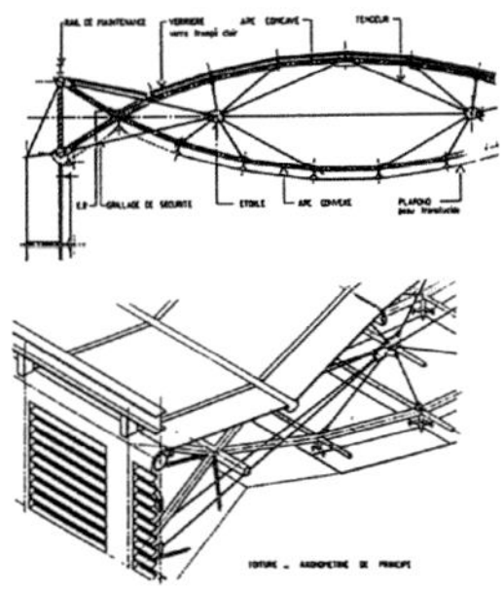

12 TGV/RER Charles de Gaulle, Roissy, 1988
ARQUITECTO: Aeropuertos de París/Paul Andreu
INGENIERO CONSULTOR: RFR

13 Las Torres de la Libertad, 1988
ARQUITECTO: Hennin y Normier
INGENIEROS CONSULTORES: RFR en asociación con OAP

14 Puerta Monumental, Quai de la Rapée, 1988
ARQUITECTO: A Zublena
INGENIERO CONSULTOR: RFR

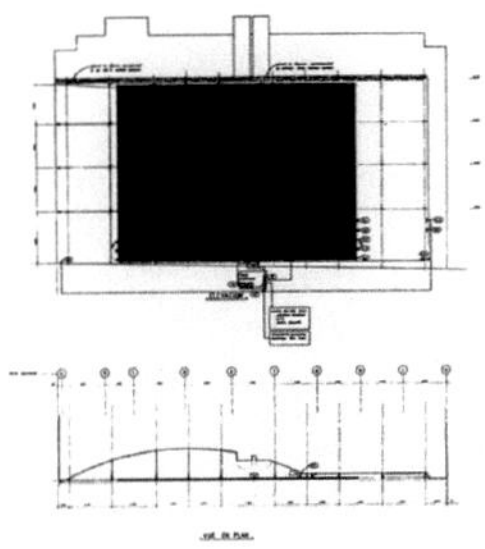

15 Sistema de doble cubierta en Bercy, 1988
ARQUITECTO: Renzo Piano Taller de París
INGENIERO CONSULTOR: OAP

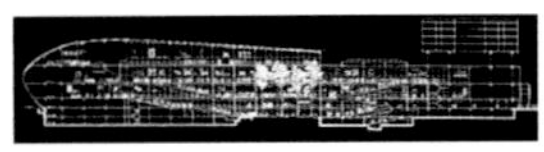

16 Pasarela Este/Oeste, Galerías Norte/Sur y puente, Parque de la Villete, 1989
ARQUITECTO: Bernard Tschumi
INGENIERO CONSULTOR: RFR

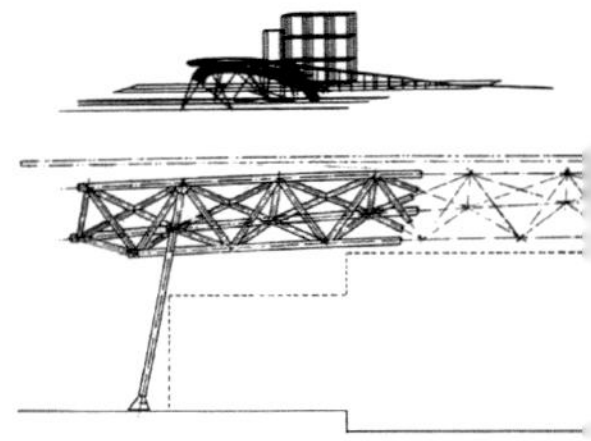

17 Fábrica de L'Oreal, Aulnay, 1989
ARQUITECTO: Valode y Pistre
INGENIERO CONSULTOR: OAP

18 Dosel y fachadas del CNIT, La Defensa, 1990
INGENIERO CONSULTOR: RFR

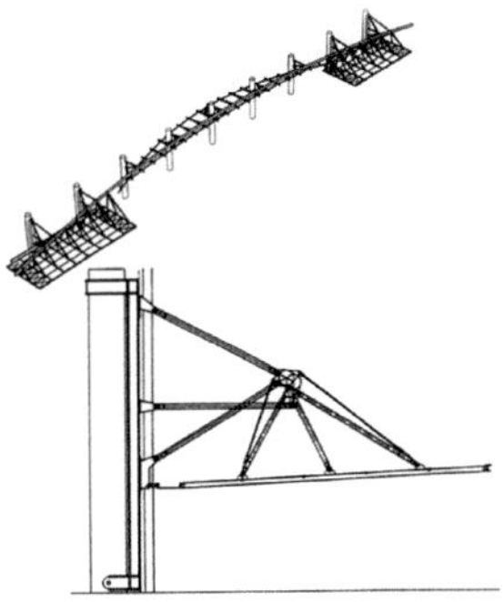

19 Plaza de Italia, 1990
Cubierta del Atrium, Gran Pantalla
ARQUITECTO: Kenzo Tange
INGENIERO CONSULTOR: RFR
Campanile
ARQUITECTO: Kenzo Tange
ESCULTOR: Thierry Vide
INGENIEROS CONSULTORES: OAP con RFR

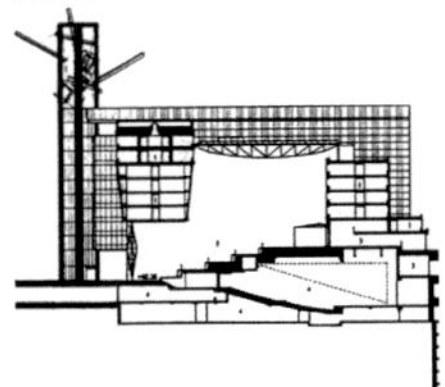

20 Terminal 3, Aeropuerto Charles de Gaulle, Roissy, 1991
ARQUITECTO: Aeropuertos de París/Paul Andreu
INGENIERO CONSULTOR: RFR

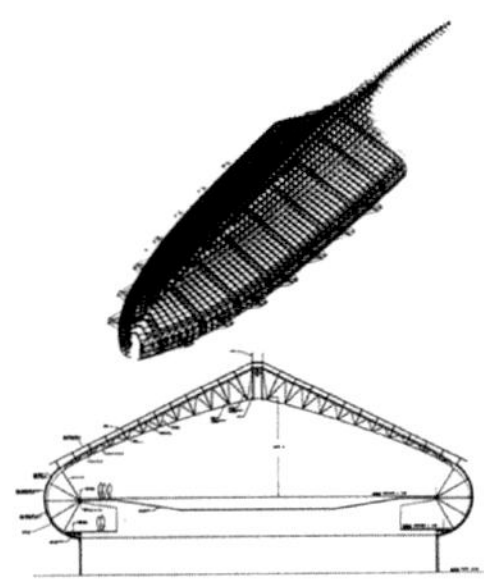

21 Pirámide Invertida, Gran Louvre, 1991
ARQUITECTO: I M Pei
INGENIERO CONSULTOR: RFR

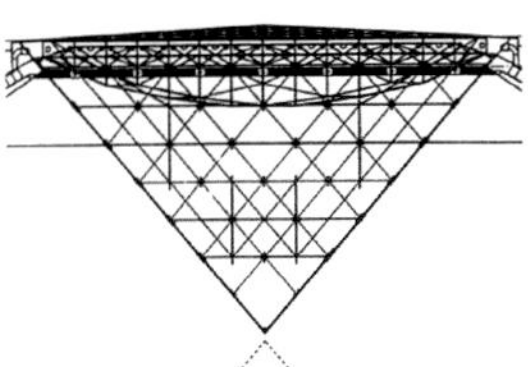

22 Puente Japonés, La Defensa, 1991
ARQUITECTO: Kisho Kurokawa
INGENIEROS CONSULTORES: RFR en asociación con OAP

23 Línea Meteoro, 1991
ARQUITECTO: Bernard Kohn
INGENIERO CONSULTOR: RFR

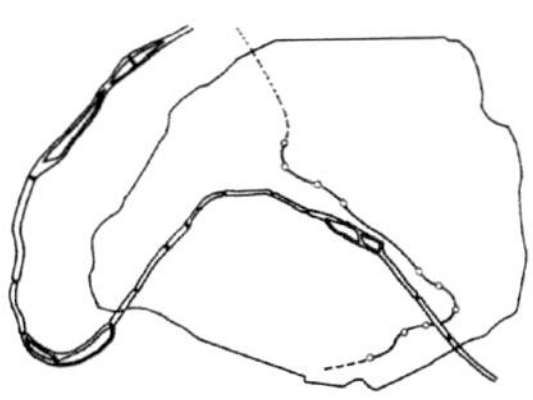

24 Cristalera del Atrium, 30 Avenue Montaigne, 1991
ARQUITECTO: O Vidal
INGENIERO CONSULTOR: RFR

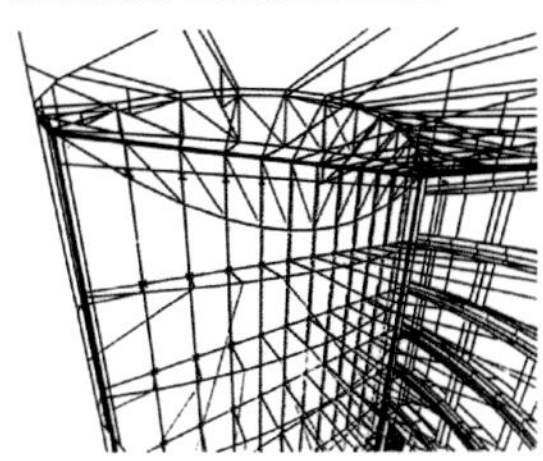

Cada vez que se sale se descubren nuevas vías por explorar, así como, por supuesto, nuevos problemas. La gente me repite sin cesar: "¡Qué suerte ha tenido usted, haber podido hacer proyectos tan bellos y tan interesantes! Con que únicamente se me confiase la mitad de tal o tal de ellos... pero ¿porqué no son nunca los otros, porqué tiene que ser usted siempre?". Ahí está precisamente lo esencial, no basta con tener encargos, además hay que responder con lo mejor de uno. Entonces, poco a poco, la gente viene a ti porque quieren verse sorprendidos; y la cosa más deliciosa es que yo no tengo la menor idea de lo que voy a poder darles para sorprenderles. Porque no se trata de apartarme de mi forma habitual para darles algo que no esperaban. A menudo yo soy el primer sorprendido por el resultado, porque soy como un galgo que persigue a una liebre: corro detrás de algo que está a ras de suelo, sin ver con certeza adónde me conduce. Y debo mantener la nariz pegada al suelo para estar seguro de que no pierdo el rastro.

Peter Rice, 4 de febrero de 1992

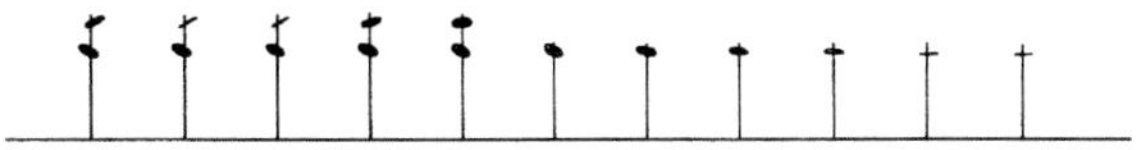

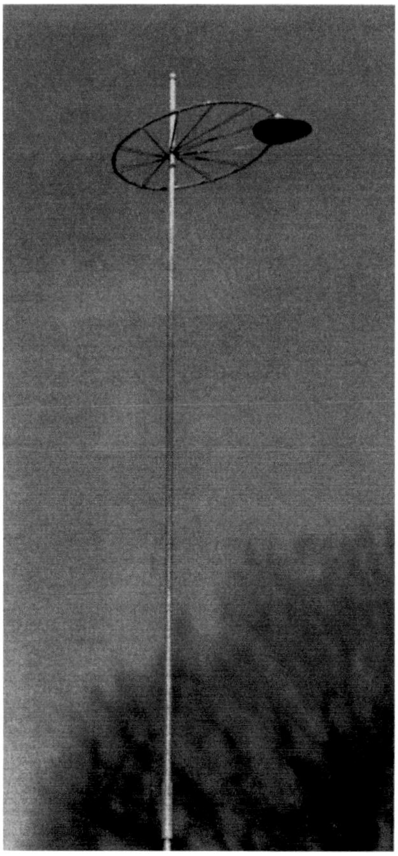

Luces de calle
El mástil más ligero posible con un afinado regulador de masa en lo alto y anillos colgantes que permiten muchas permutaciones de las lámparas, con seis, nueve y doce metros de altura. Unos cables muy tesos aseguran la estabilidad del anillo.

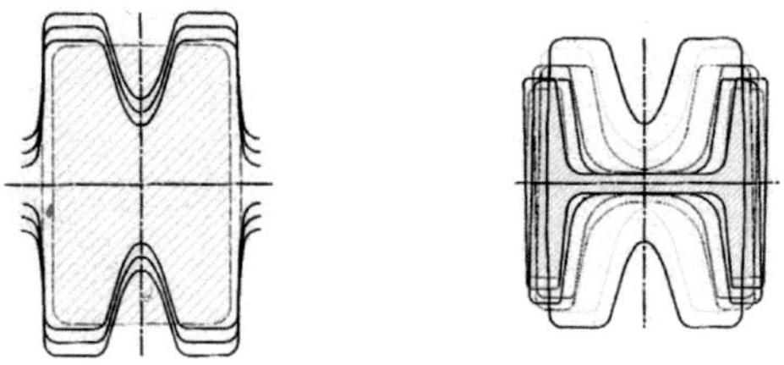

Perfiles pesados en Esch
Mástil luminoso para la casa de Arbed, uno de los mayores fabricantes de perfiles de acero del mundo. El proceso estándar de producción se interrumpe, con lo que resulta un curioso perfil en "hueso de perro". Unas perforaciones en lo alto del mástil impiden la aparición de efectos aerodinámicos al interrumpir las corrientes de aire.

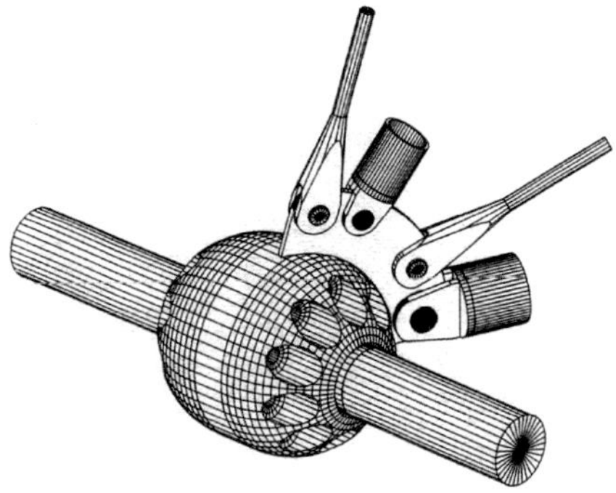

Puente Japonés
El concepto de un arco atirantado hace muy estable al puente frente a cargas uniformes verticales pero la pasarela arqueada y de cristal relativamente alta le hace sensible al vuelco cuando actúan cargas laterales de viento. Con objeto de resistirlas se duplica el arco para formar una sección triangular válida para todas las cargas; y la pasarela, con sus patas y su arriostramiento, forma una caja de torsión frente a cargas locales y parcialmente laterales.

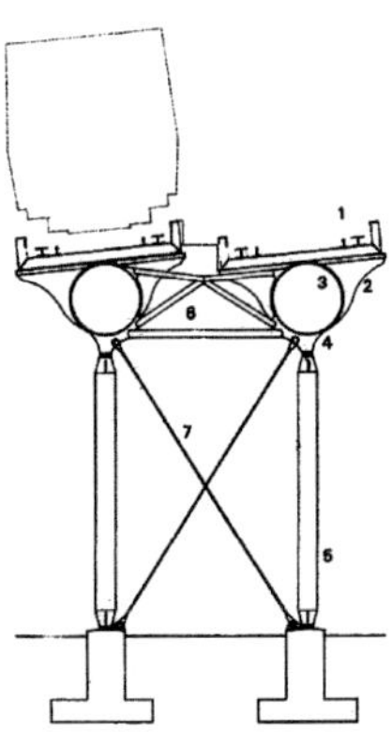

Cabalgando el tubo en Lyon
Los sistemas metro elevados tienen una gran presencia en nuestras críticas. En este caso el objetivo es expresar y articular claramente un sistema estructural eficaz. La propuesta soporta cada juego de raíles en bandas de hormigón, que a su vez descansan en "alas" exteriores unidas a un tubo de acero de gran diámetro con diafragmas internos.

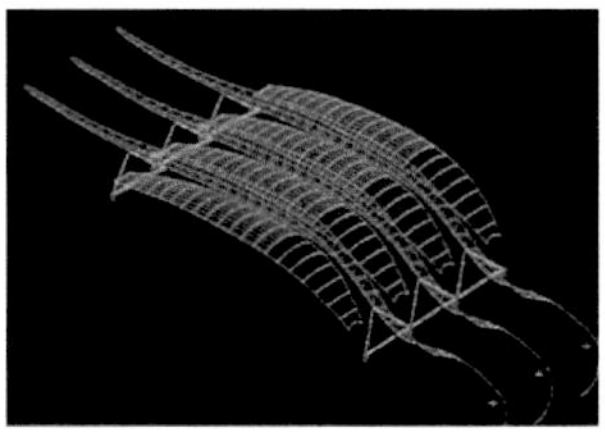

Kansas
Renzo Piano imaginó un "avión gigante aterrizado" en la isla artificial densamente plantada. La forma del techo, determinada por la aerodinámica de los chorros de aire a gran escala que ventilan todo el espacio, se racionaliza mediante repetición y lógica constructiva. El techo queda inmóvil por encima de los niveles de edificios más estáticos, apenas conectado a ellos mediante soportes esbeltos y puntales inclinados. La estructura tubular de acero ligero – tres arcos de celosía y la lámina de 1,6 kilómetros de larga rigidizada por cables– se detalla de forma que recuerde la tecnología de los primeros tiempos de la aviación y de modo que su escala sirva de transición a la gente que va a usarlo.

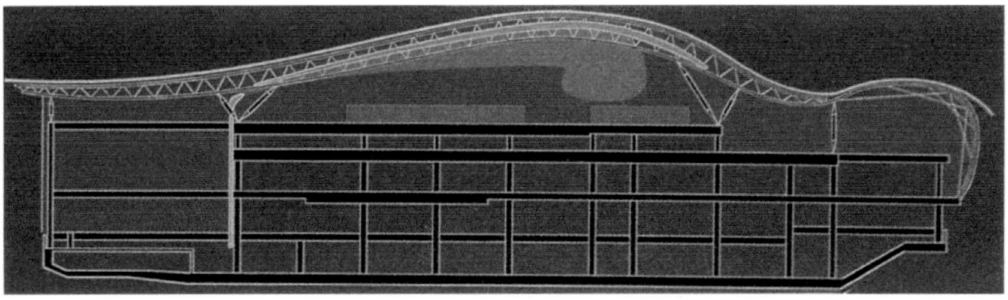

Un techo flotante en Lille
El techo es una vasta onda luminosa que cuelga de unos arcos arriostrados por cables. La continuidad entre el interior y el exterior se mantiene mediante fachadas tratadas como pantallas parciales de cristal independientes del techo.

Croissants de acero en Roissy
La estructura del techo de la nueva estación que sirve al Aeropuerto Charles de Gaulle es la transposición de una imagen de "levitación". Cada sistema estructural se expresa como una capa independiente y queda totalmente separado de las fachadas. Paneles de cristal fragmentados parecen flotar sobre bielas articuladas soportadas por las vigas croissant –una fuerte pluma comprimida de doble curvatura y un fino tirante en la parte superior– las cuales a su vez están soportadas en pilonos en forma de abanico.

Viendo la montaña antes de esquiar
Estructura tubular en arco de acero que soporta una cubierta de cristal en Chur, última estación de ferrocarril de la línea principal de las instalaciones suizas de esquí. Cada arco tiene dos elementos que divergen y vuelven a converger. La deformación de los arcos está estabilizada mediante un abanico de tirantes y los arcos están suspendidos de pequeñas columnas en cada extremo. El acristalado se expresa como una capa diferente con una geometría complementaria.

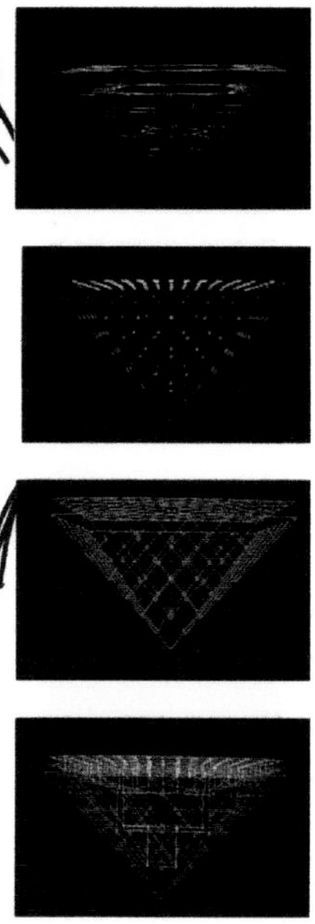

Pirámide invertida
La complejidad de un sistema estructural que es momentáneamente simple en la simetría de las superficies piramidales de cristal. La cubierta va levemente facetada. La araña de cristales triangulares cuelga de un pórtico estructural primario. Los tirantes y puntales suspendidos, pretensados por el peso del cristal, equilibran las componentes del peso entre los lados opuestos y proporcionan un contraste geométrico.

Nueva entrada para el CNIT
Cada pieza de la fachada original de Prouvé tiene una función específica y su forma viene determinada por el modo en que trabaja. El nuevo proyecto consiste en un tubo curvo de torsión que vuela fuera de la estructura de hormigón existente con un sistema de collares de acero deslizándose a través de los esbeltos modillones Prouvé. El nuevo diseño trata de resolver un problema diferente en una época diferente pero manteniendo la filosofía del proyecto.
Un dosel de entrada y unos techos de cristal se fijan al tubo mediante una serie de puntales, cuya geometría variable se genera proyectando hacia abajo la curva del tubo sobre una simple caja rectangular.

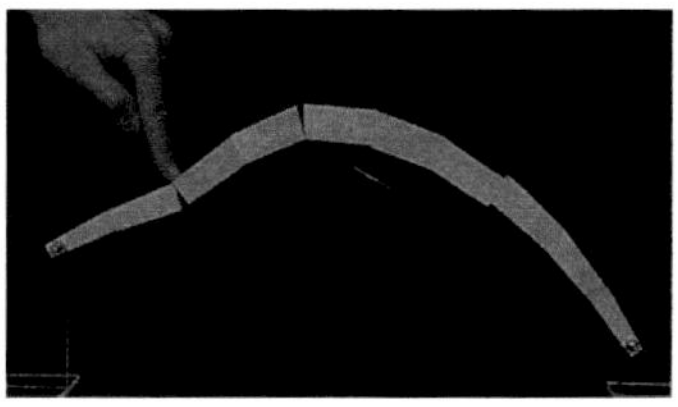

La iglesia de peregrinación del Padre Pío
Una serie de arcos de piedra natural ofrece una estructura primaria diferente sobre la cual se soporta una estructura secundaria de cubierta. La resistencia de la piedra se usa para encontrar una geometría que permita la transmisión de la carga primariamente mediante bielas comprimidas.

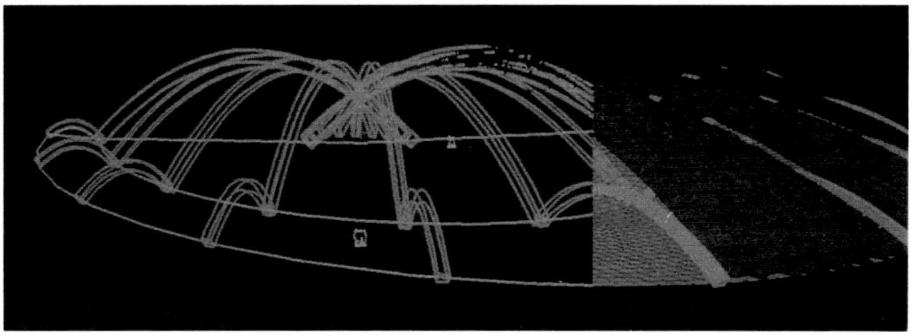

Frescos Bizantinos
Había que ensamblar treinta y ocho fragmentos. Se usaron gráficos de ordenador para recrear las formas geométricas de la cúpula y ábside de la iglesia chipriota de los cuales provenían los fragmentos. Una estructura portante y un sandwich de espuma de GPR fabricado por constructores de botes permitieron que los frescos pudiesen manipularse y a veces transportarse sin daño.